HUST 土木、建筑、环境学科平台课程系列教材

华中科技大学精品教材

工程制图与图学思维方法

（第二版）

主　编　王晓琴　宋　玲

主　审　吴昌林

U0344949

华中科技大学出版社

中国·武汉

【内容简介】

本教材首次把思维科学的相关基础知识融入工程制图与图学内容中，实现学科交叉。本教材的主要特色是，在学习图学知识中，将思考问题的过程与在纸面上表达思考结果相结合。

本教材分为三个部分：第一，工程制图与图学思维方法教学内容，包括绪论、投影基础、基本体及其截切、立体表面相交、制图技能的基本知识、组合体平面图的画法及尺寸标注、组合体立体图（轴测图）的画法、组合体平面图的阅读、复杂组合体的表达方法、工程图样简介等10章。第二，工程制图与图学思维方法练习题，与第一部分的内容同步配合；第三，工程制图与图学思维方法教学辅导光盘，是第一部分内容的补充和延续。

本教材可作为普通高等学校、高职学校文、理、工科本科生和专科生的教材使用，也可作为工程制图课程教师掌握教学方法的参考书，还可作为工程技术人员自学提高的参考用书。

本教材的教学学时为40～60。

图书在版编目（CIP）数据

工程制图与图学思维方法(第二版)/王晓琴，宋玲主编.—武汉：华中科技大学出版社，2009.6（2022.8重印）

ISBN 978-7-5609-5332-8

Ⅰ.①工… Ⅱ.①王… ②宋… Ⅲ.①工程制图-高等学校-教材 Ⅳ.①TB23

中国版本图书馆 CIP 数据核字(2009)第 067518 号

工程制图与图学思维方法（第二版）　　　　　　　　王晓琴　宋　玲　主编

策划编辑：卢金锋

责任编辑：万亚军　　　　　　　　　　　　　　　　封面设计：潘　群

责任校对：刘　竣　　　　　　　　　　　　　　　　责任监印：周治超

出版发行：华中科技大学出版社（中国·武汉）　　　电话：(027)81321913
　　　　　武汉市东湖新技术开发区华工科技园　　　邮编：430223

录　　排：华中科技大学惠友文印中心

印　　刷：广东虎彩云印刷有限公司

开本：710mm×1000mm　1/16　　　印张：29.5　　　　　字数：420 000

版次：2009 年 6 月第 2 版　　　印次：2022 年 8 月第 6 次印刷　　定价：68.00 元

ISBN 978-7-5609-5332-8/TB·114

第二版前言

我们党和国家高度重视提高全民科学素质，2006年3月20日国务院颁布的《全民科学素质行动计划纲要（2006—2010—2020）》，描述了实施全民科学素质行动计划蓝图。党的十七大报告提出，要"注重培养一线的创新人才"，"努力造就世界一流科学家和科技领军人才"。这是党和国家对新时期我国高等教育提出的新要求，也为以培养研究型、应用型人才为主的高校定位提供了重要依据。然而，若与西方发达国家的大学生相比，则可以明显感到，我们的学生在综合素质方面整体上还有差距，主要表现为解决实际问题的能力以及创新能力不足。产生这个差距的原因是多方面的，而"被动实践"的普遍现象是其中的重要原因之一。

华中科技大学校长李培根院士指出："在我们越来越强调培养学生创新能力的今天，被动实践不能不说是中国高等教育存在的严重问题之一，或者说创新能力的培养迫切呼唤主动实践。"因此，教师在教学中如何创造条件，引导学生主动实践，调动学生主动学习的潜能，是培养创新人才、创新能力的关键。

要使学生具备主动实践的意识和能力，就应该从制约学生综合素质提高的瓶颈——思维能力入手，培养学生的创新能力，提高学生的综合素质。本教材第一版就努力体现这样一条主线：在培养科学素质中将提高思维能力和提高实践技能并重。希望使用本教材的师生明确本课程的教学目标：不仅学会能用平面图形描述空间形体——培养和提高实践技能，还能同步接受系统式智力训练，提高思维素质——改善思维习惯和掌握多种科学的思维方法以提高思维能力。要做到这些，还需教与学双方的共同努力。

随着教学改革的深入和发展，根据使用本教材的师生的意见，本教材第二版在保持第一版的基本体系和特点的基础上，对全书的三个部分（工程制图与图学思维方法教学内容、工程制图与图学思维方法练习题、工程制图与图学思维方法学习辅导光盘）全面作了充实和调整。主要表现在以下几方面。

1. 按《全民科学素质行动计划纲要》中的精神与要求，将科学素质内涵的定义作了相关的修正，并从工程图学的智力价值角度，分析了本课程对培养学习者综合素质的独特作用。同时对各章中出现的相关思维方法作了更详尽的解析。

2. 跟踪最新国家标准，更新了相关内容。

3. 为满足不同学习者的需要，充实了第2、3、4、9章的内容。

本教材由华中科技大学王晓琴、宋玲任主编，唐培、焦玉冬、游敏任副主编，吴昌林教授任主审。编写分工为：王雨田、游敏编写第 1 章，王晓琴、王雨田、唐培、舒雄飞、焦玉冬编写第 2、5、6、7、8 章及第 9 章第 6 节，宋玲、陈羽骁编写第 3、4、10 章及第 9 章的其他章节；张传平、王蕾、雷佛应参加了图学思维方法及与思维科学知识等有关部分的编写工作；工程制图与图学思维方法学习辅导教学资源部分（需要的读者可以访问网址：http://jixie.hustp.com/index.php?m=Teachingbook&a=detail&id=1067）由宋玲、王晓琴主编。本教材还得到了廖湘娟、贾康生、鄢来祥、魏迎军等老师的协助支持。

为弥补教学时数的不足并为读者提供另一种学习方式，编者及其课程组编写了与本教材配套的教学辅导用书《画法几何与工程制图学习辅导及习题解析》，已由华中科技大学出版社出版发行。该书可让读者按自己的思维速度体会解题思路和技巧，达到善于联想、触类旁通、激活思维潜能的作用，使所学知识在综合运用中适度升华。

在本教材第一版的使用过程中，得到了华中科技大学教务处和机械学院各级领导、校内外专家们的支持和好评，得到了广大读者的喜爱，在 2007 年被评为中南地区优秀教材一等奖和华中科技大学精品教材，2008 年获华中科技大学教学成果二等奖和优秀教材二等奖，在此向相关领导、专家以及关注本书的读者表示诚挚的谢意。

鉴于水平有限，教材中难免存在缺点和错误，恳请使用本教材的师生及广大读者批评指正。

编　者
2009 年 5 月

第一版前言

　　随着社会的不断发展，我们进入了一个高智能的信息时代，在这个竞争的时代，缺少的不再是知识和信息，而是驾驭知识和信息的智慧。要想在这个竞争的时代求生存、谋发展，参与竞争者必须具备较高的综合素质、具有更强的学习知识、运用知识和创造知识的能力；竞争者应有更高的思维效率和思维能力，能够敏锐地发现问题、及时高效地解决问题，由此可见，竞争已演变成思维能力的竞争。因此，对人才的培养和智力的开发已引起了全社会的高度重视。如何通过教育来提高受教育者的综合素质尤其思维能力，则是教育学者不懈努力追求的目标之一。长期以来，国内外的科学家和教育家们对此已进行了大量的研究和实践，也总结了许多行之有效的方法，如系统式智力训练和辅助式智力训练等。系统式智力训练即采用一定的程序，在较短的时间里，对智力进行系统的开发，这种训练主要包括对智力本身进行训练、从思维能力入手进行智力训练、从学习策略入手进行智力训练、从元认知入手进行智力训练几种类型。辅助式智力训练是把智力开发融入日常学习和工作中的智力训练方式，这种智力训练多在无意识中进行，由于缺乏系统的理论指导，目前还未能普及。

　　本书将以工程图学知识为底蕴，利用工程制图课程不仅培养和发展学生的空间想像能力和空间构思能力，还培养学习者的多种思维方法，同时引进思维科学的相关理论，对学习者进行系统的思维能力训练，训练的主要目的是提高学习者的思维素质——改善思维习惯和掌握多种科学的思维方法。通过学习本课程，学习者既能学会用平面图形描述空间形体——培养和提高实践技能，还能同步接受系统式智力训练——提高思维能力。本书的图学知识对非工程类专业的学生虽没有直接意义，但在激发学习者的潜思维，充分挖掘学习者的创造潜能，培养综合思维能力方面却是不可多得的知识桥梁。

　　教育部高等教育文化素质教育委员会主任、著名学者杨叔子院士在为华中科技大学编写的《画法几何与土木工程制图》一书所写的序中指出："劳厄讲过一句精彩的话，'重要的不是获得知识，而是发展思维能力。当所学过的知识都忘记了后，剩下的就是素质。'能力包括思维能力，是素质外在表现之一。劳厄的话都内含了一点：知识是能力的基础，是素质的基础。其实，知识是文化的载体，是思维、方法、精神等的基础；离开了知识，就谈不上文化，就谈不上文化所内含的思维、方法、精神等。我不赞成培根的讲法，知识就是力量；我赞成用否定式的讲法：没有知识，就没有力量。如果不学习知识，不获得知识，就谈不上通过知识而发展能力包括思维能力，就谈不上忘记所学过的知识以及获得由这些知识通过实践而内化所形成的素质。工程图学课程是工科专业基础课程之一，基础不牢，地动山摇。"

本书主要面对高等院校本、专科及高职等少学时的各类学生，课堂教学 40～60 学时。

全书分为两部分：工程制图与图学思维方法部分和工程制图与图学思维方法练习题部分。在工程制图与图学思维方法部分除简述了智力的基本结构及与知识的关系、思维的基本特性、思维方法的分类及掌握思维方法的途径、思维惯性定势的利弊及突破的方法、思维能力的属性及影响因素等，还在继承图学课程传统精华的基础上，在系统地介绍图学知识的同时，将多种思维方法的思维原理、思维提示融入学习过程的每一阶段。工程制图与图学思维方法部分共 10 章，该部分遵循学习者的认知规律，根据当前学生思维方式单一且惯性大的特点，采用了由浅入深、由简及繁、由易到难的编排顺序。

本书考虑携带方便，将工程制图练习题附在本书的最后，作为习题部分。同时为帮助教与学，充实及丰富教学内容，还制作了与教学内容配套的教学光盘。

本书由华中科技大学王晓琴主编，宋玲副主编，吴昌林教授主审。编写分工为：王雨田编写第 1 章，王晓琴、王雨田、舒雄飞编写第 2、5、6、7、8 章及第 9 章第 6 节，宋玲、陈羽骁编写第 3、4、9、10 章，张传平、雷佛应参加了图学思维方法及与思维科学知识有关部分的编写工作。本书还得到了廖湘娟、贾康生、鄢来祥等老师的协助支持。

与本书配套的教学光盘部分由宋玲主编。

本书编写过程中，参考了一些国内同类著作，在此特向有关作者致谢！书中难免存在缺点和错误，恳请使用本书的师生及广大读者批评指正。

编　者
2005 年 3 月

目　录

1 绪 论

本 章 要 点
● **思维科学知识**　智力的基本结构及知识的关系、思维的基本特性、思维方法的分类及掌握思维方法的途径、思维惯性定式的利弊及突破的方法、思维能力的属性及影响因素。
● **教学提示**　教师可根据自身对相关内容的认识和实践经验适当例举。

人类的认识能力和认识水平从低级到高级，从简单到复杂，由猜想到科学，是一个不断进步的过程。人的智力也是如此，人越来越聪明是一种总的趋势。随着时代的变迁、生产力水平的提高、经济的发展、科学技术的进步，人类的智慧水平在不断提高。

聪明，是人们对智力的通俗叫法，是智力高低的代名词。聪明，既是对智力活动过程的评价，也是对智力活动结果（成就）的评价。由于每一位心理学家对智力的含义都有不同的解释，因此，智力或聪明智慧的含义也是相当广的。美国心理学家吉尔福特（J. P. Guilford）从内容、操作和成果三方面去考虑，把智力因素划分为 120 种。可见智力实际上是一个综合概念，它集中表现为观察力（观察的速度、广度、精细度等）、记忆力（记忆的速度、保持时间的长短、再现的准确性、联想的特点等）、注意力（持久的时间、定向的范围）、想象力（科学想象、艺术想象）、实践力（实践技能）和思维能力（认识能力）等等。这些基本因素处在智力结构的关系之中时，它们虽然互相影响，彼此制约，但无一不在发挥着自己的独立作用。

在这些因素中，思维能力位于主导地位，是智慧的集中表现，如图 1-1 所示。它确定要解决什么问题，尤其是怎样去解决这些问题（方法、途径）。它不但能充分表现出人的才干和办事力度，还能极大地影响其他能力的提高和发展。

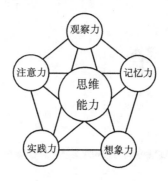

图 1-1　智力结构示意图

观察力则表现为善于全面、正确、深入地认识事物特点及其发展过程的能力，它是智力活动的门户和源泉，是激发创造性思维的前导因素——在实践中的观察是有一定目的的、比较持久的和主动的知觉，是通过各种方式去认识某种事物的心理过程。在科学发现中，只有具备特殊观察力才能超前发现和把握偶然出现的机遇。

记忆力是智力活动的仓库和基础。记忆，是人脑对过去经历过的事物的反映，是刺激信息的输入、编码、储存和提取的过程，其意义在于保存过去的知识和经验。良好的记忆力具体表现为：记忆速度快，保持时间长，准确度高，提取所需原印象快。

注意力主要表现在注意的集中力，它包括注意的持久定向和灵活分配的能力，是智力活动的警卫、组织者和维持者。注意力在智力活动中起一种聚焦的作用，它能把目标、时间、精力、智能、知识、情感、兴趣、思维高度聚焦在创造的焦点上，产生高效的思维能量。

想象力是智力活动的翅膀和富有创造性的重要条件。想象，是指在原来的感性形象信息基础上，经过重新组合和排列，创造成某种新形象信息的思维过程。

实践力则是在智力活动中实现目的的行动能力，是各种能力表现的落脚点。

目前虽没有确定一个人聪明程度的客观标准，但从大量的观察及实践的结论中发现，可从以下几方面考量一个人的聪明程度：

(1) 掌握知识的多寡，知识的深度和广度如何；

(2) 运用知识进行思维的方法是否多样，转换是否灵活，思维途径是否对路；

(3) 最终解决问题的思维速度和得出思维结果的科学性和准确程度。

归纳起来，聪明智慧表现在知识量、思维方法质与量及两者之间的转换运用，解决问题的难度、准确度、速度等方面。显而易见，一个人的聪明智慧——智力是与知识、思维能力密切相关的。知识作为发展人的智力和智慧的基础或工具，是人的思维能力必不可少的前提。读书多，知识量多，是聪明的一个必要条件，也是提高思维能力的一条十分重要的途径。没有知识，没有对客观世界的科学认识，人的智力和智慧、人的思维能力就无从谈起。然而，一个人的聪明程度或思维能力的高低，并不能以其所掌握的知识量的多少来衡量，一个有广博知识的人不一定很有智慧，同样，一个很有智慧的人也不一定有很广博的知识。知识作为思维活动的原材料，往往只是思维能力的一个构成部分，提高思维能力是求诸于内，是培养智慧；学习知识是求诸于外，是积累知识。强调多读书学习，实际上就是强调重视知识的积累，不能满足于无知或只停留在知之不多阶段。求知并非最终目的，能用所学知识去解决问题才是目的，知识再多却不能在实践中灵活运用，知识就变成了死的知识。因此，在知识积累的过程中，只有学习多种思维方法、提高思维品质和思维能力，才能更好地掌握运用知识的方法，并将知识用来进行新的认识活动，逐步提高人的聪明程度并使之达到更高的智慧水平。

实践和思维是形成智慧的两种运动形式，通过这两种形式的运动，转化为外在的智慧。

1.1 思维

思维即我们平常所说的思考，从"推论"和"思考"的角度上看，思维实质上是一种行为或行动，一种人类按某一种特殊方式运用能力和技能所进行的脑力活动，是人脑借助语言实现对客观事物的一种反映，是人们间接和概括地认识事物、反映事物的一般属性和事物间的规律性联系的一种方式，是人的认识过程的高级阶段[①]。

思维是一个复杂的多面体，它具有许多属性，其基本属性是概括性和间接性。

思维的概括性是人脑对于客观事物的概括认识过程。概括认识不是指个别事物或个别事物的个别特征，而是对一类事物共同、本质的特征的反映。因此，思维的概括性可以做到以少胜多，用有限的词语近似地反映无限的客观世界，从而达到对于客观真理性的认识。概括性主要体现在两方面。一是能找出同类事物的共性并把它们归结在一起，从而认识这类事物的性质及其与他类事物的异同和联系。例如人们把具有"两足而羽"特征的动物称为"禽"，把具有"四足而毛"特征的动物称为"兽"等。二是根据大量的已知事实，在已有的知识经验的基础上，舍去各个事物的个别特点，抽出它们的共性，从而得出新的结论。例如，人这一

---

① 人的认识有两个阶段. 第一个阶段是认识的感性阶段，是认识的低级阶段。它反映的是事物的现象，是事物的各个片面以及这些事物的外部联系，其主要组成部分是感觉和印象。第二阶段是认识的理性阶段，也是认识的高级阶段。它反映事物的全体，反映事物的内部联系，其主要组成有两大部类：一个部类是概念、判断和推理，另一个部类是心象、想象和构思。不管哪一个部类，都属于理性认识的范畴。这种理性认识依赖于感性认识，而感性认识又有待于发展到理性认识。

概念，我们不是反映一个个具体人的形象，也不是指某一类人的形象，如男人、女人，白种人、黑种人、黄种人，高个子的人、矮个子的人，漂亮的人、丑陋的人，等等，而是"能直立行走、会使用工具、用语言来交际的人"。这就是说，当我们对"人"进行思维时，抛开了具体人的一些非本质特点，而不是出现以词为表象的一般特点。然而，若用世界上千千万万个具体人的形象来进行思维，那么思维活动就会变得非常困难、原始，而回归成为原始人的思维。在我们平常的学习中，许多知识都是通过概括认识而获得的。例如，各门学科中的规律、公式、法则、规则、原理、定理等，只有通过概括认识才能加以掌握。

思维的概括性是思维活动的速度、广度、深度和灵活度以及创造程度的智力基础，在思维活动中有很重要的作用。随着思维的发展，会逐渐出现更高水平的概括，概括水平是衡量思维水平的重要标志。

思维的间接性可以使人通过其他事物来认识那些没有直接作用于人的事物或事物的属性，即借助思维和已有的知识、经验，通过其他事物之间的相互影响所产生的结果，以及其他媒介所反映的客观事物，间接地认识尚未感知或不能直接感知的事物，并预见和推知事物的未来变化。例如，早上起来，透过窗户看见屋顶、地面潮湿，便推想到夜里下过雨，观察者虽没有亲眼看到夜里下雨的情景，但"夜里下过雨"的认识是通过潮湿的屋顶、地面等媒介而推断出来的。这种间接的认识仍然受相似规律所制约。这是因为，"夜里下过雨，屋顶、地面便潮湿"的判断，根源于过去无数次的实践而获得的相似经验，把现在的"屋顶、地面潮湿"与以往积累起来的经验相比较，发现现在的情况与昔日存在着相似的地方，于是便间接地推断出"夜里下过雨"的结论。这是较简单的间接认识。由此，我们可根据自己、前人及旁人所总结出来的一些知识（包括实事、联系、概念、原理等）来解决自己所面临的问题。在我们的学习过程中，有许多知识都是间接地认识到的。例如，通过某种工具或仪器去认识某种事物，通过各种比喻去理解某种知识，通过各种事物的比较去了解各自的特点等等，都可借助思维的间接性来达到"隔墙见角而知有牛，隔岸见烟而知有火"的效果。在实践过程中，解决任何一种比较复杂的课题都需要这种间接思维认识，即根据已有的感性材料或借助于已有的知识经验，以及人造工具，经过人脑的一番"去粗取精，去伪存真，由此及彼，由表及里"的整理加工而获得认识。

思维的这两个基本特征互相依赖，两者之间是辩证统一的关系。例如，我们掌握的规律性的认识越丰富，就越能以此为依据，广泛地进行间接认识；我们应用已掌握的公式、定理、法则等去认识个别的事物，解决个别的问题，也是间接性依赖概括性的一种表现。另一方面，有些概括认识也是以间接认识为基础的，即概括认识所依据的大量事实，其中有很多便是通过间接认识而获得的。从这个角度来看，间接认识越丰富，概括认识就越可靠。正是由于思维的概括性与间接性紧密联系，我们才能认识那些直接作用于人的种种事物及事物的特性，同时也决定了思维的预见性（根据对事物的规律性以及事物之间的关系来推断与预测事物的发生、发展以及预见自己的行为可能造成的后果）。没有大脑思维的创造性活动就不会有知识的产生，而不同时代人们的思维活动都是建立在相应的知识层面上的，据此，人类才有新知识的获得，发明家的发明，科学家的发现，政治家的雄韬大略等等，这些都是人类思维活动的结果。

人类的思维活动有两种类型：发散思维和收敛思维。发散思维也称扩散思维、辐射思维，是一种让思路向多方向、多数量全面展开的立体型、辐射型的思维方式。在思维过程中，充分发挥想象力，突破原有的知识圈，由思维对象或问题向四面八方想开去，通过知识概念的重新组合，发射出或辐射出更多更新的设想、答案或解决办法，如图1-2 所示。发散思维的过程实质上是创造过程的第一阶段，是先求数量、拓宽思路的阶段。它具有流畅、灵活、独特三个特点。收敛思维也称集中思维、辐集思维，是一种将被拓宽的思路向最佳方向聚焦的思维方式。在思维过程中，以某个思维对象或问题为中心，从不同的方向和角度，把思维活动指向这个中心，已达到解决问题的目的，如图1-3 所示。收敛思维的过程实质上就是思维主体把思维活动集中于一个确定的方向，利用已有信息中最有价值的东西，以获得某一思维成果的过程，也是创造过程中紧接着发散阶段的从数量到质量的阶段。掌握收敛思维的基本功是抽象、概括、判断和推理的能力。

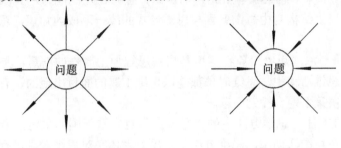

图 1-2　发散思维　　　　　　　　　图 1-3　收敛思维

一般情况下，发散思维与收敛思维成对、同时使用，在思维活动中，发散思维是收敛思维的基础和必要条件，收敛思维则是发散思维的归宿。任何一个创造的全过程，都是发散思维与收敛思维在不同水平或多层次统合的产物，都要经过从收敛思维到发散思维，再从发散思维到收敛思维的过程，在多次循环中，不断拓宽思路直到解决问题。

思维活动的根本任务在于认识和掌握事物的本质和规律，用以指导人们改造客观世界的实践活动。要完成这样的任务，就必须采用正确的思维方法。

1.2　思维方法

　　"方法"是人类活动的步骤、程序、格式，是达到目的的途径、完成任务的手段，也是解决问题的方式。人类活动的自觉能动性的一个重要特征是对各种方法的认识、掌握和运用。没有方法就没有人的活动，而正确的方法是引导人们走向活动成功的必要保障。衡量一个人聪明的程度和能力的大小，也往往是以其掌握并熟练运用各种方法的质和量为标准的。

　　人类活动主要分为实践活动和思维活动，活动方法也就相应地划分为实践方法和思维方法。实践方法是一个包含无数方法、层次或要素的群体结构，实践方法的形成受两个因素的影响：

　　(1) 自然运动法则　实践活动要顺利进行，必须遵守自然法则；

　　(2) 能动地创造　能动性是区分实践活动与自然活动的标志。

　　自然运动和能动创造相结合形成了实践活动的特有法则，并通过实践活动方法的积累、内化和升华，促进了人类思维方法的形成和发展。思维方法的形成与发展都离不开实践活动，在思维活动中思维方法是一个由客观到主观的过程、自然法则与能动创造相结合的过程，随着实践和认识的发展而经历着由低级到高级、由简单到复杂的发展过程。

　　思维活动主要包含思维主体、思维对象、思维方法三方面。

　　(1) 思维主体　思维主体首先包括认识、意向、控制能力，其次包括相应的思维结构，思维结构是由思维要素与思维形式的统一形成的知识、意向、决策观念所组成的。

　　(2) 思维对象　思维对象在这里是指被思维加工制作的信息，是思维活动的原材料。在思维活动中，思维对象都是以思维主题的面目出现的，有认知主题、意向主题、决策主题、控制主题。

　　(3) 思维方法　思维方法中的"思维"是对方法范围的限定，专指思维活动中的方法。在思维活动中，思维方法是由思维主体在对思维对象进行加工制作过程中所采用的特定方式和程序，它属于思维主体的手段和工具。

　　早在人类思维发展之初，人们逐渐意识到，在思维活动中似乎有某些反复显现的程序，依照这种程序，思维总是能够得到一定的结果，虽不知它就是一些思维方法，但可有效地解决问题。例如，人们比较熟悉的"曹冲称象"的故事，就是采用了置换（替代）思维方法。这种思维方法的原理是：当人们思路闭塞、想不出解决问题的办法时，及时灵活地调整思维角度，思考能否由其他方法代替。现分析曹冲处理称象事件时所掌握的相关知识与思维过程。

　　曹冲思维的前提是具备了一定的知识量。

(1) 在生活中积累了这类知识：水面上的船承载重物时下沉——吃水深，卸去重物立即上浮——吃水浅；

(2) 懂得简单的整体与部分的关系，总数是由一部分一部分相加而来，也可以分为各个部分；

(3) 见过或学过一件事物可以借助另一件事物来表达的方法。

这就是曹冲掌握的知识量，或叫信息量，也是思维主体。这些知识一般儿童或少年也可能掌握，曹冲并不比别的儿童特殊。曹冲的聪明并不是表现在只懂得这几个知识点，而是表现在运用知识的方法巧妙与灵活，善于把几个知识点连接起来，运用正确的思维方法和途径，得出思维结论的速度快、准确度高。由此可见，看一个人是否聪明，要看他在解决实际问题时所采用的思维方法是否恰当。这个例子说明，不管是儿童还是成人，在思考问题时，无论他自己是否意识到，在他的思维过程中都会有某种思维方法在起作用，而要达到解决难题的目的，方法是否多样、灵活与否是一个关键，也是形成智力的一个根本条件。因此，思维方法和实践方法一起，构成了人类智慧、能力、知识的核心部分。

思维方法在不对思维对象和材料实行加工时无法表现出来，并且不会以静止的状态存在，在思维活动中，现实的思维方法作为主体出现在对思维对象实行加工这一特定方式时。

思维方法不是思维内部的知识、意向和决策，而是由它们形成的思维能力的一种因素，一种在实际中运用并转化成思维能力的方法。由此也可反映思维方法的工具性——人们在思维加工中必须由思维主体不断学习、熟练掌握并加以运用的工具，或是思维主体对思维对象发生作用的中介。同实践方法一样，思维方法也是一个包含无数方法、层次或要素的复杂体系。思维方法按其运用的范围和功能的不同，可大致划分为以下三个基本层次：

(1) 一般思维方法，即哲学思维方法；

(2) 特殊思维方法，即各门具体科学共同的思维方法；

(3) 个别思维方法，即各门科学所特有的思维方法。

一般思维方法是思维过程中的操作性方法，如归纳与演绎、分析与综合、抽象与具体等辩证思维方法，它属思维方法中的最高层次。哲学以世界的普遍本质为其对象，它所阐述的原理、原则以及把这些原理、原则转化为观察问题的方法，具有较高的概括性、广泛的适用性。

特殊思维方法是介于一般与个别之间的思维方法，这种思维方法的客观基础，是某些科学对象存在着共同的属性和规律，这些共同的属性、规律，通过客体向主体、客观向主观的转化，形成各门科学所通用思维的规则和手段，即各门科学共同的思维方法。特殊思维方法通常有两种情形：①三大基本部类的科学思维方法，即自然科学、社会科学和思维科学，它们都有各自适用的特殊思维方法；②三大基本部类某些共同的思维方法。如研究物质运动数量关系的数学思维方法，不仅适用于自然科学，而且也适用于社会科学和思维科学；又如各门科学的对象都是复杂程度不同的系统，因而，系统思维方法也就成为许多学科所共同采用的思维方法。

个别思维方法指各门具体学科和各项具体工作的思维方法，这是由不同学科研究对象的独特性所决定的。例如，同属自然科学的物理学、化学和生物学等，同属社会科学的经济学、政治学和历史学等，都有各自独特的研究方法和思维方法。

思维方法的上述三个层次作为一般、特殊和个别的辩证关系，它们既有区别又相互联系。在人的思维活动中，处在不同层次上起着不同作用的思维方法，不仅有其自身适用的范围和功能，还制约着思维活动。各种思维方法都有各自的独特作用，彼此不能相互取代，但能相互渗透、影响。任何一个思维活动，尤其是重大的科学发明、科学发现、社会系统工程的研究等，都绝不是只运用某一种思维方法，而是同时并用或交错使用多种思维方法。历史上一些名人之所以能发明创造而取得成功，无一不是因为他们掌握和运用了多种思维方法。可见，正确的思维方法是使人聪明的方法，也是使人在某个领域可能产生突破的方法。

思维方法有广义和狭义之分。狭义思维方法就是逻辑思维方法，是人类思维的一种基本方法，它通常由判断、推理、比较、分类、分析、综合、抽象、概括、归纳和演绎等逻辑方式来实现。逻辑思维方法是在概念的基础上根据事实材料，按照公认的逻辑规律和思维规则，有步骤地对事实材料进行分析或依据已有的知识进行推理，从而形成新的认识、概念，并作出判断的思维方法。广义思维方法不仅包括逻辑思维方法，也包括非逻辑思维方法。非逻辑思维方法与逻辑思维方法不同，它不仅用概念、范畴的理论体系来反映事物的本质和规律性，还借助形象去反映事物的本质和规律性。非逻辑思维方法的类别很多，从思维的内容来分，可分为形象思维法、联想法、直觉思维法和灵感思维法等；从思维过程形式特点来分，可分为发散思维法与收敛思维法等；从与常规思维的思路方向来分，可分为逆向思维法和侧向思维法等；从整体特点上看，还可分为立体交合思维法、超常思维法等。非逻辑思维无须严密，不讲逻辑，但有的非逻辑思维在人们的认识发展到一定程度后，也会逐步演变为逻辑思维。逻辑思维方法和非逻辑思维方法的密切结合就可帮助我们灵活运用各种思维方法来恰当地、合理地发现与解决问题。

思维方法不是人脑中固有的，思维方法从无到有的过程主要来自三个方面：实践、知识、旧方法。从实践起源的思维方法，主要是通过实践的内化途径而发生。实践是人的外部实际活动，思维是人脑的内部活动，由实践向思维方法的转变就是一个内化过程。从知识起源的思维方法，主要是通过对知识的运用而发生。知识本身不是思维方法，只有当人们把现成的知识应用于新的思维活动并作为新知识的加工程序和手段时，知识才能转变为思维方法。从旧方法起源的思维方法，主要靠实践的推动和知识的补充而发生。人类思维方法的发生，并不都是从零开始的，特别是新方法的发生，总离不开先前的旧方法，是旧的思维方法通过实践渗透实现的，是旧的思维方法与新的实践方法的结合物。

显然，掌握思维方法可通过以下两条途径：

(1) 通过学习关于方法的书本知识来掌握思维方法；

(2) 通过实际的思维活动来掌握思维方法。

由此可见，不管由何种方式获得或掌握思维方法，实践的内化都是一条基本的途径。无论知识的应用还是旧方法的改造，都必须以实践为基础，在本质上都属于实践的内化。知识同样是由实践发生的，由知识而来的方法自然终归起源于实践。知识的应用，在思维方法的发生中是一条辅助道路，由知识应用转变为方法的途径，随着人类思维的发展而越来越重要。旧方法的改造，则是实践和知识多种因素综合作用的结果，既是思维方法的发生，也是思维方法的发展。实践的内化与知识的应用，都要通过旧方法的改造来实现。

然而，掌握思维方法本身并不是目的，只有不断运用思维方法才是培养思维方法、提高思维能力的目的。另外，运用思维方法要以掌握思维方法为前提，否则谈不上运用。同时，是否真正掌握思维方法，又完全要看能否将其运用得好。

一般讲来，运用思维方法要抓好以下三个环节。

(1) 熟悉思维任务　人们运用思维方法进行思维活动，就是为了完成一定的思维任务。因此，运用思维方法应从确定思维任务开始。思维的任务多种多样，如观察现象、阅读图样、发现问题、创造理论、发明技术、创作文艺作品等，凡是需要经过思维活动才能获得成果的事物，都是思维的任务。思维任务的提出，是由实践活动和思维活动的发展所决定的，并不取决于思维方法。但是，能否较顺利地完成思维任务，却在很大程度上取决于思维方法。一定的思维任务需要一定的思维方法，一定的思维方法只适于完成一定的思维任务。由此可见，为了能较好地运用思维方法，我们需要了解和熟悉自己的思维任务。熟悉思维任务，不限于一般地了解它的内容，还要针对思维方法熟悉思维任务，即要懂得完成此项任务的思维特点，以便选择完成任务的思维方法。只满足于提出任务，不进而研究和解决思维方法，是难以完成思维任务的。

(2) 选择适用的思维方法　思维方法的类型不同，其作用不同，适用范围也各异。因此，为了完成特定的思维任务，需要对思维方法进行选择。首先，要根据思维任务的不同性质选择不同的思维方法。例如，要想获得某种事物的大量感性材料，就要运用经验认识方法；要想进行文艺创作，就要运用形象思维方法；要想进行科学理论的研究，就要运用逻辑思维方法、理论认识方法和哲学方法。其次，要根据完成思维任务的条件选择思维方法。在思维活动中所运用的方法，不仅取决于思维任务的性质，还取决于完成思维任务的条件。思维条件包括两方面：一是主观条件，如知识的水平、思维材料的占有程度，是否具有完成该项任务的经验等；二是客观条件，如进行认识活动的物质条件、社会知识背景、是否有集体研究力量、别人对该项课题的研究状况等。要充分考虑思维活动的主客观条件，才能选择出适当的思维方法。例如，为了获得某一自然现象的有关信息，若具备各种仪器设备，那就可以选择实验方法去进行认识活动；否则，只能运用自然观察方法。又如，对某一课题的研究，别人已有大量的初级成果，或者自己已有相当的知识储备，那就应该运用理论认识方法去进行研究，关键在于形成有关的理论性认识，否则，必须首先选择经验认识方法，通过观察、调查、实践来积蓄必须的经验材料，然后才能选择理论认识方法去创造所需要的理论。不顾思维条件，只凭个人好恶行事，选择不恰当的思维方法，将难以完成思维任务。

（3）能动地应用思维方法　　完成一定的思维任务需要选择和确定一定的思维方法，但是世界上的事物都不是一成不变的，完成同一任务可以同时采用两种以上的思维方法，到底哪一种能更有效地完成任务，事先往往难以确定，只有在后来的思维活动中才能进一步选择。因此，思维方法的使用应视具体情况的变化而变换。所以，在使用思维方法的过程中，特别是对于普遍性较大的方法的使用，必须从实际出发，根据不同情况，处理好多重交叉的部分与整体的关系，灵活地、确定地、创造性地使用思维方法。

注意　与本书图学知识有关的思维方法的原理、提示和应用，除穿插在每章的内容中外，还可参看 9.7 节图学思维方法小结。

1.3　思维惯常定式（思维定式）

在长期的思维活动中，每个人都形成了自己惯用的、相对固定的思维趋向、格局和态势，包括思维的目的、价值取向，思维的形式、角度、方法和线路等。当人们面临某个事物或现实问题时，会不假思索地把它们纳入已经习惯的思维框架中，迅速联想旧知识和技能，并沿着已习惯的思维轨迹对它们进行思考和处理。这种习惯成自然的思维方向和轨迹，就是一个人特有的思维惯常定式，简称思维定式。

　　思维定式实际上是每个人所具有的并已习惯的思维倾向、轨迹和格式化的思维方法，是一种思维模式或认知框架，是头脑所习惯使用的一系列程序和工具的总和。主体的思维结构、思维定式在潜移默化中左右着人的思维，因此，对同一事物的认识与改造活动及其结果不同，思维结果往往出现很大差异，甚至相反。这并不是偶然的，因为思维定式的形成，与现实社会的文化传统和价值取向以及个人的知识水平、文化心理素质、独特生活经历等因素相联系。思维定式是普遍存在的现象，它隐含在我们的一切活动之中。

　　思维定式有两个显著特征：格式化结构和强大的惯性。所谓格式化结构，就是说它是空洞无物的模型，只有当思维对象装入以后，思维过程出现了，它才存在。所谓强大的惯性，是指它一经形成定型，就会顽固地支配人的思维过程、心理态势乃至实践行为，且极难被改变。

　　思维定式与其他任何事物一样，也是一分为二的。当处理日常事物和一般性常规问题时，思维定式能起积极的作用，思考者用处理过同类或相似问题的经验或方法，省去许多摸索、试探的思考步骤，不走或少走弯路，使问题可以既快又好地得以解决，从而提高思考、办事效率。因此，当人们在生活中遇到的是一般情况、惯例性事物、"老问题"时，只需在思维定式引导下，采用习惯的做法迅速解决问题。但当人们面临新事物、新问题、新情况，需要开拓创新时，则要有新的思考程序和思考步骤，此时的思维定式起消极作用，成为"思维枷锁"，阻碍新观念的产生，使人打不开思路，跳不出框框，难以进行新的尝试，甚至将人引入歧途。正如生物学家贝尔纳所说："妨碍人们学习的最大障碍，并不是未知的东西，而是已知的东西。"

　　15 世纪末，伟大的航海家哥伦布远航发现美洲大陆，有的人把他看成英雄，有的人却贬低他的功绩。在庆功会上，有人站起来说："这没什么了不起的。只要驾着帆船一个劲地向西航行，就能发现这块新大陆。"哥伦布听了并不生气，他从容地站起来，在桌上拿起一个鸡蛋，对在场的人问道："这是一个普通的鸡蛋，你们能不能把它竖起来？"人们左摆右摆，可怎么也竖不起来。这时，哥伦布拿起鸡蛋在桌上轻轻一敲，蛋头上碎了一点壳，鸡蛋便稳当地竖了起来。哥伦布说道："这是很容易的事情，但你们都没能做到，然而我做到了，现在你们也能做到了。但在第一个人做到以前，别人就是一直做不到。"哥伦布的这席话，用来说明思维定式再合适不过了。这表明，一个人如果只习惯于单一的思维方式，不会扩散，不善创新，就容易陷入"此路不通"的境地。

　　我们若关注一下世界上一些重大科学研究中的创造发明，也会发现它们在成功之前所遇到的最大障碍和困难往往不是物质、技术条件不具备，而是没有人能突破思维定式，提出新方案。

20 世纪中叶，美国和苏联都已具备了把火箭送上天的物质和技术条件，但由于双方都为"火箭推动力不足"这一问题所困扰，因此一直未能将人造卫星送入太空。解决这一难题，当时为两国专家所公认的唯一办法是增加串联的火箭数量。可火箭串联了不少，还是解决不了问题。后来，苏联的一位青年大胆突破了"只能增加串联火箭"这一思维定式，提出了只串联上面两个火箭，下面改用发动机并联的新思路，最终取得了成功。这个新设想的提出，使一个长时间令世界上最优秀的科学家们束手无策的难题，轻而易举地得到了解决，使得技术稍显落后的苏联抢在美国之前，为将人造卫星送入太空轨道作出了突出贡献。

古今中外类似范例比比皆是。雅典奥运会 110 m 栏冠军刘翔突破"黄种人没有爆发力"的思维定式，打破欧美人的垄断，用自己的肢体语言说明了一个深奥的哲学道理：思维定式的突破往往伴随着创新。这说明一个人乃至一个国家创新能力的强弱，关键就在于他能否突破自己固有的思维定式，去想别人所未想的问题，求别人所未求的结果，做别人所未做的事情。随着市场竞争的日益激烈，突破思维定式作为一种创新的方法，具有越来越重要的应用价值。

突破思维定式，只有充分认识到思维定式的客观存在，弄清它的类型、根源及在创新过程中的副作用，我们才能主动克服这些思维障碍，警惕和排除思维定式对寻求新设想所可能产生的束缚作用，从而自觉地发掘自身的创新潜能，迈出创新过程的第一步。

人们头脑中的思维定式有很多种，其中对创造性思维影响最大的主要有：权威定式、从众定式、唯经验定式、唯书本定式、非理性定式、自我中心定式等。思维定式使人们习惯于从固定的习惯或角度来观察事物，以固定的方式来接受事物。每一种思维方式和视角都是一副有色眼镜，而每一副有色眼镜赋予思维对象一种色彩，通过有色眼镜的过滤和渲染处理，我们的认识可能会被歪曲。每一视角都会给我们带来发现和创新，但一旦固化，它就会成为发明创造的阻力，导致思维固化和僵化，结果是对新事物视而不见，对新观念进行抵抗和拒绝。克服这种片面性和阻力的途径之一就是进行视角转换，或者说多配几副不同颜色的眼镜，经常换着戴，换着看。因此，学习并掌握一些科学的思维方法能帮助突破思维定式，如灵活运用发散思维、逆向思维等思维方法建立思维的多重视角，从尽可能多的角度来观察事物，利用形象思维，大胆联想，大胆想象，这些都是突破思维定式的行之有效的方法。因此，视角转换具有打破思维定式，防止思维固化，导致新发现和新发明的功能。

另外，人的思维可分为显思维和潜思维，我们平时所说的思维泛指显思维，思维定式也是针对显思维而言的。由于潜思维不像显思维那样易受思维定式束缚，一些人所共知的常识在潜思维领域也不起作用了，因此灵感思维、直觉思维、梦思维等潜思维的激发，本身也是对思维定式的一种突破。

1.4 思维能力与思维训练

能力是人类所特有的认识世界和改造世界的本领。能力可以从各个不同角度去理解，从它的表现来看，可以分为两大类：一类是人们表现出来达到某些目的所具有的力度；另一类是暂时尚未表现但又可以达到某些目的的潜在力度。前者是实际能力，后者是潜在能力。从总体来看，能力又可以分为认识能力和实践能力。认识能力也就是思维能力，实践能力则是在认识指导下的行动能力，是各种能力表现的落脚点。

在人类文明史上，凡是卓有成就的科学家、艺术家和思想家，他们的成功不仅取决于他们的博学，而且更重要的是取决于他们超常的思维能力。这是因为，只有思维，尤其是创造性思维，才能达到创造的境界，赢得成功的机会。随着社会的不断发展，我们进入了一个高智能的信息时代，在这个头脑竞争的时代，缺少的不再是知识和信息，而是驾驭知识和信息的智慧。我们要想在这个时代求生存、谋发展，必须具有更强的学习知识、运用知识和创造知识的能力。因此，要求我们的大脑有更高的思维效率和思维能力，能够敏锐地发现问题，及时、准确地解决问题。

思维效率是指人的大脑加工活动的效率。一个人思考问题、办事情的快慢，结果质量的高低，都属于思维效率的问题，其中最典型的是科学研究工作的效率。学习效率（接受知识的效率）也是一种重要的思维效率形式。

思维能力是由一个人学习知识和从事思维活动的效率和所达到的水平表现出来的本领，是学习、创造成功的智力要素，或者说是思维潜能素质——一种从学习、工作中表现出来的思维的量和质，它不但体现出个体思维活动中的智力特征，也可以预计到他所从事思维新活动，获得新思维成果的可能性。是区别超常、低常和正常层次的指标。一个人的思维素质是否健全，其潜能如何，只有在思维的外显活动与开发后形成了相对稳定的思维能力特征，才能在测定中作出应有的评价。良好的思维素质，有利于人充分开发大脑的潜在思维智能。而学习并掌握各种思维方法则有助于根据不同的实践需要，选择行之有效的思维方法来指导自己的思维活动，减少思维的盲目性，提高思维的效率和成功率。因此，思维素质是培养思维能力、发展智力的一个重大的突破口。

由于人们所从事工作的对象不同，需求的思维能力类型也不一样。如科学家和哲学家必须有较高的逻辑思维能力，善于创造新概念，并将概念展开，进行判断和推理，造成概念序列，形成概念的逻辑体系；音乐家必须对音准、节奏和旋律有精细辨别和准确记忆的能力；雕塑家的观察、想象能力，以及手部动作的精细和敏感，非一般人能比。这种从事某种特殊工作所需要的思维能力，我们称之为特殊思维能力。特殊思维能力中的观察、学习、记忆、思维等是许多活动所必需的。因此，我们把日常的学习、生活、劳动等许多不同活动中表现出来的共同的思维能力称为一般的思维能力。

人与人之间思维能力强弱的不同主要表现在其思维素质上的差异，即反映在思维多方面的机能和以下属性上。

1. 思维的流畅性

思维的流畅性指在尽可能短的时间之内生成并表达出尽可能多的思想观念（或为了满足某一特定需要而产生许多可供选择的信息项目）的一种思维素质。它主要反映的是发散思维的速度和数量特征，是观念的自由发挥，是思维素质量的表现。例如，某一个人在一定时间内能报出20种"书的用途"，而另外一个人则仅能报出10种，我们就说前者的思维流畅度高，后者的思维流畅度低。我们常用流畅性对思维速度进行评价。爱迪生是美国发明家，享有"发明大王"的美誉，他的思维流畅度是高得惊人的。在爱迪生发明电灯泡的过程中，首先碰到的"拦路虎"是灯丝材料问题。在他之前，美国另一位科学家戴维就已发现：在一根细白金丝上通过电流，就会发出微弱的亮光。但用白金做灯丝太昂贵了。爱迪生就不断地寻找代替白金做灯丝的材料。每想到一种，就马上做试验，失败了，再想一种……他前后共进行了上千次试验，分别试用过1 600多种矿物和金属，近6 000种植物。思维可谓"流畅"至极了。最后他找到了竹丝来代替，办法是将竹丝烧成炭丝作为灯丝，使电灯亮了1 200 h。以后又历经改进，成了今天我们所见到的电灯泡。

思维的流畅性会受到思维定式、思维惰性等因素的影响。

2. 思维的广阔性

思维的广阔性是指突破当时思维活动的局限性，能按照既定目标伸开思维的触角，善于全面而细致地考虑问题，不但注意考虑所要思考的问题的本身，而且考虑与问题有关的事物，考虑它存在和发展的条件，从已知探索未知的一种思维素质。世界上一切事物都处于普遍联系之中，每一事物都同它周围的事物相互联系着。要认识某一事物就必须研究它同其他事物之间的联系。条件是指同某一事物相互联系，对它的存在和发展发生作用的各要素的总和。撇开联系，脱离条件，就无法去认识一个事物的存在和发展。一个人思维活动的广阔性与他的知识、经验多寡相关。知识面广、经验丰富，则必然思路开阔，同时，一旦思路受阻也会及时转换调整。这样不仅接受新知识、新信息多，思考问题的参照系也多，思维的变通性、创造性也必然突出。

诚然，广阔的对立面是狭小，没有广阔的思维，必然导致片面、简单地看问题。

3. 思维的深刻性

思维的深刻性是指善于透过纷繁的表面现象和外部联系深入到事物的本质去揭露事物的规律，深入地思考问题，系统地、一般化地理解问题，并预见事物发展进程的一种思维素质。我们说的现象和本质是客观发展过程的两个不同的方面。现象是事物的本质在各方面的外部表现，它只是我们认识事物的出发点。因此，我们不能把认识局限于事物的表象，而必须通过思维认识它的本质。人对事物过程的认识是从现象到本质，从不甚深刻的本质到更深刻的本质的不断深化的无限过程。如对数学的问题的解决就应认真审题，要全面、深刻的理解命题条件、结论的实质以及它们的相互关系等。

深刻性这一良好思维素质有助于我们深刻认识事物的本质，它的对立面是粗枝大叶，浅尝辄止。

4. 思维的独创性

思维的独创性是指所能独立地思考，独立地发现、分析、解决问题的一种思维素质。如果一个人在解决问题时，总是依靠别人，指望现成的解决方法，那么这个人的思维能力永远也发展不好。凡是思维独创性高的人，都不迷信，不盲从，不满足现成的方法和答案，善于寻找自己的答案，并且表现出果断、坚定、自信等特征。

独立的思维也是值得重视的一个因素。具有独立思维特点的人能努力地通过新的方法、新的途径去解决问题，对现象提出新的合理的解释和理论，具有独创的一面。与独立性密切相关的另一个特点是思维的批判性。具有思维批判性的人，善于分析事物的长处和短处，分析哪些是有价值的，哪些是应该抛弃的，因而往往能在前人的基础上有所发现、有所创新。他们对周围事物具有一定的批判性，对于自己思考问题、解决问题的方法，在得出正确结论以前，也总是以批判的眼光来审视，因而能使问题得到更合理的解决。

5. 思维的灵活性

思维的灵活性又称思维的变通度或弹性，它是反映思维的跨域转换能力，由一类现象迅速地过渡到另一类内容相距甚远的现象的一种思维素质，是对思维广度的评价。平时我们说一个人"机智灵活"，就是针对其思维的灵活性而言的。思维中的机智灵活，主要表现为不是从单一角度或单一思路去思考思维对象，而是从多方位、多角度、多层次、多学科进行思考。在思考过程中能够应付各种复杂的情况，善于组织多方面的知识、事实，根据事物发展变化的具体情况，能够随机应变，及时地提出各种不同的思想、假设、办法和方案，既能掌握思维对象的一般性，又能掌握它的特殊性。

思维的灵活性是良好思维素质的一个重要特点，思维灵活的人能从偏见与呆板的解决方法中解放出来。就是说，当新的情况发生以后，或者在解决问题过程中证明原先的设想发生错误以后，他们能立即改变，适应新情况的发展，找出解决问题的新途径。一般，思维有"惰性"的人，就不善于从被实践证明行之不远的思路中解脱出来，以至于碰壁而无结果。

思维的灵活性比思维的流畅性要求更高，它要求对同一问题作出不同类型的回答。若将图书的用途仅限于学习方面，则可例举出教科书、文学读物、科幻读物等，这为思维同一类型方面的发散，只能说明其发散度的高低；若认为图书可起垫高作用，可作为武器、可燃物等，这则为思维不同类型方面的发散，可说明其变通度的高低；而若能想象出别人想不到却有益于人类的图书的用途时，则说明在新异度方面有所突破。

6. 思维的敏捷性

思维的敏捷性指思维活动的速度和效率。这一思维素质表现在紧急时刻能集中全部智力，对外界刺激物迅速作出反应，在迅速地意识到存在的问题后能及时而果断地找到解决问题的正确途径和方法。

思维的敏捷性也是其他良好思维素质发展的结果。人们有了广阔性的思维素质，能够全面、细致地考虑问题；有了批判性的思维素质，能够做到坚持真理、修正错误；有了灵活性的思维素质，能够做到随机应变。在此基础上，做到敏捷思维并不难。

从理论上讲，思维敏捷性素质的训练潜力是很大的，作为一个思维素质的优点，必须是建立在上述各种优良的思维素质基础之上，只有这样，才能使敏捷性具有更大的价值。

7. 思维的逻辑性

这种素质表现为一个人的思维过程服从于严格的逻辑规则，层次分明，推理严谨。在考察事物时遵循逻辑顺序，有条不紊地进行，整个思维活动既要前后呼应、单线贯穿，又要富有层次、清晰透彻。在处理问题时则常运用逆向思维方法。

思维能力的这些属性在个体上的差异是能够观察和比较出来的，只要我们留意观察，就会发现不同的人观察同一个对象，就有粗略和精细之分；学习一门课程，就有容易和困难之分；记忆一份材料，就有准确与模糊之分；思考一个问题，也会有深刻和肤浅之分。观察、分析、综合、归纳同一个问题，虽然都同样努力，但却可能得到不同的效果，这里除了个人思想、业务素质和某些生理因素外，还有一个不可忽视的重要原因，那就是人的思维能力有强弱之分。

影响思维能力强弱程度的主要因素有三个：先天赋予的能力、生活实践的影响和科学的思维训练。先天的思维潜能素质是与生俱来的，是遗传基因决定的，这种思维潜能素质是思维能力发展的基础和条件，不随人的意愿而改变。因此，如何通过后天的学习训练与思维活动使这个潜在的条件发挥作用，怎样最大限度地挖掘个体的智力潜能，一直是全社会、学校、家庭关注的问题。古人说"人不学不知义，玉不琢不成器"，即便是一块好的思维质料，不经学习训练，在实践中磨炼，也不会成为优良的思维素质。没有适宜的学习条件和环境、严格的训练和刻苦的努力，任何思维能力都不能发展到高超的水平。长期以来，国内外的科学家和教育家们对此进行了大量的研究和实践，总结了许多行之有效的开发智力的方法，如系统式智力训练和辅助式智力训练等。系统式智力训练即采用一定的程序，在较短的时间内，对智力进行系统的开发。系统式智力训练的主要模式包括：对智力本身进行训练，从思维能力入手进行智力训练，从学习策略入手进行智力训练，从元认知入手进行智力训练。在从思维能力入手所进行的各种思维训练中，又有问题解决能力的训练、归纳推理能力训练、演绎推理能力训练、思维品质的训练等。辅助式智力训练是把智力开发融入日常学习和工作中，这种智力训练多在无意识中进行。

本书将结合工程制图课程的图学知识，采用系统式智力训练的模式对学习者的思维素质进行训练。训练的主要目标是改善学习者的思维素质和帮助学习者学习并掌握多种科学的思维方法，充分挖掘学习者大脑的潜能，培养独特的、一流的头脑，以便在今后的学习和工作中能更好地获取知识、运用知识，创造性地解决所遇到的各种疑难问题。

1.5 工程制图课程概述

1.5.1 图样在工程技术中的地位和作用

图形和文字、数字一样，是人类用来表达、交流思想和分析事物的基本工具之一，是人类的一种信息载体，通俗地讲，它是一门特殊的语言。

图有两大分支：工程图和艺术图。艺术家利用艺术图表达美学、哲学和其他抽象观点，向人们传播信息；工程图则反映技术性，用以表达各种工程设计。早期的工程图样比较多地和建筑工程联系在一起，而后才反映到器械制造等其他方面。在建筑行业，无论是简单的还是复杂的建筑结构都源于建筑设计工作者的头脑，设计者通过各种技能、技法，将其主观意图完整、真实、详尽地表现成建筑设计图样，然后由建筑施工人员按图施工，最终建造成既具有美好的外观形象，又能满足客观使用和环境条件要求的建筑物。因此，建筑图样在建筑物的形成过程中起了重要的作用。在机械行业中，各种机器、设备的制造与使用的全过程，同样都是把图样作为主要的技术资料。可见，在不同行业的生产活动中，人们离不开图样，就如同在生活中离不开语言一样。

　　从美学和思维概念上，两种图样既有内在联系，又有很多不同之处。艺术图具有自然美的潇洒，工程图则具有科学美的严谨；艺术图多用徒手勾绘，在构图方面多运用艺术表现手法，表达人们美好丰富的想象力，但它常常不能真实地反映物体的实际大小，如图 1-4 所示；工程图则是用仪器、工具运用自然的美学规律和多种表达方式，即依照一定的原理和规则绘制成的图样，将工程师们的想象力和创造力转化为工程图在工程界进行技术交流。

图 1-4　梁式桥（艺术图）

　　如图 1-5 所示的房屋透视图（效果图）和图 1-6 所示的建筑施工图。要掌握这两种图样的绘制和阅读，必须经过专门的学习和训练。

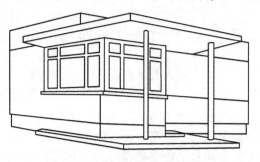

图 1-5　房屋透视图（效果图）

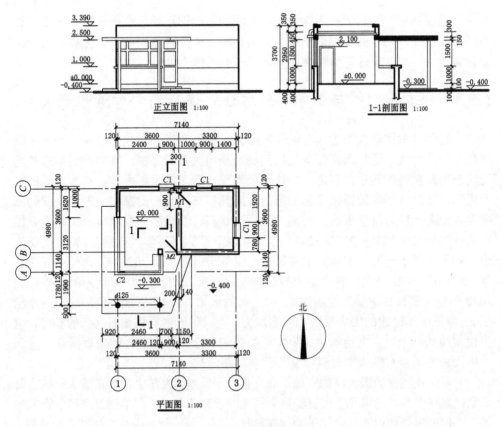

图 1-6 建筑施工图

1.5.2 "工程制图与图学思维方法"课程的研究对象

工程图样是工程技术界进行技术交流的一种特殊语言——工程技术语言,它不分国度和地区,是现代从事各种工程行业的技术人员必须掌握的四门语言(本国语、外国语、计算机语言、工程技术语言)之一。"工程制图与图学思维方法"课程同其他图学课程一样,是一门系统地研究"工程界的技术语言"的理论和方法——语法的学科,主要研究投影的基本理论和方法,以及空间与平面间物体的相互转换规律,并根据投影规律和技术规定来绘制和阅读工程图样。

"工程制图与图学思维方法"课程的特色在于利用工程图学课程,不仅能培养和发展学生的空间想象能力和空间构思能力,还能培养或形成学习者的多种思维方法。在研究工程图学知识的同时,引进思维科学的相关理论知识,力图研究出一种具有中国特色的、能对学习者进行系统思维能力训练的模式,训练的主要目的是通过学习一些基础的图学知识，既能用平面图形描述空间形体——培养和提高实践技能，还能同步接受系统式智力训练，来加强思维能力。提高学习者的思维素质——改善思维习惯和掌握多种科学的思维方法。

1.5.3　"工程制图与图学思维方法"课程与科学素质的关系

在科学技术推动人类进入全球化的今天，我们生活的时代已经是一个国家间激烈竞争的时代，这种国家竞争归根到底乃是国民素质之争，其中，科学素质是现代公民最重要的素质内容之一。作为公民现代素质的重要内容，科学素质的普遍提高已被提升到各国国家目标的层次，近几年来，我们国家和政府以空前的高度重视提高全民的科学素质。2006 年 3 月 20 日，国务院印发的《全民科学素质行动计划纲要（2006—2010—2020 年）》（以下简称《科学素质纲要》）中明确提出了我国在"十一五"期间的主要目标、任务与措施和到 2020 年的阶段性目标：到 2010 年，中国公民的科学素质要达到发达国家 20 世纪 80 年代末的水平，到2020 年要达到世界主要发达国家 21 世纪初的水平。《科学素质纲要》的推出显示了 21 世纪中华民族的宏大视野和前瞻能力，而《科学素质纲要》目标的实现，也将使中国从一个以人文传承为主要特征的传统社会，转向建设创新型国家，进入中华民族前所未有的人文与科学交相辉映的新时代。

大学生在我国的国民结构中属于高文化水平阶层，大学生科学素质水平标志着未来民族科学素质的水平，代表着整个民族的未来和希望。大学生自身科学素质的提高不但能增强他们的社会竞争力，在科技应用、科技创新中将发挥其重要作用，还能够引领社会全体成员科学素质的提高。因此，通过科学教育培养和提高在校学生的科学素质对实现《科学素质纲要》的奋斗目标，其意义的深远将不言而喻。

根据国内外专家、学者对科学素质内涵的研究认为，科学素质的培养是一个德育和智育相互兼顾，知识和能力协同培养，智力因素和非智力因素综合考虑的系统工程。科学素质主要指一个人具有科学观点认识和描述客观世界的能力，具有在科学方法的启示下进行科学思维的习惯，具有从公民角度处理与科技问题有关事物的能力。科学素质主要由图 1-7 所示的五大要素构成。

图 1-7　科学素质的构成要素

科学素质五个构成要素并不是孤立的，它们是相互作用和影响的：科学知识是基础，科学思维是核心，科学方法是源泉，科学能力是动力，科学研究是成果。对接受高等教育的大学生来说，大学生科学素质是其综合素质中的一种重要素质，它表现为大学生在高等教育阶段的学习和实践中所掌握的科学知识、技能和方法，以及在此基础上形成的科学能力、科学思维以及科学品质等方面，这些都是知识内化和升华的结果。而其综合效应又表现为认识和改造主客观世界的知识和能力等综合素质，其中突出反映在思维能力、实践技能、科学计算等方面能力的强弱。在这些综合能力中，科学素质的核心部分——科学思维能极大地影响其他能力的提高和发展。早在 20 世纪初，一些著名的科学家就提出了有关思维的观点，如"重要的不是获得知识，而是发展思维能力"（劳厄），"想象力比知识更重要，因为知识是有限的，而想象力概括着世界的一切，推动着进步，并且是知识进化的源泉。严格地说，想象力是科学研究中的实在因素"（爱因斯坦）等。

创造活动中的思维过程是非常复杂的过程，它表现为思维在不同的方式间不断变换的多次循环，而不同的思维方式在创造过程的不同阶段起着不同的作用。如发散、直觉思维在"大胆假设"过程中起重要作用，而收敛、逻辑思维在"小心求证"时起决定作用。因此，思维能力既需要收敛、逻辑思维作为基础，也需要发散、直觉思维推动思维的深入和创新，不可忽视或偏重某一种思维方式。若忽视思维能力的培养和发展，科学素质的培养不但收效甚微，而且成为导致当前大学生创新能力不够的直接且主要的原因之一。

在大学教育中培养思维能力的课程很多，就不同学科来讲，它们都有各自的研究方法和思维方式，这些都是蕴涵在教材内容中的重要智力因素，具有知识和知识以外的智力价值。"工程制图与图学思维方法"课程是非常独特的一门基础课，它不但有众所周知的培养和发展学生的空间想象能力[①]和空间构思能力的特点，还有培养或形成学习者的多种思维方法的特点，而这些思维方法的运用对优化思维品质、改善学习者的思维素质有意想不到的效果，如降维法、升维法、逆向思维法、连环思维法、原型联想法、发散思维法、收敛思维法、形象思维法、猜想法、倒逆式思维法、迁移思维法、想象法、立体交合思维法、假想构成法、图形思维法、联想法以及分析综合法等。每一种方法都有其独特的作用与功效。

---

① 空间想象能力——是形象思维与抽象思维两种思维活动的分析、综合、加工处理，从而产生新形象的一种综合性能力。空间想象能力主要由形象思维、抽象思维、形象储存、加工和出现新形象五部分组成，主要来源于对空间形体的感性认识，因此只有在感性认识的基础上，对形体进行分析、综合、抽象、概括，达到理性认识，才能建立起正确的空间形体的表象，从而为形象思维与抽象思维对形体进行加工处理提供所需的素材。

例如，联想法是通过事物之间的关联、比较，扩展人脑的思维活动，从而获得更多创造思想的思维方法。一个人如果不学会联想，学一点就只知道一点，那他的知识不仅是零碎的、孤立的，而且是很有限的；如果善于联想，便会由一点扩展开去，使这点活化起来，产生认识的飞跃，出现创造的灵感，如牛顿就由苹果的下落联想到万有引力。又如迁移思维法是将已学得的知识、技能或态度等，对学习新知识技能施加影响的方法。我们常说的"举一反三"、"触类旁通"、"由此以知彼"，都是在学习过程中运用迁移法的生动体现。由于在工程制图课程学习的全过程中具有思维方式多元化、思维在不同方式间转换频繁化的特点，可形象地将"工程制图"课程比喻为"思维的体操"。若在"工程制图与图学思维方法"课程的学习中掌握科学思维方法，增强思维能力，不仅可充分挖掘自身潜能，有效地开发其智力资源，而且在走上社会后，不管从事什么工作，高思维品质所产生的效果将不可限量。

由此可见，"工程制图与图学思维方法"课程将培养科学素质中的思维能力和实践技能，是一门对优化思维品质、发展思维能力、培养科学素质有直接关系且非常有效的课程。

正因为在学习"工程制图与图学思维方法"课程时要求多元思维，而且思维在不同方式间转换频繁，所以学习者如不能同步跟上，将会觉得难度非常大。这是工程制图课程被公认为难学课程的主要原因。

1.5.4　学习投影基础知识的要求及方法

工程制图与图学思维方法的基础知识主要是介绍绘制和阅读工程图样必须具备的基本理论、知识和技术。

"工程制图与图学思维方法"是一门既有系统理论、又有很强的实践性的技术基础课，其基础知识及相关技能是通过课堂讲授和课件演示、一系列绘图、读图作业来进行教与学的。

在学习中要求做到以下几点。

(1) 学习投影法基本理论部分时，必须勤于思考，深刻理解概念、原理，理清逻辑关系，注意空间元素与投影之间的对应关系、投影与投影之间的对应关系、空间几何关系的分析和空间问题与平面图形的联系等。任何模糊不清之处都要通过各种途径弄明白，不可轻易放过。在分析几何元素的空间关系时，要充分融合、应用所积累的图学知识，实现知识迁移来解决相关空间几何问题。

在这方面应注意：

① 重视投影对应规律与各种分析方法——通过各种结构形式组合体的读图，掌握形体分析法和线面分析法，学会把复杂形体分解为简单形体组合的思维方法，为增强读图能力进一步发展思维能力打下坚实的基础。

② 重视图、物之间的投影对应关系——掌握不同形体在空间处于不同位置时其形状的图示特点，不断地由物画图，由图想物，使思维在升维和降维的多次迁移循环中更加灵活。

③ 在掌握形体的各种表达方法中，注意分析形体内部的远近层次，使形象思维能力得以加强。

为能在系统的训练中取得良好效果，在学习的全过程中，要动手完成一定数量的制图作业。在完成每一次作业时，除要求手脑并用，作图正确、迅速、美观之外，还力求培养认真负责的工作态度和严谨细致的工作作风。

(2) 必须将思维能力的培养贯穿于课程学习的全过程。在这方面应注意：

① 克服定式思维的"惯性"和不愿挑战困难的"惰性"。

② 在了解由空间到平面、平面到平面对应关系中，先建立空间思维模型，后体会通过不同事物之间的各种联系，完成思维迁移——联想的过程，逐步养成看一点就能想象与它有关的其他方面的思维习惯，能灵活地改变思维方向以训练思维的灵活性。

③ 良好思维品质的养成必须遵循人的认知规律，循序渐进，不能急于求成。在分析几何元素的空间关系时，不仅需要运用已学的理论知识，而且还可借助直观手段，如将铅笔当直线，用三角板或其他纸板作平面，把书或墙面当做投影体系等等，以此模拟帮助思考，帮助建立空间概念模型。

(3) 在学习方法上必须做到各学习环节的配合。在这方面应注意：

① 课前预习——利用已知的知识，以本教材每章后所提供的思考题为索引，预习新的内容，并能生疑。这样带着疑问听课，可变被动接受知识为主动寻求知识。

② 做笔记——可用符号、旁注等记号的形式记下重点、难点、关键点，以课堂笔记为参考，归纳、总结所学知识，针对重点、难点充分消化、理解，为下一步学习扫清障碍。

③ 课堂参与——积极参与课堂讨论，在教师的引导下形成新的思维方式和在不同思维方式间的思维迁移变换。

④ 完成适量练习——独立完成或在与同学相互讨论中完成教师指定的作业，变外在的知识为内在的知识，使知识活起来。

在学习过程中，要充分利用本书提供的配套教学资源帮助学习，同时利用集体发散思维[①]，集思广益，在教师引导下，在浓厚的课堂讨论的氛围中，提高学习效率及增强思维训练效果。

1.5.5　学习课程所需的计算机绘图基础

在计算机技术高度发展的今天，图形技术也发生了突破性的变革。计算机绘图是适应现代化建设的一种新的图形技术，是计算机辅助设计（CAD）的基础手段，也是学科发展的一个重要方向。使用计算机生成和输出图形已经成为一项成熟的实用技术，它在工业及工程设计中得到了广泛的应用。掌握计算机图形技术已成为工程技术人员必须具备的一项基本技能。

计算机绘图的突出特点是实践性强，因此，不论是利用绘图软件还是编写程序进行图形的绘制，都必须用足够的时间和精力上机操作，这样才有可能真正掌握这一技术。

实现计算机绘图离不开绘图程序。直接依靠程序的运行而自动完成的绘图叫程序式绘图，这是不能进行人工中途干预的自动绘图过程；如果绘图程序的运行只是产生了一种作图环境，提供了作图工具，具体要画什么图则是由操作人员通过交互过程完成的，这种绘图方式就叫交互式绘图。两种绘图方式各有用途，采用哪种绘图方式绘图要视具体任务而定。

请学习者自行参考相关书籍，熟悉并学会绘图软件 AutoCAD 的基本使用方法，为今后进一步掌握现代化图形技术和学习计算机辅助设计打下必要的基础。

1.5.6　工程制图与图学思维方法课程知识框架体系

本课程将以工程图学知识为主，适时将思维科学的相关内容及在处理问题时常用到的各种思维方法融于工程图学知识的各阶段中，其知识框架体系如图 1-8 所示。

---

① 发散性思维不仅需要用上我们自己的全部大脑，而且还需要用上我们能够"借"得到的所有"大脑"。简言之，不仅需要个人发散思维，而且需要集体发散思维，需要集思广益。

集体发散性思维可以采取许多不同的形式。在我国流传甚广的"诸葛亮会"实质上也是一种集体发散性思维方式。此外，专题调研往往也运用了集体发散性思维方法。比尔·盖茨深谙此道。他说过，他的公司每3～4年要出现一次危机。他对付危机的办法是：认真听取公司里那些聪明人的意见。为此他吸引许多有不同想法的人，允许不同意见的存在，然后尽力找出正确的意见，最后给那些人加上一些真正的动力。

一般来说，集体发散性思维的目的是为了集思广益，从而作出正确、合理的决策和选择，因此，这就涉及发散性思维和收敛性思维的关系问题。

图 1-8 本课程知识框架体系示意图

思 考 题

1. 智力因素主要包括哪些能力？它们各起什么作用？

2. 怎样考量一个人的聪明智慧？

3. 什么是思维？什么是思维的概括性？什么是思维的间接性？这两个特性的关系如何？以你的实践经验及对思维的概括性和间接性理解，试举例说明思维的概括性和间接性的作用。

4. 试分析司马光砸缸用的是什么思维方法？

5. 掌握思维方法的途径是什么？

6. 什么是思维定式？以你的实践经验及对思维定式的理解，试举例分析思维定式的正向作用和负向作用。

7. 对创造性思维影响最大的思维定式主要有哪些？试举例说明。

8. 如何突破思维定式？

9. 什么是思维能力？什么是特殊思维能力？什么是一般思维能力？

10. 思维能力有哪些属性？

11. 影响思维能力的主要因素是什么？

12. 目前常见智力训练的主要方式是什么？本课程将进行的是哪一种训练方式？训练中所运用的知识桥梁是什么？

13. 工程图在工程技术中起什么作用？与艺术图有什么异同？

14. 工程制图的研究对象是什么？

15. 工程制图课程与科学素质有什么关系？你能否叙述大学生必须具备的综合素质主要表现在哪些方面？

16. 思维能力在科学素质中的地位如何？

17. 工程制图课程在培养科学素质方面有什么作用？

18. 工程制图部分的学习方法是什么？

2　投影基础

本 章 要 点

● **图学知识**　(1) 投影法的基本概念、工程上常用的图示法、三视图的形成及投影规律。

(2) 研究构成各种形体的基本几何元素——点、线、面在投影面上的投影规律，完成图学知识的初步积累。

● **思维能力**　(1) 由几何元素的各面投影，想象其空间位置，构思出解题的方案和步骤后回到平面并表现出来，初步形成用不同思维方式思考问题的意识。

(2) 对几何问题在由平面到空间、从空间又回到平面以及从平面到平面的多次循环中，体会由一事物到另一事物的思维迁移过程——联想过程，逐步养成良好的思维习惯。

(3) 在图解空间几何问题时，注意发散过程——低维分析与高维分析的结合；思维迁移和知识迁移的相互促进；收敛过程——解题途径的选择；表现——空间与图形的对应。

● **教学提示**　注意对不同思维方式间变换的引导及各种思维方法在图解几何问题时的运用的提示。

2.1　投影法的基本概念

由空间的三维形体转变为平面上的二维图形是通过投影法实现的。因此，图学的基础是投影法。

2.1.1　投影的形成

当光线(阳光或灯光)照射物体时，就会在地面上产生影子，如图 2-1 所示。人们就是在这种自然现象的基础上，对影子产生的过程加以科学抽象，即把光线抽象为投射线，把物体抽象为几何形体，把地面抽象为投影面(见图 2-2(a))，于是创造出投影的方法：当投射线穿过形体，就在投影面上得到投影图，如图 2-2(b)所示。

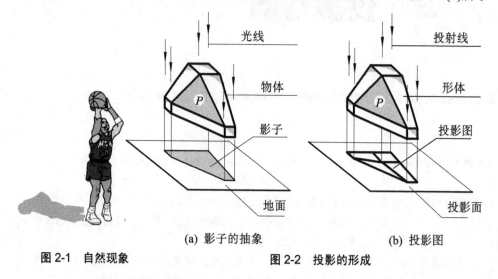

(a) 影子的抽象

图 2-1 自然现象   图 2-2 投影的形成

(b) 投影图

2.1.2 投影法的分类

1. 中心投影法

从投影中心 S 发出投射线，在投影面上作出物体投影的方法，称为中心投影法，如图 2-3 所示。

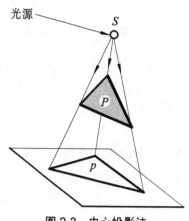

图 2-3 中心投影法

2. 平行投影法

若将投影中心 S 沿某一不平行于投影面的方向移至无穷远的地方，则所有的投射线相互平行，在这种情况下作出物体投影的方法就称为平行投影法。在平行投影的情况下，如果投射线与投影面交成一个不等于 90°的斜角，那么称这种平行投影法为斜投影法，如图 2-4(a)所示；如果投射线与投影面交成直角，那么称这种平行投影法为正投影法，如图 2-4(b)所示。由此得出的投影则分别称为斜投影和正投影。

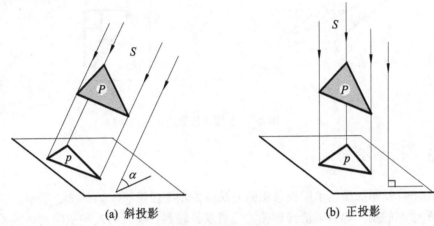

(a) 斜投影   (b) 正投影

图 2-4　平行投影法

正投影法能准确地表达物体的形状结构，而且度量性好，因而在工程上得到广泛应用。

正投影法是本课程学习的主要内容，后面除有特别说明外，所述投影均指正投影。

2.2　工程上常用的图示法

为满足工程设计对图样的各种不同要求，采用不同的图示法。常用的图示法有下列四种：多面正投影法、轴测投影法、透视投影法和标高投影法。

2.2.1　多面正投影法

用正投影法把物体分别投影到两个以上互相垂直的投影面上，如图 2-5(a)所示，然后把这些投影面连同其上的正投影展开到同一平面上的方法即为多面正投影法，用这种方法所得到的一组图形称为多面正投影图，如图 2-5(b)所示。

多面正投影图可准确地反映物体的形状大小，便于度量，作图简便，是工程设计中的主要图样，但缺乏立体感。多面正投影图是本书重点介绍的图示法。

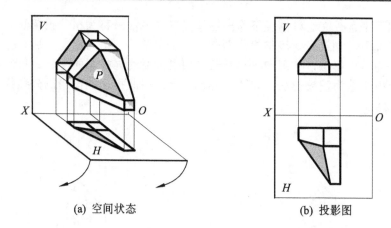

(a) 空间状态　　　　　　　　　　　(b) 投影图

图 2-5　多面正投影法

2.2.2　轴测投影法

　　用平行投影法画出单面投影图的方法即为轴测投影法，如图 2-6 所示。用这种方法绘制的图形称为轴测投影图，它直观性较强，能同时反映空间物体的长、宽、高三个方向的形状，物体形象表达得较清楚，在一定条件下具有度量性。在工程设计中，常作为多面正投影图的辅助图样。这种方法的缺点是手工绘制较为费事，所得图形不太自然。

　　轴测投影图的图示法将在第 7 章讨论。

2.2.3　透视投影法

　　透视投影法属中心投影法。用这种方法绘制的图形符合人的视觉效果，富有立体感和真实感，如图 2-7 所示。

　　在土木建筑设计中，透视投影法常用来表示土木建筑工程的外貌或内部陈设，

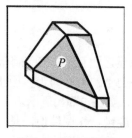

图 2-6　轴测投影法

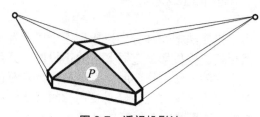

图 2-7　透视投影法

以便研究其造型和空间处理。这一方法的缺点是作图复杂，而且图形一般不能直接量度。

2.2.4 标高投影法

标高投影法是绘制地形图和土工结构物的投影图的主要方法之一。标高投影是用正投影图画的单面投影图，它由单面正投影加脚注数字共同组成。脚注的数字被称为标高，它表示相应点、线或面距离投影面的高度。

图 2-8 中画出了两个山峰，假定这两个山峰被一系列高度差为 10 m 的水平面所截，则截交线必定是一些封闭的不规则曲线。每一条曲线上的点的高度都一样，这些曲线被称为等高线。把这些曲线正投影到水平面上，就得到了这些曲线的投影。再在投影图上分别标注它们的高度值，就可以得到用等高线表示的山峰的标高投影图。

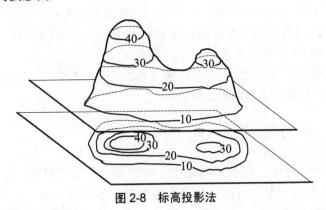

图 2-8　标高投影法

2.3　三视图的形成及投影规律

在工程上，通常采用三个相互垂直的投影面组成的三面投影体系，如图 2-9 所示。

该体系将空间分成八个区域，国标规定将物体置于第一分角中位于观察者和相应的投影面之间，然后应用正投影法。相互垂直的三个投影面分别为：

正立位置的投影面——正面投影面(简称正面)，用 V 表示；

水平位置的投影面——水平投影面(简称水平面)，用 H 表示；

侧立位置的投影面——侧面投影面(简称侧面)，用 W 表示。

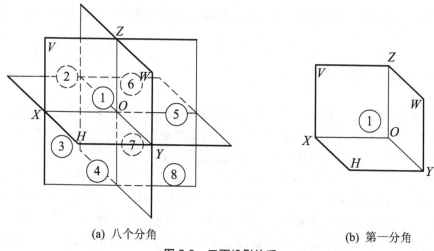

　　(a) 八个分角　　　　　　　　　　　　　　　　(b) 第一分角

图 2-9　三面投影体系

　　每两个投影面之间的交线称为投影轴。三面投影体系共有三条互相垂直的投影轴：V 面与 H 面的交线称为 X 轴，H 面与 W 面的交线称为 Y 轴，V 面与 W 面的交线称为 Z 轴。

　　X、Y、Z 互相垂直且交于一点 O，称为原点。V、H、W 三个投影面及 X、Y、Z 三根投影轴一起组成了三面投影体系。

2.3.1　三视图的形成

　　将物体(如书)置于三面投影体系中，向三个投影面作投影，则在 V 面上得到书的正面投影——主视图；在 H 面上得到书的水平面投影——俯视图；在 W 面上得到书的侧面投影——左视图：这就是常说的三视图，如图 2-10(a)所示。

　　当物体(书)相对三投影面的位置确定后，物体(书)在三投影面上的投影也就定了下来。为了方便画图，拿走三面投影体系中的物体(书)(见图 2-10 (b))，并对其中的投影面作相关处理：规定 V 面不动，H 面向下，W 面向右，将它们与 V 面展平在同一个平面上(见图 2-10 (c))，就得到三视图。

　　投影面可视为无限大的平面，因此作图时可去掉边框(见图 2-11(a)、(b))；展平后的三个投影图之间的位置是：俯视图在主视图的下边，左视图在主视图的右边。

　　空间物体在相对投影面的位置一旦确定，三个视图中各线段的相对位置就不变，三个视图之间的投影关系也不变。

　　当只考虑视图中各线段的相对位置时，为简化作图，可不必画投影轴(见图

2-11(c)），这种投影就是无轴投影，在这种投影中，45°斜线起联系俯视图和左视图的作用。

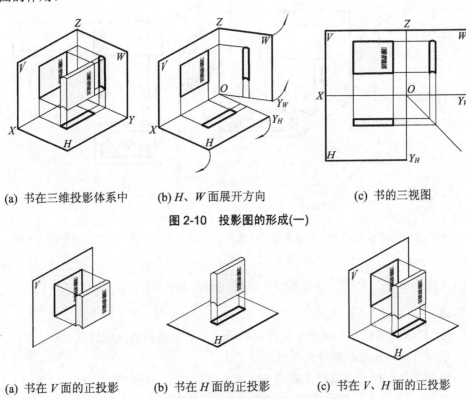

（a）书在三维投影体系中　　　（b）H、W 面展开方向　　　（c）书的三视图

图 2-10　投影图的形成(一)

（a）书在 V 面的正投影　　　（b）书在 H 面的正投影　　　（c）书在 V、H 面的正投影

图 2-11　投影图的形成(二)

2.3.2　物体的方位与在各视图中的对应关系

　　放置在三个互相垂直的投影面内的物体，如果已选定了物体的某一面为前面，则物体的上下、左右和前后的方位与各视图之间的方位均有对应关系。

　　如图 2-12 所示，当水池按图示的位置放入三投影面中得到投影后，从图可看出：主视图能反映水池的上下、左右方位，左视图能反映水池的上下、前后方位，俯视图能反映水池的前后、左右方位，物体前面的投影在俯视图、左视图中离主视图最远。根据这些关系，就可以从三视图中分析出物体各组成部分的方位，并可根据各视图对应的方位来了解物体的整体方位。

　　(1) 水池槽的位置　从三个视图可看出，位于正中间的上面。

　　(2) 两基脚的位置　从主、左视图可看出，位于下面；从左、俯视图可看出，

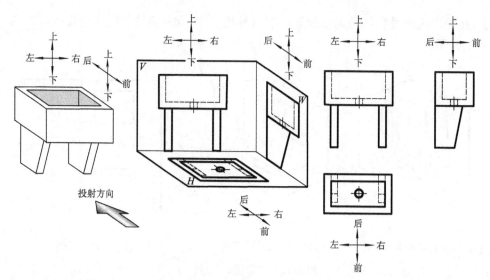

(a) 水池各方位的显示　　(b) 三投影体系中视图的方位　　(c) 各视图反映出的相应方位
　　　　　　　　　　　　　　　与空间方位的对应

图 2-12　水池的投影与方位

偏后边。

(3) 排水孔的位置　从三个视图可看出，位于水池槽的正中底部。

根据分析，水池的整体方位就清楚了。

根据以上分析，可以把三视图与物体方位的对应关系归纳为：

　　　　　　物体左右主俯现，上下可从主左见，

　　　　　　　俯视左视显前后，远离主视是前面。

物体有长、宽、高三个方向的尺寸，在各视图中，物体左右间的距离为长，前后间的距离为宽，上下间的距离为高。从图 2-13 可看出：主、俯两视图同时反

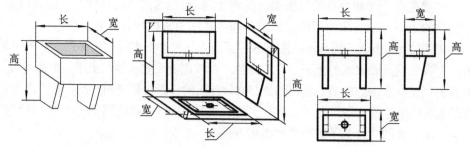

(a) 水池尺寸的显示　(b) 三投影各尺寸与空间尺寸的对应　(c) 各视图反映出的相应尺寸

图 2-13　水池的投影与尺寸

映了物体的长，主、左两视图同时反映了物体的高，俯、左两视图则同时反映了物体的宽。

从视图中可以看出，所反映物体的方位和尺寸是紧密相关的：主视图反映物体的左右和上下方位，可确定物体的长度和高度；俯视图反映物体左右和前后，可确定物体的长度和宽度；左视图反映物体的上下和前后，能确定物体的高度和宽度。

我们把三视图的投影关系归纳为：

主视俯视长对正，主视左视高平齐，

俯视左视宽相等，三个视图有联系。

"长对正、高平齐、宽相等"就是常说的三等原则。

明确这种关系是十分重要的，因为这种关系是画图和看图的依据。它不仅对于物体的整体是这样，对于物体的每一个局部而言，在三视图中也必须保持这种投影关系。

2.4　点的投影

点、线、面是构成各种形体的基本几何元素，它们是不能脱离形体而孤立存在的，从本节开始将它们从形体中抽象出来研究，为的是深刻地认识形体的投影本质，掌握其投影规律。

2.4.1　点的三面投影和直角坐标系

2.4.1.1　三面投影体系的建立

在三面投影体系中，设有一空间点 A，过点 A 分别向 H、V、W 面作垂线——投射线 Aa、Aa'、Aa''，且分别与 H、V、W 面相交并得到点 A 的水平投影(H 面投影)a、正面投影(V 面投影)a'、侧面投影(W 面投影)a''，如图 2-14(a)所示。一般空间点用大写字母如 A，B，…表示，其水平面投影用相应的小写字母如 a，b，…表示，其正面投影用相应的小写字母加一撇如 a'，b'，…表示，其侧面投影用小写字母加两撇如 a''，b''，…表示。

本书主要讨论的是正投影，即一组平行投射线必定垂直于投影面。在标注时规定空间点及投影面、平面均用大写字母表示，投影用与空间点相应的小写字母表示。

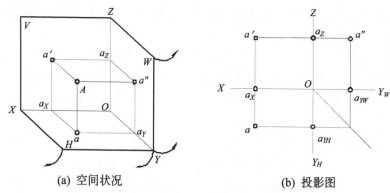

　　　　　　(a) 空间状况　　　　　　　　　　　　(b) 投影图

图 2-14　点在三投影面体系的投影

由空间状况图可知：每两条投射线分别确定一个平面，它们与三个投影面分别相交，构成一个长方体 $Aaa_Xa'a_Za''a_YO$。在这个长方体中，根据对边平行相等的原理，空间点 A 到三个投影面的距离分别可用各投影上的投影到投影轴之间的距离来表示，即

$$Aa=a''a_Y=a'a_X, \quad Aa'=aa_X=a''a_Z, \quad Aa''=aa_Y=a'a_Z$$

图 2-14(a)是由三个平面组成的立体图，点的三个投影分别画在三个平面上。为了便于在同一个平面内作图，规定 V 面保持正立不动，沿 OY 轴分开 H 面和 W 面，H 面向下旋转 90°，W 面向右旋转 90°，使它们与 V 面在同一平面上。在各投影面展开至与 V 面同一平面后，aa_X、$a'a_X$ 保持与 OX 轴垂直，aa_X、$a'a_X$ 位于一条与 OX 轴垂直的直线 aa'上，即 $aa'\perp OX$，$a''a_Z$、$a'a_Z$ 位于一条与 OZ 轴垂直的直线 $a'a''$上，即 $a'a''\perp OZ$，这两条分别在两个投影之间的连线称为投影联系线，简称投影连线。

在投影面展平过程中，OY 轴成为 H 面上的 OY_H 和 W 面上的 OY_W；OY 轴上的点 a_Y 成为 H 面上的 a_{YH} 和 W 面上的 a_{YW}。尽管它们在展开后所处位置不同、名称不同，但它们仍是同一根轴或同一个点。因此作图时，可过点 O 画一条与水平线呈 45°的斜线，而 $a_{YH}a$，$a_{YW}a''$的延长线必与这条辅助线交会于一点。

在实际作图时，投影面的大小是任意的，因此投影面的边框可省略不画，这样处理后得到的图即空间点的三面投影图，简称投影图，如图 2-14(b)所示。

2.4.1.2　点在三面投影体系中的投影规律

点的三面投影规律如下(见图 2-14)：

(1) 点的每两个投影之间的投影连线必定垂直于相应的投影轴，即 $a'a\perp OX$，$a'a''\perp OZ$；

(2) 点的各面投影到投影轴间的距离，反映了该点到相应的相邻投影面的距离，即 $aa_X=a''a_Z=Aa'$，$a'a_X=a''a_Y=Aa$，$a'a_Z=aa_Y=Aa''$。

注意 在很多情况下，物体常常用轴测图来表示。轴测图具有多面正投影图所没有的特点——直观性强，即在一个图中能反映其空间状态，因此常作为辅助图样来帮助我们读图。轴测图也有多面正投影图共同的特点：各投影线或投影间连线(及立体的各边线)与相应的轴平行，在轴方向上可按实际尺寸量取长度。

在近几章中所应用的轴测图为正面斜等测投影，如在图 2-14(a)中，其 V 面处于正立面位置，OY 轴与水平方向呈 45°的斜线，而原来边框为矩形的 H 面和 W 面，都变成平行四边形。斜等测的特点是各投影线及投影间连线均与相应的轴平行，在各轴以及平行于各轴的方向上可按实际尺寸量取长度。

2.4.1.3 点的投影与该点直角坐标的关系

彼此垂直的三个投影面 H、V、W 面可作为坐标平面，相互垂直的三根投影轴 X、Y、Z 可作为坐标轴，三轴之交点 O 为坐标原点。一般规定，OX 轴自点 O 向左为正，OZ 轴自点 O 向上为正，OY 轴自点 O 向前为正。

由于图 2-14(a)所示的长方体 $Aaa_Xa'a_Za''a_YO$ 中每组平行边分别相等，因此，点 $A(X_A, Y_A, Z_A)$ 的投影与该点的坐标有下述关系：

点 A 的 X 坐标 $X_A=$ 点 A 与 W 面的距离；

点 A 的 Y 坐标 $Y_A=$ 点 A 与 V 面的距离；

点 A 的 Z 坐标 $Z_A=$ 点 A 与 H 面的距离。

由此也可概括出点的投影与坐标之间的关系：

(1) 点的投影位置可以反映出点的坐标，因此，当点的坐标确定时，可由其坐标画出点的各面投影；

(2) 根据点的任意两个投影可以求出第三个投影。

注意 在用坐标表示点的位置时，如无特别注明，尺寸均以 mm 为单位且不必表示。

2.4.2 点的投影作图

根据几何元素的空间状态作出其投影图的过程称为画图(降维)。

【降维法思维原理与提示】

降维法是将高维的状态或问题化为低维的来处理的一种思维方法。高维与低维的关系常表现为复杂与简单、一般与特殊的关系，故把高维的状态和问题降为低维的，可起到化繁为简、化难为易和特殊探路的作用。

例如，人们通常称自身生活的空间为三维空间，而将平面和直线分别称为二维空间和一维空间。把空间问题化为平面或直线问题的方法，就是一种降维的方法。思维过程中，在一定条件下，将较多方位、较多侧面的思考化为较少方位、较少侧面的思考的方法，也是降维的方法。

1. 从空间到投影面之间的投影对应

点的空间位置由 X、Y、Z 三个坐标确定，若已知一点的坐标$(X，Y，Z)$，则该点的各面投影可据此确定。

2. 投影面与投影面之间的投影对应

若已知一点的两投影，则该点在空间的位置就确定了，因此它的第三投影也唯一确定。当用坐标表示点的空间位置时，点的一个投影反映两个坐标，任意两投影则可确定三个坐标，即可确定点的空间位置，故可由已知点的任意两面投影作出第三面的投影。

例 2-1　已知点 $A(20，10，20)$，作它的三面投影。

分析　由已知点 A 的 X 坐标，可知 $X_A=20=a''A$(点 A 到 W 面的距离)；由已知点 A 的 Y 坐标可知，$Y_A=10=a'A$(点 A 到 V 面的距离)；由已知点 A 的 Z 坐标可知，$Z_A=20=aA$(点 A 到 H 面的距离)。

作图　在建立的坐标系(见图 2-15(a))中，在 X、Y、Z 方向分别量出 $X_A=20$、$Y_A=10$、$Z_A=20$；过这些量取的点，分别作轴的垂线，这些垂线的交点即点 A 的三面投影，如图 2-15(b)所示。

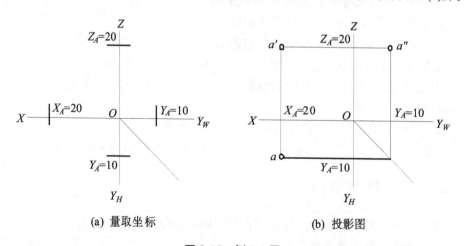

(a) 量取坐标　　　　　　　　　　(b) 投影图

图 2-15　例 2-1 图

例 2-2　已知点 A 的两面投影 a'、a，如图 2-16(a)所示，求作点 A 的 W 面投影 a''。

分析　由点 A 的两投影即可知其三个坐标 X、Y、Z。由决定 a''的坐标 Y、Z 即可作出 a''。在作图时，也可由点的投影规律作出 a''。

作图 如图 2-16(b)所示，由 a'作水平投影连线，然后由 a 作 X 轴平行线交于 45°斜线，过其交点作 Y_W 轴垂直线，与过 a'作的水平投影连线相交，则该交点即为 a''。

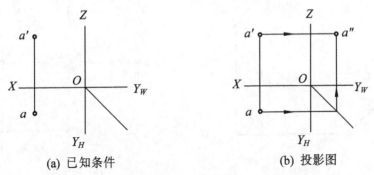

(a) 已知条件   (b) 投影图

图 2-16   例 2-2 图

2.4.3 特殊点的投影

由点坐标的坐标值分析可知，坐标值可为任意值，同样也可能出现零值。当坐标值中出现零值时，这些点称为特殊点，归纳如下。

(1) 当点的坐标中有一个为零值时，点位于投影面上。在该投影面上，点的投影与空间点重合。在相邻投影面上的投影分别在相应的投影轴上，如图 2-17 中点 A、B、C。

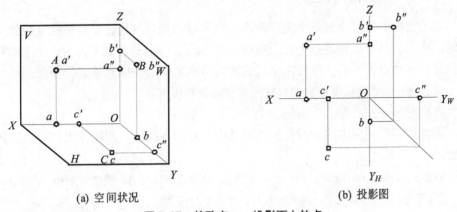

(a) 空间状况   (b) 投影图

图 2-17   特殊点——投影面上的点

(2) 当空间点的坐标有两个为零值时，点位于投影轴上。在包含这条轴的两个投影面上的投影都与该点重合，在另一投影面上的投影则与点 O 重合，如图 2-18(a)、(b)中点 D、E、F。

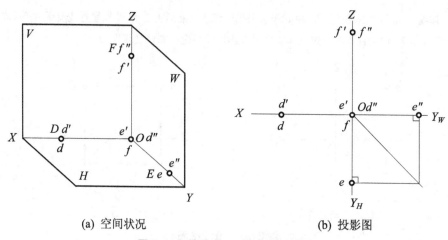

(a) 空间状况   (b) 投影图

图 2-18　特殊点——投影轴上的点

（3）当空间点的三个坐标值都为零值时，该点在原点上。三个投影都与自身重合于点 O 处。

不管空间点位于何处，它仍然是空间点，它在投影面体系中的各投影，一定符合点的投影规律。

2.4.4　两点的相对位置和重影点

2.4.4.1　两点的相对位置

点的空间位置可由其三个坐标确定，也可以由相对其他已知点的相互位置来确定。两点的相对位置是指平行于投影轴 X、Y、Z 方向的左右、前后、上下的相对位置。这种位置关系在投影图中可表现为两点之间的坐标差或方位差。

坐标差——ΔX(长度差)、ΔY(宽度差)和 ΔZ(高度差)；

方位差——左右差、前后差和上下差。

因此，若已知两点的相对位置以及其中一点的各投影，即能作出另一点的各投影。

例 2-3　如图 2-19(a)所示，已知点 A 的投影：点 B 在点 A 之右，长度差为 10；在点 A 之前，宽度差为 5；在点 A 之下，高度差为 10。作点 B 的三投影。

分析　已知点 A 的三面投影，可根据点 B 相对点 A 的方位关系及距离差作出点 B 的三面投影。

作图　根据点 B 相对于点 A 的长度差 $\Delta X = X_A - X_B = 10$，宽度差 $\Delta Y = Y_B - Y_A = 5$，高度差 $\Delta Z = Z_A - Z_B = 10$。在给定的方位上量取差值作各面投影，如图 2-19(b)所示。

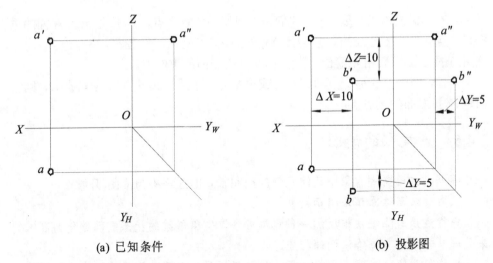

(a) 已知条件 (b) 投影图

图 2-19　例 2-3 图

在判断相对位置时，上下、左右的位置关系比较直观，而前后位置关系较难以想象。根据投影图形成原理，离 V 面远者是前，或 Y 坐标大者是前；反之，离 V 面近者或 Y 坐标小者是后。

2.4.4.2　重影点及其可见性

当空间两点相对某一投影面在同一条投射线上时，它们在该投影面上的投影重合于一点，此重合投影称为重影点。如图 2-20 所示，点 A、B 为对 V 面的重影点，点 B 在点 A 正后方，它们具有相同的 X、Z 坐标，其前后距离差为 $Y_A - Y_B$，

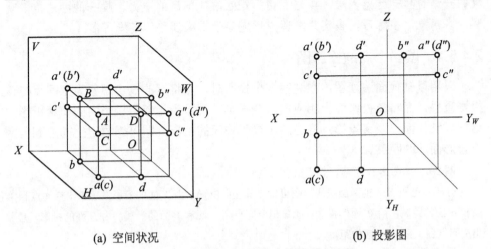

(a) 空间状况 (b) 投影图

图 2-20　重影点在三面投影体系中的投影

这两点的 V 面投影相互重合，称它们为 V 投影面的重影点。点 A、C 为对 H 面的重影点，点 A 在点 C 正上方，它们具有相同的 X、Y 坐标，其上下距离差为 Z_A-Z_C，这两点的 H 面投影相互重合，称它们为 H 投影面的重影点。

同理，若一点在另一点的正右方或正左方，如图 2-20 中的点 A 与点 D，则它们是 W 投影面的重影点。

2.4.5　点投影的读图

根据已知投影图想象出几何元素的空间状态的过程称为读图(升维)。

【升维法思维原理与提示】

升维法是与降维法相反的一种思维方法，它将低维的状态或问题化为高维的来处理。升维法与降维法相辅相成。

思维科学研究表明，人类的思维发展经历了一个圆点型思维—直线型思维—平面型思维—立体型思维的不断深化过程。

例如，直线型思维是纵向而没有横向的思维；平面型思维虽有纵横方向的思考，但它不能多层次、整体地认识事物；而立体型思维呈现出上下左右、纵横交叉的立体结构，具有多路性、多层次性，因而表现出思维的活跃性、敏锐性、创造性等。应用升维或降维法，首先要尽可能多地发掘出影响问题的各种因素，故应用时离不开多渠道、多侧面、多层次的立体型思维。

由于升维表现为从简单到复杂的过渡，故通常升维法要比降维法更难掌握。如初学视图者，易于掌握由实物画出视图的降维过程，但从视图中去想象实物形象的升维过程却常感困难。要培养用升维法解决问题的能力，唯一的办法是多观察，多想象，多练习，多实践，逐步形成善于思维迁移的良好习惯。

2.4.5.1　读一个点的投影图

采用以轴代面法读图：在观察一个投影时，可将点的投影想象为空间点与该投影重叠，而将该投影面上相应的两个投影轴想象为相邻两投影面的积聚投影，这样以轴代面，观察投影点到另两个投影轴间的距离，即可想象出空间点到另两个投影面间的距离。

例 2-4　如图 2-21 所示，想象出点 A 的空间位置。

分析　已知点 A 的两面投影，则可确定其空间位置。由 V 面的投影，想象出空间点到 W 面和 H 面的距离；由 W 面的投影，想象出空间点到 H 面和 V 面的距离；由 H 面的投影，想象出空间点到 V 面和 W 面的距离。

看点的投影图，还可以采用逆向思维法；想象把水平面往上旋转90°回复到原

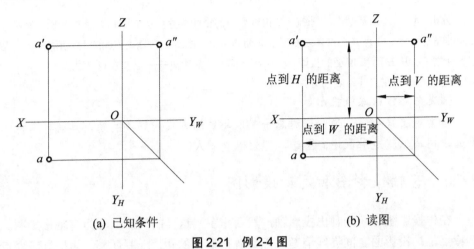

(a) 已知条件　　　　　　　　　(b) 读图

图 2-21　例 2-4 图

空间位置，通过每个投影点引投射线，在空间相交而得到的结果来判断点在空间的
位置。

【逆向思维法思维原理】

在解决问题时，利用事物因和果、前和后、作用和反作用相互转化的原理，
由果到因、由后到前，由反作用到作用反向思考，以达到认识的深化，或获得创
新成果的一种思维方法，称为逆向思维法，亦称倒转来思维法。

2.4.5.2　读两个点的投影图

想象空间两点的相对位置，必须先确定其中一点为基准点，说明另一点相对
该点的位置。在判断时也可用以轴代面法。

例 2-5　如图 2-22 所示，想象 A、B 两点的空间位置。

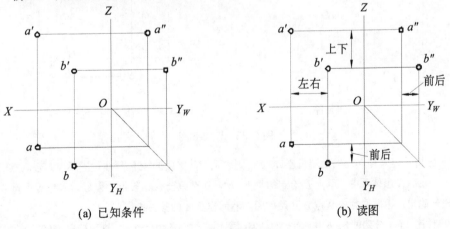

(a) 已知条件　　　　　　　　　(b) 读图

图 2-22　例 2-5 图

分析 以点 A 为基准点，判断点 B 相对点 A 的空间位置；从 V 面和 H 面的投影，判断两点间的左右距离——点 B 在点 A 之右；从 V 面和 W 面的投影，判断两点间的上下距离——点 B 在点 A 之下；从 H 面和 W 面的投影，判断两点间的前后距离——点 B 在点 A 之前。

结论 点 B 在点 A 下右前方。

【逆向思维法思维提示】

与常规思维不同，逆向思维总是采取特殊的方式来解决问题，具有异常性。譬如，司马光就是采取逆向思维，把缸砸破救人。

2.4.6 有轴投影图和无轴投影图

在作投影图时，先画出投影轴，然后作图，这样的投影图称为有轴投影图。其特点是：投影面之间界线清楚，点到各投影面的距离一目了然。如果只研究点与点之间的相对位置，不管各点到投影面的距离，则投影轴的存在显得多余，这时可不画投影轴，这样的投影图称为无轴投影图。在无轴投影图中虽未画出投影轴，但可想象成空间仍有投影轴和投影面的存在。因此，点的三个投影之间的相互排列位置，仍然按有投影轴时一样，它们之间的连线方向不变，即点的投影规律不变。

例 2-6 已知点 A 的两投影 a、a'，点 B 的两投影 b、b''，如图 2-23(a)所示。作两点无轴投影中的第三投影。

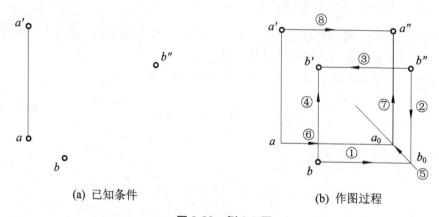

(a) 已知条件   (b) 作图过程

图 2-23 例 2-6 图

分析 若只有点 A 的两端投影 a、a'，则联系 H、W 面的 45° 斜线位置不定。若两点同处于一个三面投影体系中，且点 B 给定的是 b、b''，那么只会有一条 45° 斜线，其位置由点 B 的两投影确定。因此必须先从点 B 开始作图，然后作点 A 的第三投影。

作图 (1) 分别过 b、b'' 作水平线①及铅垂线②，这两条线交点 b_0，即可确定 45° 斜线的位置；

(2) 分别过 b''、b 作水平线③及铅垂线④，这两条线的交点即是 b'；

(3) 过 b_0 作 45°斜线⑤；

(4) 过 a 作水平线⑥交 45°斜线于 a_0，而后过 a_0 作铅垂线⑦；过 a' 作水平线⑧与铅垂线⑦相交，其交点即 a''。

思考　想象两点在空间的相互位置。

2.5　直线的投影

直线是可以无限延长的，直线可由线上任意两点来决定其空间位置，或由线上一点及直线的方向来决定其空间位置。

直线上两定点之间的部分被称为"线段"，本书所述直线指的是线段。

2.5.1　直线的投影特性

1. 不变性

直线的投影在一般情况下仍然是直线。如图 2-24 所示，将直线 AB 向 H 面进行正投影，直线 AB 上各点投影线与直线组成一个投影平面，该平面与 H 面交于一条直线 ab，ab 直线即是 AB 在 H 面上的投影。

2. 从属性

直线上任一点的投影必在该直线的同面投影上。如图 2-24 所示，在直线 AB 上有一点 C，当 AB 向 H 面投影时，过点 C 的投影线必在过直线 AB 的投影平面 $ABba$ 上，因此点 C 的投影 c 必在 ab 上。同理，直线端点的投影仍为直线投影的端点，因此，作直线的投影时，只要作出直线两端的投影，然后连成直线即可。

3. 积聚性

当空间直线平行于投影方向时，直线的投影不再是直线，而成为一个积聚点。如图 2-25 所示，当直线 DE 向 H 面投影时，由于 DE 平行于投影线(或与投影线重合)，因此投影线贯穿 DE 而与 H 面交于一点。在标注时，按投影线贯穿的先后顺序标注两端点，由于它们不是一对重影点，因此不必判断其可见性。

4. 真实性

当空间直线平行于投影面时，投影线段的长度等于线段的真实长度。如图 2-26 所示，当直线 FG 向 H 面投影时，由于 FG 平行于投影面，通过直线的投影平面 $FGgf$ 是一个矩形，由对边平行且相等的原理，$FG=fg$。

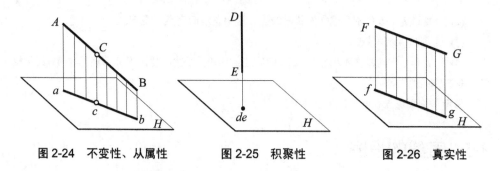

图 2-24 不变性、从属性   图 2-25 积聚性   图 2-26 真实性

2.5.2 作直线的投影

根据直线的投影从属性可知：要作直线的各面投影，就必须已知直线上任意两点的投影，它们的各同面投影的连线就是直线的各面投影。

例 2-7 已知直线上两点的坐标分别为 $A(10, 15, 5)$、$B(25, 5, 20)$，作直线的三面投影。

分析 由直线的投影从属性，只要作出直线上任意两点的投影，即可作出直线的投影。

作图 如图 2-27 所示，先以点 A 的坐标分别在 X、Y、Z 轴上确定 10、15、5 的点，并过这几个点作相应轴的垂线(或作另外两轴的平行线)，则线间必两两相交，其交点即点 A 在 V、H、W 三面上的投影点。

用同样的方法作出点 B 的三面投影，然后在各面将两点的投影相连，即得 AB 直线的三面投影。

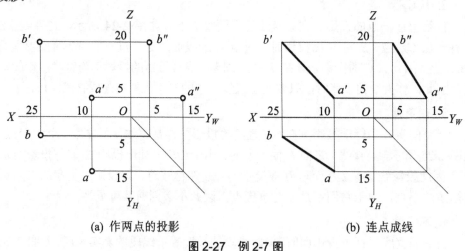

(a) 作两点的投影   (b) 连点成线

图 2-27 例 2-7 图

在投影图中，直线的投影用粗实线表示，而直线的名称可由其端点表示，也可用一个字母表示，如直线 L 的三投影分别为 l、l'、l''。

直线的任意两投影可确定直线在空间的位置，则由直线的任何两个投影可求出其第三投影。

2.5.3 直线与投影面的相对位置及投影特性

空间的直线可处于各种不同的位置。在三面投影体系中，把平行于某一个投影面而与另外两个投影面倾斜的直线称为投影面平行线，把垂直于某一个投影面而与另外两个投影面平行的直线称为投影面垂直线，这两种直线称为特殊位置直线；把相对于三个投影面都倾斜的直线称为一般位置直线，简称一般线。

直线与投影面 H、V、W 间的夹角分别用小写希腊字母 α、β、γ 表示。

2.5.3.1 投影面平行线

投影面平行线上任何一点到所平行投影面的距离是相等的。

投影面平行线又分三种：平行于 V 面的直线称为正平线(该直线各点的 Y 坐标相同)，平行于 H 面的直线称为水平线(该直线各点的 Z 坐标相同)，平行于 W 面的直线称为侧平线(该直线各点的 X 坐标相同)。

观察并想象一立体各边线中的平行线。如图 2-28 所示，当该立体相对三投影面的位置确定后，立体表面上与某一投影面距离处处相等的直线，如立体中的 AB、CD、EF。在分析其特点后，再比较表 2-1 中所列举的三种平行线的空间状态与投影特点。

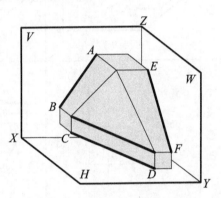

图 2-28　观察立体上的平行线

【培养观察能力提示】

观察，是人们有目的、有计划地对客观现象、问题进行考察的一种方法，是一切科学研究的首要步骤。观察能力指有一定目的的、比较持久的和主动的知觉，是通过各种方式去认识某种事物的心理过程，是善于全面、正确、深入地认识事物特点及其发展过程的能力。运用观察能力对事物进行观察，这是获得知识的一个首要步骤或最初阶段。观察能力包括观察的速度、广度、精细度等内容。在培养观察能力时应注意专一、全面、仔细、有思考地观察对象。

归纳可得投影面平行线的投影特性如下：

(1) 与直线平行的投影面上的投影，与轴倾斜，且反映实长，投影与轴间夹角分别反映直线与相应投影面的夹角；

(2) 与直线不平行的两个投影面上的投影，共同垂直于一条投影轴，这两个投影的连线方向为水平或铅垂方向(正平线的 H、W 面投影的连线除外)。

表 2-1　投影面平行线

名称	正平线 (平行于 V 面， 对 H、W 面倾斜)	水平线 (平行于 H 面， 对 V、W 面倾斜)	侧平线 (平行于 W 面， 对 V、H 面倾斜)
空间状态			
投影图			
投影特点	(1) V 面投影反映实长，$a'b'=AB$； (2) H、W 面投影与相应投影轴平行，$ab// OX$、$a''b''// OZ$，反映 $\beta=0$； (3) V 面投影为一条斜投影，与轴 OX 的夹角反映 α，与轴 OZ 的夹角反映 γ	(1) H 面投影反映实长，$cd=CD$； (2) V、W 面投影与相应投影轴平行，$c'd'//OX$、$c''d''// OY_W$，反映 $\alpha=0$； (3) H 面投影为一条斜投影，与轴 OX 的夹角反映 β，与轴 OY 的夹角反映 γ	(1) W 面投影反映实长，$e''f''=EF$； (2) H、V 面投影与相应投影轴平行，$ef// OY_W$、$e'f'// OZ$，反映 $\gamma=0$； (3) W 面投影为一条斜投影，与轴 OY 的夹角反映 α，与轴 OZ 的夹角反映 β

2.5.3.2　投影面垂直线

投影面垂直线又分三种：垂直于 V 面的直线称为正垂线(该直线各点的 X、Z

坐标相同)，垂直于 H 面的直线称为铅垂线(该直线各点的 X、Y 坐标相同)，垂直于 W 面的直线称为侧垂线(该直线各点的 Y、Z 坐标相同)。

观察并想象立体表面边线中的垂直线。如图 2-29 所示，当该立体相对三投影面的位置确定后，立体表面上与某一投影面垂直的直线，如立体中的 AB、AC、DE。在分析其特点后，再看表 2-2 中列举的三种垂直线的空间状态与投影特点。归纳可得投影面垂直线的投影特性如下：

(1) 在与直线垂直的投影面上，其投影积聚为一点；

(2) 直线在另外两个投影面上的投影，都是反映实长，并平行同一根投影轴的直线(正垂线的 H、W 面两投影的连线除外)。

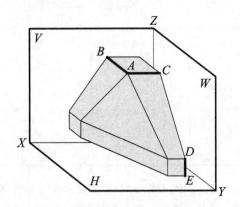

图 2-29　观察立体上的垂直线

2.5.3.3　一般位置直线

一般位置直线（一般线）与各投影面均呈倾斜方向，因此直线对各投影面的倾角就是该直线与其在各投影面上的投影之间的夹角。

如图 2-30(a)所示，一般线由于既不平行于投影面又不垂直于投影面，因此相对各投影面的各倾角均大于 0°、小于 90°。如图 2-30(c)所示，直线的各投影都倾斜于投影轴，这样表明了直线上各点到同一投影面的距离都不相等，而且投影与轴的夹角并不反映线段对相应投影面的倾角(如 α_1 不反映直线与 H 面的夹角)。投影长度均小于直线的实际长度。如 AB 直线在 H 面上的投影 ab，从图 2-30(b)上看，在直角三角形 ABA_0 中，$A_0B=ab$，因此 $ab = AB\cos\alpha$，由于 0°$<\alpha<$90°，0$<\cos\alpha<$1，所以 $ab<AB$。同理，$a'b'<AB$，$a''b''<AB$。

表 2-2　投影面垂直线

正垂线 (垂直于 V 面， 平行于 H、W 面)	铅垂线 (垂直于 H 面， 平行于 V、W 面)	侧垂线 (垂直于 W 面， 平行于 V、H 面)
空间状态		
投影图		
投影特点： (1) V 投影积聚为一点； (2) H、W 投影平行同一根投影轴，ab// OY_H、$a''b''$// OY_W，均反映实长	投影特点： (1) H 投影积聚为一点； (2) V、W 投影平行同一根投影轴，$c'd'$// OZ、$c''d''$// OZ，均反映实长	投影特点： (1) W 投影积聚为一点； (2) V、H 投影平行同一根投影轴，ef// OX、$e'f'$// OX，均反映实长

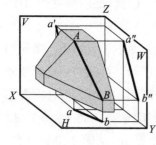

(a) 空间状态 1

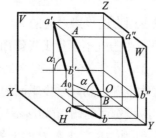

(b) 空间状态 2

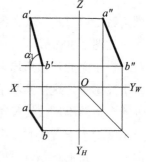

(c) 投影图

图 2-30　一般位置直线

由此可得一般线的投影特性如下：

(1) 三个投影都倾斜于投影轴；

(2) 三个投影与投影轴间的夹角均不反映线段与相应投影面的真实倾角；

(3) 三个投影长度均小于线段实长。

我们把这三种情况的投影特性归纳为：

$$直线平行投影面，它的投影长不变；$$

$$直线垂直投影面，它的投影聚成点；$$

$$直线倾斜投影面，它的投影要缩短。$$

2.5.3.4　求线段的实长及对各投影面的倾角

对于特殊位置直线，根据投影图即可得知它们的实长及对各投影面的倾角，对于一般位置直线，常需根据线段的两个投影利用直角三角形法作出它的实长和对投影面的倾角，以解决某些度量问题。

(1) 空间分析　在图 2-31(a)中，在 AB 直线对 H 面的投射平面内，过点 B 作平行于 ab 的直线与 Aa 相交得一直角三角形 AA_0B。在这个直角三角形中，AB 直线为斜边，一直角边 $\Delta Z = Z_A - Z_B$ 是 A、B 两端点相对 H 面的距离差(Z 坐标差)，另一直角边 A_0B 与 ab 平行且等长。在该直角三角形中，斜边就是直线的实长，斜边 AB 与一直角边 A_0B 间的夹角就是直线对 H 面倾角 α。

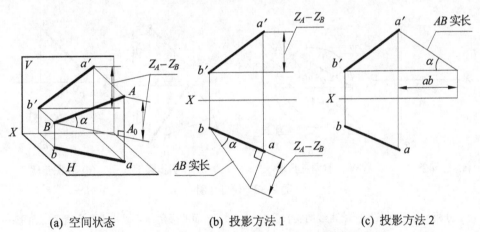

(a) 空间状态　　　　(b) 投影方法 1　　　　(c) 投影方法 2

图 2-31　直角三角形法求线段的实长及对各投影面的倾角

(2) 投影分析　在图 2-31(b)、(c)中，A、B 两端点相对 H 面的距离差 ΔZ 反映在 V 投影面上。在 V 面投影中表现为 a' 与 b' 的上下高度差。由 ΔZ 及 ab 即可求出直线的实长和相对投影面的夹角。

　　根据投影图作出直角三角形、求一般直线的实长和相应的倾角的方法称为直角三角形法。

　　同理，利用直线 AB 的正面投影 $a'b'$ 与 A、B 两端点相对 V 面的距离差ΔY，及其侧面投影 $a''b''$ 与 A、B 两端点相对 W 面的距离差ΔX，作出类似的另外两个直角三角形，同样可以求得 AB 的实长。这三个直角三角形有共性，各自也有个性，它们共同的特点是：直角三角形的斜边是线段的实长，一直角边是投影长，另一直角边为空间线段两端点相对投影长所在投影面的距离差，斜边与投影长直角边的夹角是直线对投影长所在投影面的倾角。它们独自的特点是：每一个直角三角形除斜边外，其他各要素均与相应投影面有关。例如，图 2-31 中的直角三角形中的一个夹角为α；两直角边分别是 H 面投影长 ab，两端点相对 H 面的距离差ΔZ。由于三个直角三角形是分别在三个投影平面内作出的，因此它们分别是与相应投影面有关的三个直角三角形。

　　直角三角形法不仅是求线段实长和其对投影面倾角的方法，也是解决一般位置直线作图问题的一种方法。只要已知四个组成要素中的任意两个，就可作出此直角三角形，继而求得另外两个未知要素。在利用直角三角形法求未知要素时，必须熟练掌握几个直角三角形的共性和个性，以便准确地作出直角三角形。

　　例 2-8　如图 2-32(a)所示，已知点 A 的两面投影 a' 和 a，$AB = 25\,\text{mm}$，$\alpha = 30°$，$\beta = 45°$，点 B 在点 A 的左、后、下方，作 AB 直线的两投影。

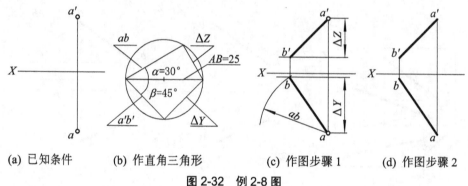

(a) 已知条件　　(b) 作直角三角形　　(c) 作图步骤 1　　(d) 作图步骤 2

图 2-32　例 2-8 图

　　分析　按已知条件所给直线的实长及对 H 面与 V 面的倾角，可以作出两个直角三角形；有两个直角三角形即可得知四个未知要素，再由题意给定的方向作出线段的两投影。

　　作图　(1) 为简化作图过程，以直线的实长 25 mm 为直径作一圆，从直径的一端点分别作两条与直径成$\alpha = 30°$、$\beta = 45°$的弦与圆相交，过直径的另一端点作弦，分别与前两交点相交，即可得两个直角三角形，如图 2-32(b)所示。从这两个直角三角形中，可得到 $a'b'$ 投影长、ΔY、ab 投影长、ΔZ；

(2) 只用所得四个要素中的任意三个,就可按给定方向作出 $a'b'$ 和 ab,如图2-32(c)、2-32(d)所示。

【逆向思维法思维提示】

客观事物之间是相互联系、相互影响、相互制约、相互作用的,并且在一定条件下相互转化。前因后果,作用与反作用,无不在一定条件下向着与自己相反的方向转化,这就决定了逆向思维法在学习和科学研究过程中作用的广泛性。

2.5.4 直线上的点

点与直线的相对位置有两种情况:点在直线上和点在直线外。

在直线上的点与直线本身有以下两种投影关系。

2.5.4.1 点对直线的从属性关系

由直线投影特性——从属性可知:直线上任一点的投影必在该直线的同面投影上;反之,一点的各投影若均在直线的各同面投影上,则该点在空间必在直线上。因此,作为点本身,它的各面投影符合点的投影规律;作为直线上的点,它的各面投影都在该直线的同面投影上。

例2-9 如图2-33(a)所示,判断点 C 是否在直线 AB 上。

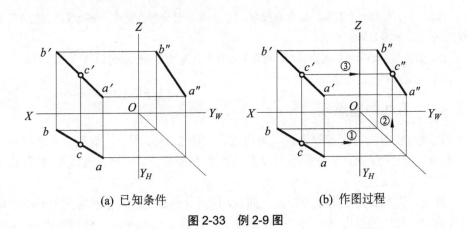

(a) 已知条件   (b) 作图过程

图2-33 例2-9图

分析 因点 C 在直线 AB 两投影上,若点 C 的 c'' 也在直线的 W 面投影上,则由投影的从属性可确定:点 C 在直线 AB 上。

作图 如图2-33(b)中①→②→③所示。

2.5.4.2　点分直线的定比关系

直线上的点将直线分为几段，各线段长度之比等于它们的各同面投影长度之比；反之，若点的各投影分线段的同面投影长度之比相等，则此点在该直线上。有了定比关系，可在投影图上任意定比分点。利用直线上线段之比来求直线上点的方法，称为分比法。

例 2-10　已知 AB 直线的两投影如图 2-34(a)所示。在 AB 直线上取一点 C，使 $AC{:}CB = 2{:}1$。

分析　利用"投影以后定分线段之比保持不变"的原理，则有 $AC{:}CB = ac{:}cb = a'c'{:}c'b' = a''c''{:}c''b'' = 2{:}1$。

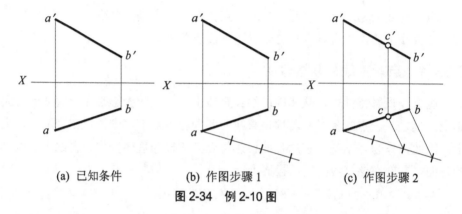

(a) 已知条件　　　　(b) 作图步骤 1　　　　(c) 作图步骤 2

图 2-34　例 2-10 图

作图　(1) 任选一个投影，如 H 面投影，过 ab 投影任一端点 a 作一辅助线段，在线段上任取三等份，如图 2-34(b)所示；

(2) 如图 2-34(c)所示，连接端点，过等分点作端点连线的平行线交 ab 于一点即为点 C；

(3) 完成点 C 的两投影。

2.5.4.3　直线的迹点

直线与投影面的交点称为直线的**迹点**。如图 2-35(a)所示，直线 AB 延长后，与 H、V 面的交点 M、N 分别称为 H 面迹点和 V 面迹点。同样，直线与 W 面的交点，称为 W 面迹点。

迹点是直线上的点也是投影面上的点，因此，迹点在它所在投影面上的投影与自身重合；另外的投影则在相应的投影轴上。如图 2-35(b)所示，H 面迹点 M 是 H 面上的点，所以它的 H 面投影 m 与 M 重合，而其 V 面投影 m' 必在 X 轴上。同样，V 面迹点 N 的 V 面投影 n' 与 N 重合，其 H 面投影 n 则在 X 轴上。迹点还是直线上的点，因此，迹点的各面投影在线段各同面投影的延长线上。

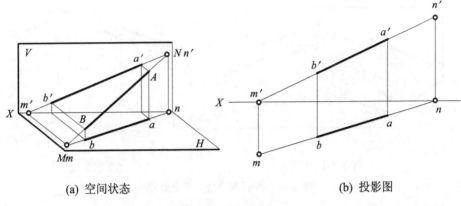

(a) 空间状态	(b) 投影图

图 2-35　直线的迹点

2.5.5　两直线的相对位置

空间两直线的相对位置有三种：平行、相交(两直线交于一点)和交叉(既不平行也不相交)。在特殊情况下，两直线可相互垂直。平行和相交两直线为同面两直线，交叉两直线为异面两直线。

2.5.5.1　平行两直线

平行两直线的投影特性如下：

(1) 平行性　若空间两条直线相互平行，则它们的各同面投影仍互相平行，反之，若两直线的各同面投影相互平行，则两直线在空间相互平行；

(2) 等比性　两直线的长度之比等于它们各同面投影中线段的投影长度之比，即

$$AB/CD=ab/cd=a'b'/c'd'=a''b''/c''d''$$

注意　平行性、等比性是平行投影中重要的特性，在第 7 章的轴测图中也有应用。

如图 2-36(a)所示，因为 $AB//CD$，则过 AB 和 CD 所作的垂直于 H 面的两个投射平面也必相互平行，因此，它们与 H 面交线即 H 面投影 ab 和 cd 也一定平行。同样，V 面和 W 面的投影 $a'b'//c'd'$ 和 $a''b''//c''d''$。若两直线不平行，则过它们所作的投射平面也不平行，它们的投影自然也不平行，如图 2-36(b)中 AB 与 EF 的投影。但如果空间两直线为某一投影面平行线，则它们是否平行要根据它们在所平行投影面上的投影是否平行才能判定。

在图 2-36(a)中，由于 AB、CD 对 H 面的倾角 α 相等，而 $ab=AB\cos\alpha$、$cd=CD\cos\alpha$，所以有定比关系 $ab:cd=AB:CD$ 成立。同理有 $AB/CD=a'b'/c'd'=a''b''/c''d''$。

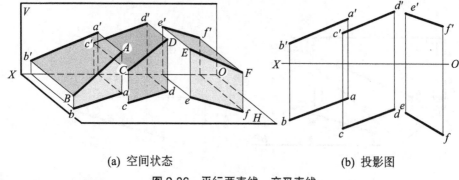

(a) 空间状态　　　　　　　　　　　　(b) 投影图

图 2-36　平行两直线、交叉直线

注意　当只有两投影时，对两条一般位置的直线只要用特性(1)即可判断出它们是否平行。对两条均为同投影面平行线，则要看给定的是哪两个投影，在用特性(1)无法判断时，就要用特性(2)或利用直线上点的等比关系(例 2-13)来判断。

例 2-11　已知直线 AB 及线外一点 C 的两投影(见图 2-37(a))，过点 C 作直线，使 AB//CD 且 CD=15 mm。

分析　由于 AB//CD，故 CD 的各面投影必平行于 AB 的各同面投影，因此可采用以下两种方法：

(1) 过点 C 作任意长度的直线—求任意线的实长—利用定比分割的性质确定点 D；

(2) 直接求 AB 的实长—在直线上找到与某端点(如点 A)距离为 15 mm 的点 F—过点 C 作 AF 的平行线并取等长线。

作图　用方法(2)作图，如图 2-37(b)、(c)所示。

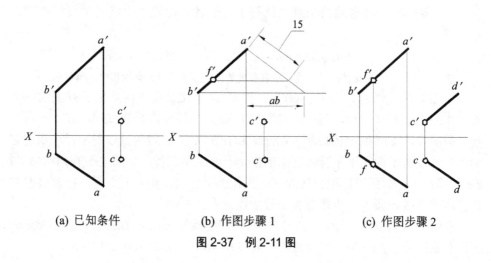

(a) 已知条件　　　　　(b) 作图步骤 1　　　　　(c) 作图步骤 2

图 2-37　例 2-11 图

2.5.5.2 相交两直线

空间两直线相交的交点是两直线的共有点，相交两直线的投影特性如下：

(1) 两直线的各同面投影必相交，且投影交点的连线垂直于投影轴，即必符合点的投影规律；

(2) 交点是两直线的共有点，它将两直线分别分成具有不同定比的两线段。

图 2-38 中，空间直线 *AB*、*CD* 相交于点 *K*，则其各面投影必相交于同一点的投影 *k′*、*k*，交点 *K* 是两直线的共有点，它既与两直线具有从属性和定比性的关系，又符合空间点的投影规律——投影连线垂直于投影轴。反之，当两直线的各面投影均相交，其交点的投影符合空间点的投影规律时，空间两直线必相交。

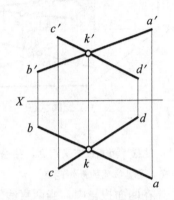

注意 判断两条直线是否相交，对两条一般位置的直线，只要在两投影中即可处理它们有关相交的问题，但若两条线中有一条为平行线，则要由第三面投影或利用直线上点的定比分割的性质，检查它们有否公共点（见例 2-14）。

例 2-12 如图 2-39(a)所示，已知直线 *AB*、*CD* 的两投影及点 *E* 的 *V* 面投影 *e′*，试过点 *E* 作直线 *EF*，使 *EF*//*CD* 并与 *AB* 相交，并完成点 *E* 的 *H* 面的投影 *e*。

图 2-38 相交两直线

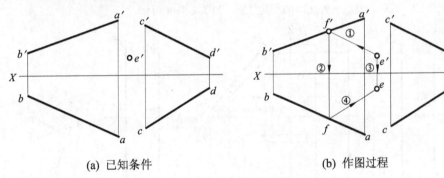

(a) 已知条件   (b) 作图过程

图 2-39 例 2-12 图

分析 (1) 欲使 *EF*//*CD*，则 *EF* 的各投影必平行于 *CD* 的同面投影；

(2) *EF* 若要与 *AB* 相交，其各同面投影必然相交且交点符合点的投影规律。

作图 如图 2-39(b)步骤①、②、③、④所示。

2.5.5.3 交叉两直线

如图 2-40 所示，空间交叉两直线的投影出现"交点"，但"交点"是两直线在

同一投射线上两个不同点的重合，是重影点而不是公共点，如图中的Ⅰ、Ⅱ在相对
H面的同一条投射线上，它们为对H面的重影点，Ⅰ在上，Ⅱ在下。Ⅲ、Ⅳ在相对
V面的同一条投射线上，它们为对V面的重影点，Ⅲ在前，Ⅳ在后。

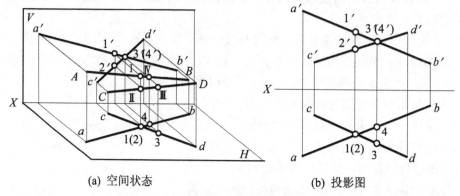

(a) 空间状态　　　　　　　　　　　(b) 投影图

图2-40　交叉两直线

注意　两直线交叉问题，往往在判断后处理：①重影点的可见性(判断方法见 2.4 节)；
②交叉两直线间的最短距离。

在两面投影中，当两直线均为一般位置直线时，则可直接进行判断。若有一
直线为另一投影面平行线或两直线均为另一投影面的投影行线，则要由其投影特
性——平行性或定比性对其不确定的空间位置进行判断。

例2-13　判断两直线AB、CD的空间位置，如图2-41(a)所示。

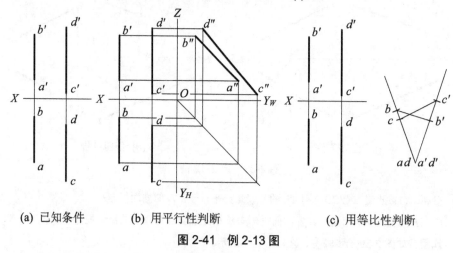

(a) 已知条件　　　　　(b) 用平行性判断　　　　(c) 用等比性判断

图2-41　例2-13图

分析　先排除相交的可能。因两条均为W面平行线，所给定的投影无W面投影。两直线
的两投影若编号顺序不同，则可直接判断为两交叉直线，若编号顺序相同，则可作第三投影用

平行性进行判断，或用等比性特性进行判断。

作图 作第三投影用平行性进行判断，如图 2-41(b)所示。用等比性进行判断如图 2-41(c) 所示。

结论 直线 *AB*、*CD* 的空间位置为交叉两直线。

本题还可用平面的表达方式可相互转换的特点(见 2.6.1 节)进行判断。

例 2-14 判断两直线 *AB*、*CD* 的空间位置，如图 2-42(a)所示。

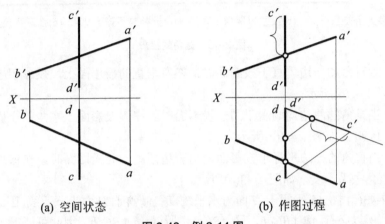

(a) 空间状态   (b) 作图过程

图 2-42 例 2-14 图

分析 先排除平行的可能。因 *CD* 为 *W* 面平行线，所给定的投影无 *W* 面投影，则作出第三投影来确定有无公共点外，还可取任意一投影中的"交点"判其与 *CD* 侧平线的相对位置。

作图 (1) 作第三投影用平行性进行判断(省略)；

(2) 用等比性进行判断，如图 2-42(b)所示。

结论 (1) 直线 *AB*、*CD* 的空间位置为交叉两直线；

(2) *V* 面上这个形式上的"交点"是一对重影点，*AB* 上的点在前为可见，*CD* 上的点在后为不可见(读者自行判断 *H* 面重影点的可见性)。

2.5.5.4 垂直两直线

当不平行的两直线之间的夹角为 90°时，称它们为垂直相交或垂直交叉。这类直线直角的投影所表现的夹角与它们在空间的位置有关。以垂直相交两直线为例分析其投影特性如下：

(1) 当直角的两边均平行于同一投影面时，在所平行的投影面上，投影直角关系不变，如图 2-43(a)所示；

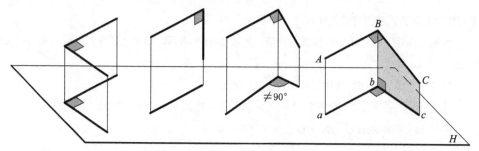

(a)投影直角关系不变　(b)投影积聚为一直线　(c)投影角不等于 90°　(d)投影直角关系不变

图 2-43　直角的投影

(2) 当直角的一边垂直于投影面时，在所垂直的投影面上，投影积聚为一直线，如图 2-43(b)所示；

(3) 当直角的两边均倾斜于同一投影面时，在该投影面上直角的投影或大于 90°或小于 90°，如图 2-43(c)所示；

(4) 当直角的一边平行于投影面，另一边倾斜于此投影面时，在该投影面上的投影直角关系不变，如图 2-43(d)所示。

图 2-43(d)中，AB 平行于 H 面为水平线，BC 倾斜于 H 面为一般线，因 $AB \perp BC$，$AB \perp Bb$，所以必有 $AB \perp BCcb$，又 $AB // ab$，所以 $ab \perp BCcb$，因此可证得 $ab \perp bc$，即 $\angle abc = 90°$。

反之，若两直线在某个投影面上的投影互相垂直，且其中有一直线平行于该投影面，则此两直线必互相垂直。直角投影的这种特性也称直角投影定理。该定理也适用于两交叉直线。

直角投影定理在工程中广泛应用于判断垂直关系和解决距离问题。

例 2-15　求直线 AB 与 CD 的距离的投影及实长(见图 2-44(a))。

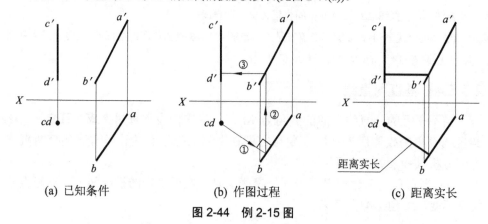

(a) 已知条件　　　　(b) 作图过程　　　　(c) 距离实长

图 2-44　例 2-15 图

分析 (1) 交叉两直线间的最短距离即是它们之间公垂线的长度;

(2) 因 *CD* 为铅垂线,故公垂线必为同面平行线——水平线;

(3) 由于 *CD* 的水平投影有积聚性,所以公垂线的水平投影必过该积聚投影。

作图 分两步进行:先作公垂线的投影,如图 2-44(b) ①→②→③所示;后确定距离的实长,如图 2-44(c)所示。

2.5.6 直线投影的读图

读直线的投影图时,要求能够根据直线的任意两面投影图想象直线的空间位置(含直线的倾斜趋势),进而解决一些相关几何问题。在读图中通常采用作第三投影的方法检查读图是否正确。

直线投影图的阅读主要包括以下两方面。

2.5.6.1 根据投影图想象直线的空间位置

例 2-16 阅读直线 *AB* 的两投影,并作出其第三投影(见图 2-45(a))。

分析 (1) 在图 2-45(a)中由两投影都是斜线可知,直线 *AB* 为一般位置直线;

(2) 由 *V* 面投影可知,点 *B* 在点 *A* 的左上方;

(3) 由 *H* 面投影可知,点 *B* 在点 *A* 的左后方。

归纳起来,直线 *AB* 在空间处于一般位置,*AB* 的倾斜状态是从右前下方至左后上方。

作图 按点的投影规律作直线 *AB* 的第三投影,如图 2-44(b)步骤①、②、③、④所示。

对于一般位置直线,由其任意两个投影即可想象出该直线的空间位置,而对

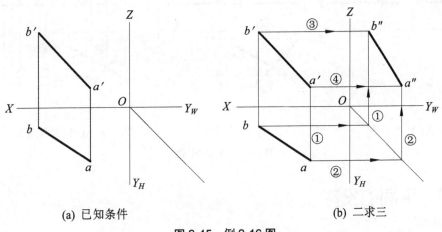

(a) 已知条件   (b) 二求三

图 2-45 例 2-16 图

于特殊位置直线，则容易将平行线与垂直线混淆。对于这类直线，应先区分类型，再想象出其空间位置。由于投影面垂直线是投影面平行线的特殊情况，它们的投影必有异同。这两种直线的主要区别是：投影面垂直线的三个投影图中，必有一个投影积聚成一点，另外两个投影同时平行于同一轴；而投影面平行线的三个投影中，必有一个投影与投影轴倾斜并反映线段的实长，另两个投影同时垂直于同一轴。抓住这些特点就不会使两者混淆。

2.5.6.2　根据直线的空间位置解决几何问题

例 2-17　求直线 AB 与 CD 的距离的投影及实长(见图 2-46(a))。

分析　(1) 在图 2-46(a)中，由两投影都是 Z 轴垂直线可知，直线 AB 上的点具有同一 Z 坐标(即与 H 面距离相等)，为水平线，直线 CD 也是一水平线；

(2) 两水平线的公垂线必是一同面垂直线——铅垂线；

(3) 因铅垂线在 H 面上的投影必具有积聚性，所以两水平线在 H 面投影的"交点"即是公垂线的积聚投影，由此可求得距离的投影及实长。

作图　(1) 按投影规律作直线 AB 与 CD 的第三投影，如图 2-46(b)所示；

(2) 由两水平线在 H 面投影的"交点"求得距离的投影及实长，如图 2-46(c)①、②、③所示。

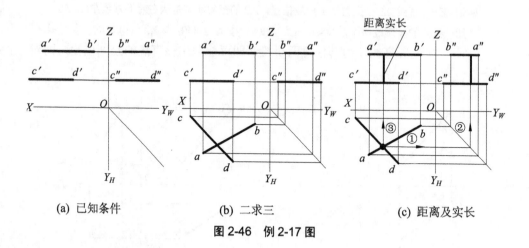

(a) 已知条件　　　　　　　(b) 二求三　　　　　　　(c) 距离及实长

图 2-46　例 2-17 图

2.6　平面的投影

平面是广阔无边的，平面的有限部分的投影称为平面图形。

2.6.1 平面在投影图上的表示方法

由初等几何学可知，不在同一直线上的三点确定一个平面。从这条公理出发，平面可有两种表示方式：非迹线平面(几何元素)和迹线平面。

2.6.1.1 用几何元素表示平面(非迹线平面)

用非迹线的几何元素表示平面的方法有以下几种：

(1) 不在同一直线上的三点——确定平面位置最基本的几何元素(见图 2-47(a))；

(2) 一直线和直线外一点(见图 2-47(b))；

(3) 相交两直线 (见图 2-47(c))；

(4) 平行两直线(见图 2-47(d))；

(5) 任意平面图形，例如三角形、平行四边形、圆等，不但可表示空间位置，还可表示平面的大小和形状，是常用的一种表达方式(见图 2-47(e))。

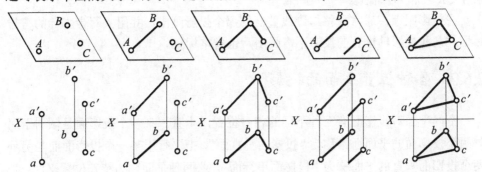

(a) 不在同一直线上 (b) 一直线和直线 (c) 相交两直线 (d) 平行两直线 (e) 三角形
　的三点　　　　　　外一点

图 2-47　用几何元素表示平面

以上几种表示平面的方法，仅是形式上的不同，而实质不变，如用几何元素表示同一个平面的空间位置，它们可以在以上几种形式中互相转换。

2.6.1.2 用平面的迹线表示平面

平面与投影面的交线称为迹线。用迹线表示的平面称为迹线平面。

如图 2-48 所示，平面 P 与 V、H、W 面相交得到的交线分别称为水平面迹线 P_H、正面迹线 P_V、侧面迹线 P_W。

迹线既是投影面上的直线，又是某个平面上的直线。因此在投影面上，迹线在该面投影与它本身重合，另两个投影在相应的投影轴上。在图 2-48(b)中，P_H

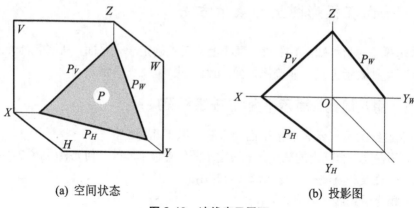

(a) 空间状态　　　　　　　　　　　(b) 投影图

图 2-48　迹线表示平面

既在 H 面上，又在 P 面上，P_H 的水平投影与 P_H 重合，其正面投影和侧面投影分别在 OX 轴和 OY 轴上。

在投影图上，通常只将与迹线重合的那个投影画出，并用大写带脚标的符号标记；凡和投影轴重合的投影不需画出，也省略标记。

2.6.2　各种位置平面的投影

空间平面对投影面有三种不同的相对位置，垂直于某一个投影面且倾斜于另外两个投影面的平面通常称为"投影面垂直面"，把平行于某一个投影面而与另外两个投影面垂直的平面称为"投影面平行面"，这两种平面称为特殊位置平面；把与三个投影面都倾斜的平面称为一般位置平面，简称一般面。

平面与投影面 H、V、W 间的两面角分别用小写希腊字母 α、β、γ 表示。

2.6.2.1　投影面垂直面

投影面垂直面分三种：垂直于 V 面的平面称为正垂面，垂直于 H 面的平面称为铅垂面，垂直于 W 面的平面称为侧垂面。

观察并想象图 2-49 中立体表面中的垂直面：当该立体相对三投影面的位置确定后，观察立体表面中与某一投影面垂直

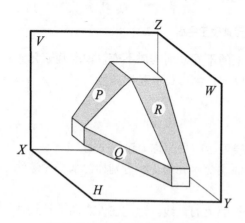

图 2-49　观察立体上的垂直面

(则与该投影面两面角为 90°)而对另两投影面倾斜(0°< 夹角<90°)的平面,如立体中的平面 P、Q、R。在分析其特点后,再了解表 2-3 中列举的三种垂直面的空间状态与投影特点,可得投影面垂直面的投影特性如下:

(1) 在与平面所垂直的投影面上,平面的投影积聚为倾斜的直线,该积聚投影与相应轴间夹角分别等于该平面与另两个投影面的真实倾角;

(2) 另外两个投影面上的投影,均为小于实形的原图形的类似形(也称原形的相仿形)。

表 2-3　投影面垂直面

正垂面(垂直于 V 面,对 H、W 面倾斜)	铅垂面(垂直于 H 面,对 V、W 面倾斜)	侧垂面(垂直于 W 面,对 V、H 面倾斜)
空间状态		
投影图		
(1) V 面投影积聚为一斜线,与相应投影面间夹角为 α 和 γ; (2) H 面投影和 W 面投影均为原型的类似形	(1) H 面投影积聚为一斜线,与相应投影轴面间夹角为 β 和 γ; (2) V 面投影和 W 面投影均为原型的类似形	(1) W 面投影积聚为一斜线,与相应投影轴面间夹角为 β 和 α; (2) V 面投影和 H 面投影均为原型的类似形

2.6.2.2　投影面平行面

投影面平行面分为三种:平行于 V 面的平面称为正平面,平行于 H 面的平面称为水平面，平行于 W 面的平面称为侧平面。

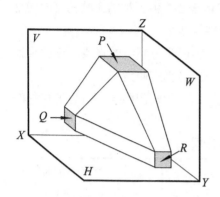

图 2-50　观察立体上的平行面

观察并想象图 2-50 中立体表面中的平行面(当该立体相对三投影面的位置确定后，与某一投影面平行的平面)，如立体中的 P、Q、R 平面。在分析其特点后，再了解表 2-4 中列举的三种垂直面的空间状态与投影特点，可得出投影面平行面的如下投影特性：

(1) 在与平面平行的投影面上，平面的投影具有真实性，即反映平面实形；

(2) 另外两个投影面上，平面的投影具有积聚性，且同时垂直于同一投影轴，反映与相应投影面等距。

表 2-4　投影面平行面

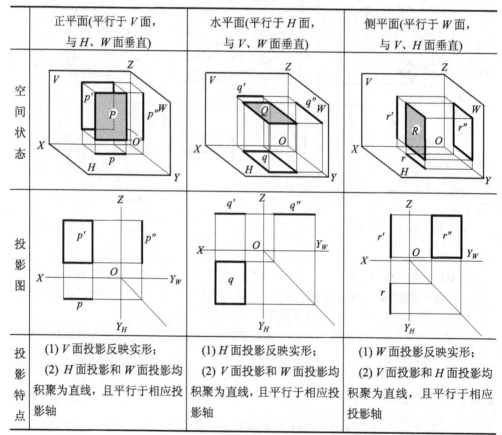

	正平面(平行于 V 面，与 H、W 面垂直)	水平面(平行于 H 面，与 V、W 面垂直)	侧平面(平行于 W 面，与 V、H 面垂直)
空间状态			
投影图			
投影特点	(1) V 面投影反映实形； (2) H 面投影和 W 面投影均积聚为直线，且平行于相应投影轴	(1) H 面投影反映实形； (2) V 面投影和 W 面投影均积聚为直线，且平行于相应投影轴	(1) W 面投影反映实形； (2) V 面投影和 H 面投影均积聚为直线，且平行于相应投影轴

2.6.2.3 一般位置平面

观察并想象图 2-51 中立体表面中的一般位置平面 P。

一般面对三个投影面都是倾斜的，如图 2-52 所示，一般面具有以下特性：

(1) 三个投影不反映实形，也无积聚性投影，均为原形的相仿形，且小于实形；

(2) 各投影面上的投影均不反映平面与投影面的真实倾角。

我们把这三种位置平面的投影特性归纳为：

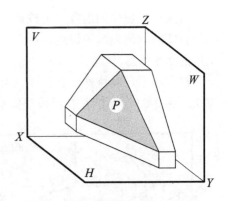

图 2-51 观察立体上的一般面

平面平行投影面，它的投影形不变；
平面垂直投影面，它的投影成直线；
平面倾斜投影面，投影图形往小变。

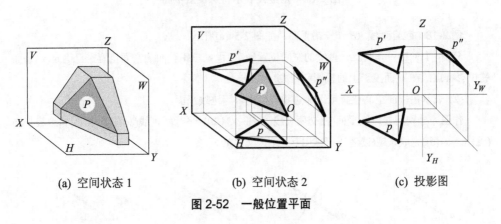

(a) 空间状态 1　　　　　(b) 空间状态 2　　　　　(c) 投影图

图 2-52　一般位置平面

2.6.3　平面投影的作图与读图

2.6.3.1　平面投影的作图

平面投影的作图包括表示平面的空间位置和平面的形状。表示平面的空间位置可用任何平面的表示方法，而表示平面的形状只能用平面多边形的表示方法，因此，平面多边形是工程上常用的表示方法。

对某一投影作图而言，可按点、线的投影规则作图。对垂直面的投影，作图一般按实际倾角先画积聚线，再画类似形。对平行面的投影，作图一般先画反映实形的那个投影。

在实际中，对特殊位置平面只需要表示它们的空间位置，因此多用迹线表示方法，图 2-53 所示的是在两投影体系中的特殊位置平面。

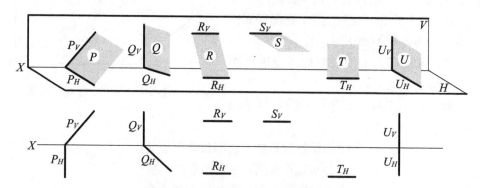

图 2-53　用迹线表示特殊位置平面

例 2-18　包含直线 AB 作一铅垂面，如图 2-54(a)所示。

分析　(1) 当铅垂面上一直线的空间位置确定后，则该铅垂面的空间位置也已确定(铅垂面的投影特点：在 H 面投影上的投影积聚成一斜线)；

(2) 表示铅垂面空间位置可用非迹线平面也可用迹线平面。

作图　分别用非迹线平面(相交两直线(见图 2-54(b))、平行两直线(见图 2-54(c))和迹线平面(见图 2-54(d))完成该题(读者还可试用其他表示方式)。

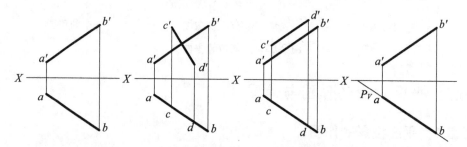

(a) 已知条件　(b) 用相交两直线表示　(c) 用平行两直线表示　(d) 用迹线平面表示

图 2-54　例 2-18 图

例题小结　从本例题不难看出，所谓迹线平面，实质上是相交两直线或平行两直线等非迹线平面所表示平面的特殊情况，因而迹线平面与非迹线平面可以根据需要互相转换。

2.6.3.2　平面投影的读图

掌握了各种位置平面的投影特性之后，就可以读平面的投影图，想象其空间位置。

1. 平面用多边形表示

当平面用多边形表示时，读图时要注意：

(1) 一平面只要有一面投影积聚为一条倾斜于投影轴的直线，该平面一定是投影面垂直面，并且垂直于该倾斜线所在的投影面；

(2) 一平面只要有一面投影积聚为一条平行于投影轴的直线，该平面一定是投影面平行面；

(3) 平面的三个投影都是平面图形，该平面一定是一般位置平面；

(4) 对特殊位置平面的积聚投影，可用以轴代面法想象其空间位置。

2. 平面在两投影面体系用迹线表示

当平面在两投影面体系用迹线表示时，读图时要注意：

(1) 两条迹线都倾斜于投影轴，该平面一定是一般位置平面；

(2) 一迹线倾斜于投影轴，另一迹线垂直于投影轴，该平面一定是投影面垂直面，垂直面通常只用一条斜线表示平面的空间位置；

(3) 两条迹线都垂直于投影轴，该平面一定是投影面平行面，平行面通常只用一条直线表示平面的空间位置；

(4) 对特殊位置平面的迹线投影，可用以轴代面法想象其空间位置。

2.6.4　属于平面的直线和点

2.6.4.1　几何条件

由初等几何学知道，判别直线或点是否在已知平面内的几何条件为如下两点(见图 2-54)。

(1) 直线在平面上，则直线一定过该平面上的两个点，或过该平面上的一个点且平行于该平面上的另一条直线；反之，直线过平面上的两个点或过平面上的一个点且平行于该平面上的另一条直线，则直线一定在该平面上。

(2) 点在平面上，则该点一定在该平面上的一条直线上；反之，点在平面上的一条直线上，则点一定在该平面上。

在投影图中，根据直线的几何条件，就可在平面上取直线。

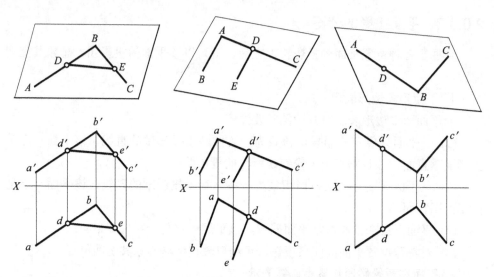

(a) 点 D 在 AB 上，点 E 在 BC 上，故线 DE 在 AB 与 AC 所确定的平面上

(b) 点 D 在 AC 上，过点 D 作 DE 平行于 AB，故线 DE 在 AB 与 AC 所确定的平面上

(c) 点 D 在 AB 上，故点 D 在 AB 与 AC 所确定的平面上

图 2-55　平面上的直线和点

2.6.4.2　几何作图

在平面上取点，必须先在平面上作一辅助线，然后在辅助线的投影上取得点的投影。

在平面上取直线时，要利用平面上的点；在平面上取点时，又要利用平面上的直线。两者之间相辅相成，互为因果。

例 2-19　已知点 K 的 V 面投影 k'，且与平面图形 ABC 共面，如图 2-56(a)所示，完成点 K 的水平投影。

分析　(1) 由平面图形 ABC 的两投影可知，该平面的空间位置为一般位置平面；

(2) 因点 K 属于 ABC 所在的平面，则点 K 满足在已知平面上取点的几何条件；而点 K 不在平面△ABC 内，所以要作辅助线。

作图　(1) 在 V 面上连接 c'、k' 作为辅助线 CK，交 a'b' 于 d'，如图 2-56(b)中①所示；

(2) 由 c、d 的连线及由 k' 所作的投影连线，可得 k，如图 2-56(b)中②、③、④步骤所示。

例 2-20　已知平面 ABDC 的 H 面投影，如图 2-57(a)所示，完成平面的 V 面投影。

分析　由 V、H 面中 AB、AC 两交线的投影可知，平面 ABDC 的空间位置已确定，完成平面图形的 V 面投影无非是面上取点 D 的问题。

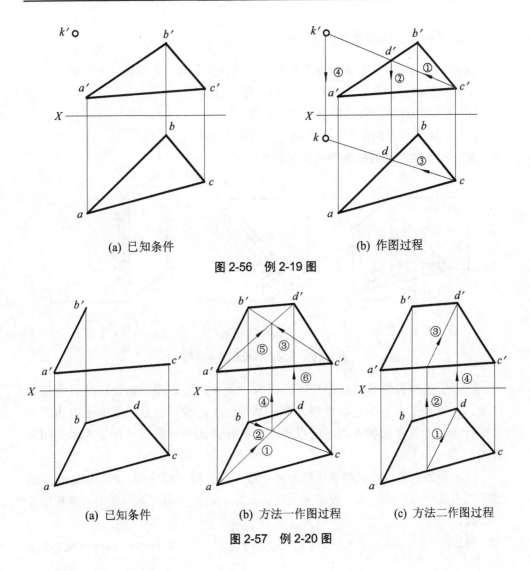

(a) 已知条件   (b) 作图过程

图 2-56   例 2-19 图

(a) 已知条件   (b) 方法一作图过程   (c) 方法二作图过程

图 2-57   例 2-20 图

作图   有以下两种方法：

(1) 在平面内作对角相交线，作图过程如图 2-57(b)中①、②、③、④、⑤、⑥步骤所示；

(2) 在平面内作 AB(或 AC)的平行线，作图过程如图 2-57(c)中①、②、③、④步骤所示。

例题小结   无论完成平面图形还是检验直线或点是否在平面上，均需从直线或点在平面上的几何条件出发，取点或作辅助线进行求解，而辅助线则应根据具体情况而定，若选取得当，将简化作图过程，如图 2-57(c)所示。

2.6.4.3　平面上的投影面平行线

既在平面上同时又与某投影面平行的直线称为平面上的投影面平行线。

平面上的投影面平行线有以下三种(见图 2-58)：

(1) 平行于 H 面的称为平面上的水平线；

(2) 平行于 V 面的称为平面上的正平线；

(3) 平行于 W 面的称为平面上的侧平线。

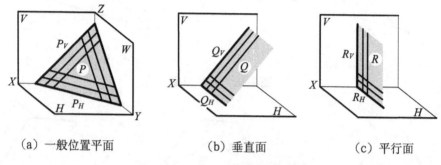

　　(a) 一般位置平面　　　　　　(b) 垂直面　　　　　(c) 平行面

图 2-58　平面上的投影面平行线

　　平面上的投影面平行线的投影，既有平面上的投影面平行线所具有的投影性质，又符合平面上的直线性质。迹线是平面上的线，也是投影面上的线，它是平行于某一投影面的直线，所以平面上的投影面平行线也平行于平面的相应迹线。

　　同一平面上可以作无数条投影面平行线，而且都互相平行。如果规定必须通过平面内某个点，或与某个投影面的距离一定，则在平面上只能作出一条投影面平行线。

　　例 2-21　在平面 $\triangle ABC$ 上找一点 K，使其距 V 面 15 mm，距 H 面 15 mm，如图 2-59(a) 所示。

　　分析　在已知空间位置的平面上取点 K，除其满足与平面的从属关系外，它还要满足与 V、H 面定距离的要求。在空间满足距 V 面 15 mm 的点很多，在距 V 面 15 mm 的正平面上所有的点均满足要求，而在 $\triangle ABC$ 上只有一条距 V 面 15 mm 的正平线上的点满足要求，同样，在 $\triangle ABC$ 上也只有一条距 H 面 15 mm 水平线上的点满足要求，由此得知要求的点 K 与两直线均有从属关系，即满足题意要求的点只有唯一的一个。

　　作图　在平面内作两条满足题意的平行线，作图过程如图 2-59(b)中①、②、③、④、⑤、⑥步骤所示。

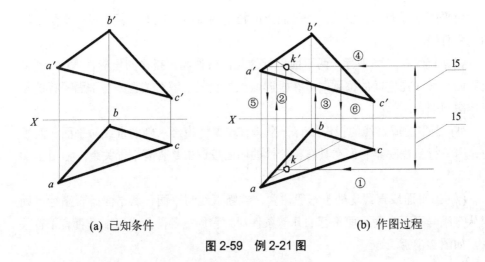

(a) 已知条件　　　　　　　　　　　　　(b) 作图过程

图 2-59　例 2-21 图

2.7　直线与平面、两平面相对位置

直线与平面以及两平面之间的相对位置，除了直线位于平面上或两平面位于同一平面上的特例外，只可能相交或平行。垂直是相交的特例。图 2-60 所示为线与面、面与面之间的各种相对位置关系的空间状况与投影图。

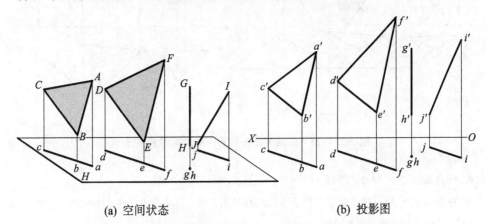

(a) 空间状态　　　　　　　　　　　　(b) 投影图

图 2-60　当平面或直线的投影中有一个具有积聚性投影时的平行

2.7.1　直线与平面及两平面间相互平行

直线与平面平行的几何条件：若直线与平面上的任一条直线平行，则此直线与该平面必相互平行。

　　两平面平行的几何条件：一平面上的相交两直线对应地平行于另一平面上的相交两直线。

　　根据直线与平面平行、两平面平行的几何条件和正投影的投影性质(平行性)及平面与直线在空间的位置，可在投影图上检验或求解有关直线与平面平行的投影作图问题。

　　(1) 当平面或直线的投影中有一个具有积聚性投影，判别直线与平面、两平面是否平行只需观察它们在具有积聚性的同面投影中是否有平行关系，如图 2-60 所示。

　　(2) 当平面或直线均处于一般位置，判断直线与平面、两平面是否平行，则应从直线与平面、两平面平行的几何条件观察它们在各同面投影中是否有平行关系，如图 2-61 所示。

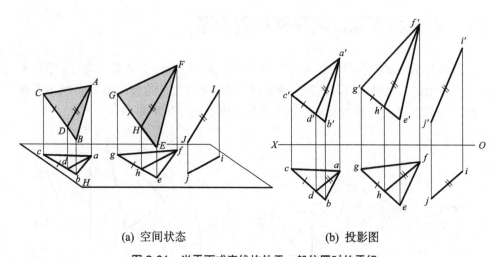

(a) 空间状态　　　　　　　　　　(b) 投影图

图 2-61　当平面或直线均处于一般位置时的平行

　　例 2-22　过点 M 作水平线 MN 平行于平面△ABC (见图 2-62)。

　　分析　过点 M 可作无数条平行于平面△ABC 的直线，其中只有一条为水平线，它必平行于平面△ABC 上的任一条水平线。

　　作图　(1) 过 a′在△a′b′c′上作 a′d′//OX;

　　(2) 作出△ABC 平面上水平线 AD 的水平投影 ad;

　　(3) 作 m′n′//a′d′，mn//ad。

　　m′n′、mn 即为所求直线 MN 的两面投影。

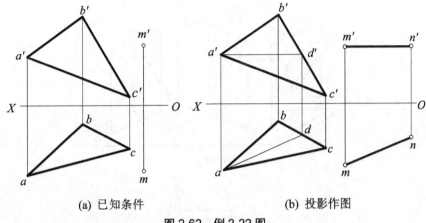

(a) 已知条件   (b) 投影作图

图 2-62　例 2-22 图

2.7.2　直线与平面及两平面间相交

直线与平面的交点是直线和平面的共有点。两平面的交线是两平面的共有直线。

解决几何元素相交的问题，需要求出它们的共有点——交点或共有直线——交线，还需要判断直线与平面或两平面投影重叠部分的可见性。根据直线或平面的投影有无积聚性，求交点、交线的方法可分为积聚投影法和辅助平面法。

(1) 当平面或直线的投影中有一个具有积聚性投影时，求它们之间的交点或交线可采用积聚投影法，即在具有积聚性的投影中直接获得交点或交线的一个投影，从而作出交点或交线的其他投影，如图 2-63 所示。

(2) 当平面和直线均处于一般位置时，求它们之间的交点或交线可采用辅助平面法。辅助平面法即利用特殊位置平面的积聚性而作的辅助平面，将一般位置的线面相交或面面相交转化为特殊位置平面与一般位置平面相交而求交点、交线。

求一般位置直线与一般位置平面交点的空间状态及投影如图 2-64 所示，其作图步骤如下：

(1) 包含已知直线作辅助的特殊位置平面，如图中平面 P；

(2) 求辅助平面 P 与已知平面 ABC 的辅助交线 FG；

(3) 求出辅助交线 FG 与已知直线的交点 I，即为所求直线与平面的交点；

(4) 在两投影中分别找一对重影点，判断其 V 面和 H 面投影中直线段重影部分的可见性。

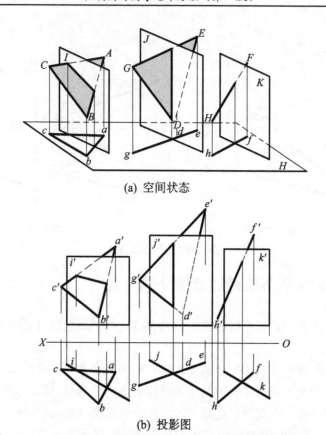

(a) 空间状态

(b) 投影图

图 2-63 当垂直面与一般面或一般线相交

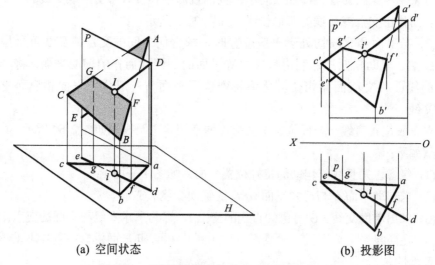

(a) 空间状态   (b) 投影图

图 2-64 当平面和直线均处于一般位置时的相交

求两个一般位置平面的交线时，可从其基本特性——共有性入手。求得同属于两平面的两个共有点(或由一个共有点及交线方向确定)后连接起来。当两个平面在投影图中有重叠投影时，两平面的交线是在重叠投影范围内取得的有限长度的共有线段。

例 2-23 求平面 *ABC* 与平面 *DEF* 的交线(见图 2-65)。

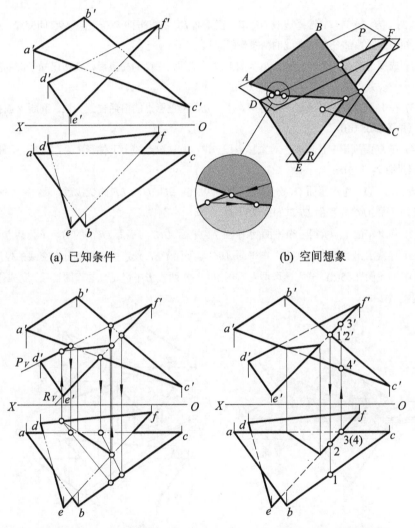

(a) 已知条件   (b) 空间想象

(c) 分别包含直线 *EF*、*DF* 作正垂面求公共点   (d) 判断可见性，完成作图

图 2-65 例 2-23 图(方法一)

分析 当相交元素均处于一般位置时，可求出交线上的两个公共点后连接成线。求公共点

可应用辅助平面法作图。应用辅助平面法有两种作图过程：①包含任意两条边线作垂直面，求两个公共点，如图 2-65(c)所示；②分别作两个平行面(如水平面)，利用三面共点的原理(三面共点法)，求出两个平面的两个公共点，如图 2-66 所示。此外，还可采用投影变换法求交线，即增加新投影面，使两平面之一相对新投影面处于垂直位置，利用积聚性投影求出交线(换面法)。也可将其中两平面之一相对投影面旋转，变为垂直面位置，再利用积聚性投影直接求解(旋转法)。

作图 **方法一** (1) 选择边线 DF 作一正垂面 P，由求平面 P 与平面 ABC 间交线，进而求得两已知平面重叠部分作出交线的两投影(见图 2-65 (c))。

(2) 选择边线 EF 作一正垂面 R，求出 EF 与平面 ABC 的交点后，在两已知平面的重叠的交线中一个公共点的两投影(见图 2-65 (c))。

(3) 在 V 面投影中任选取一对重影点 I、II，由重影点的前后位置关系，判断 V 面投影的可见性(见图 2-65 (d))。

(4) 在 H 面投影中任选取一对重影点III、IV，由重影点的上下位置关系，判断 H 面投影的可见性(见图 2-65 (d))。

方法二 (1) 作水平面 Q，分别求其与边线 AC、BC、DF、EF 的交线后，求得三个平面(水平面 Q、平面 ABC 与平面 DEF)的公共点 M。

(2) 作水平面 T，求得三个平面(水平面 T、平面 ABC 与平面 DEF)的另一个公共点 N。

(3) 连接求出的两个公共点，在平面 ABC 与平面 DEF 投影的重叠部分取交线的投影。

(4) 参照图 2-65(d)，分别选取两对重影点，判断两投影中可见性的作图过程，完成作图(作图过程省略)。

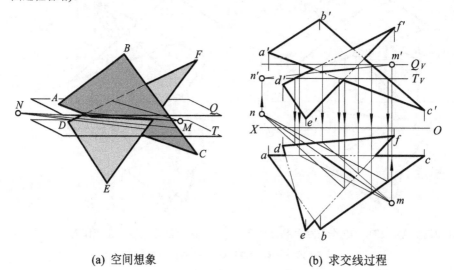

(a) 空间想象　　　　　　　　(b) 求交线过程

图 2-66　例 2-23 图(方法二)

2.7.3   直线与平面、平面与平面垂直

直线与平面垂直的几何条件是：直线垂直于平面上的任意两条相交直线(见图 2-67(a))。

两平面垂直的几何条件是：一平面上的一条直线垂直于另一平面(实际上是直线与平面的垂直关系)(见图 2-67 (b))。

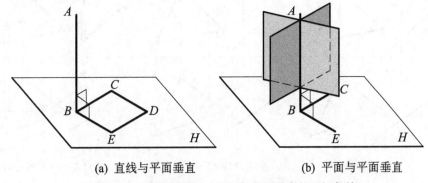

(a) 直线与平面垂直   (b) 平面与平面垂直

图 2-67   直线与平面、平面与平面垂直的几何条件

垂直关系的作图是以直角投影原理为基础的。当直线处于特殊位置时，与它垂直的平面也必处于特殊位置，它们的垂直关系在投影图上能直接得到反映。如与铅垂线垂直的平面为水平面(见图 2-68(a))，与水平线垂直的平面为铅垂面等。当平面处于特殊位置时，该平面的垂线也处于特殊位置，包含平面的垂线所作的平面可有不同的空间位置，如与铅垂面垂直的平面有三种位置：一般位置平面、铅垂面、水平面，如图 2-68(b)、(c)、(d)所示。

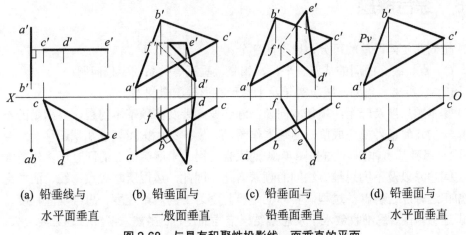

| (a) 铅垂线与
水平面垂直 | (b) 铅垂面与
一般面垂直 | (c) 铅垂面与
铅垂面垂直 | (d) 铅垂面与
水平面垂直 |

图 2-68   与具有积聚性投影线、面垂直的平面

　　当直线和平面或两平面均处于一般位置时，它们的垂直关系在投影图上能直接得到反映，无论是判断垂直与否还是解决几何问题的作图，都必须从它们垂直的几何条件出发并遵循投影规律来完成图示和图解的问题。

　　例 2-24　过点 D 作平面平行于直线 EF 并垂直于平面△ABC（见图 2-69）。

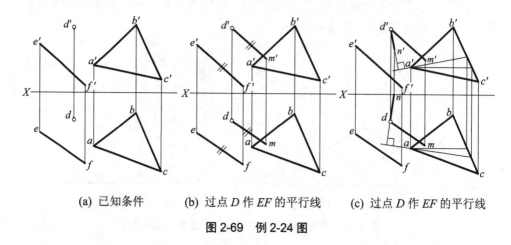

| (a) 已知条件 | (b) 过点 D 作 EF 的平行线 | (c) 过点 D 作 EF 的平行线 |

图 2-69　例 2-24 图

　　分析　过点 D 可作两相交直线表示一平面。

　　作图　（1）过点 D 作任意长度直线 DM∥EF；

　　（2）作出△ABC 平面上水平线和正平线的两面投影；

　　（3）过点 D 在作任意长度直线 DN⊥△ABC 平面上的水平线和正平线，DN 与 DM 所表示的平面即为所求平面。

2.8　综合解题

　　空间几何问题总的可分为以下两部分：

　　（1）点、线、面间的从属、平行、相交、垂直等关系的定位问题；

　　（2）求距离、角度、线段实长及平面形实形等度量问题。

　　基本题只涉及一至两项基本问题，综合题则涉及多项基本问题，要满足的不是单一的几何条件或完成单一的基本作图，而需要多种概念(要求知识迁移及综合运用)及多种基本作图方法(作图步骤)的联合运用。求解综合题的同时还伴随着大量空间想象以及不同思维方法间的频繁变化。因此，运用所掌握点、线、面概念的知识进行综合解题的过程，实际上是检验学习者的思维速度、思维发散程度、知识迁移范围、思维收敛水平及思维结果描述的过程。虽然求解综合题难度较大，但求解综合题的训练是培养学习者创造性思维①的行之有效的方法之一。

求解综合题的思维过程中将用到多种思维方法，如分析综合法、发散思维法、迁移思维法、收敛思维法等，一般要经过以下过程。

(1) 投影分析　根据题目要求及给定的已知投影，了解已知几何元素的空间位置和相互关系，明确已知条件和求解问题。

(2) 空间分析　运用发散思维法，将问题引向空间，分析已知元素和所求元素间的空间几何关系，进行空间思维；分析已知和所求问题之间的联系。

(3) 确定解题方法、步骤　应用迁移思维法，结合所掌握的图学知识，思考要解决问题应满足的若干几何条件中所需的知识点，运用收敛思维法，拟出大致的解题思路和方法步骤，而每一步骤应能够在投影图上实现。若有多种解法，应相互比较，然后确定最佳解题方案与步骤。

(4) 投影作图　利用空间状态与平面投影的对应关系，将所设计的解题路径和结果在各面投影图中描述和表现出来。

求解综合题通常有两种方法：①在 V/H 投影体系中直接解题；②应用投影变换间接解题。比较两种解题方法，在 V/H 投影体系中直接解题的难度更大，因需迁移的知识量大面广，要求思维活跃、思路宽广，因此，采用这种方法解题不仅能检验解题者的思维发散与收敛的水平(或思维的僵化程度)，还能有效地激发潜思维，提高思维的流畅性、广阔性、深刻性、独创性、灵活性、敏捷性、逻辑性等(参见 1.4 节)，而应用投影变换方法解题，只需将相关几何元素相对投影面处于什么位置最有利解题的状态设计出来，就可按投影作图的规则进行解题，思维过程相对简单。因此，在思维能力训练环节求解综合题的过程中，我们推荐多采用在 V/H 投影体系中直接解题以增加思维能力训练的力度。

【分析综合法思维原理与提示】

分析就是在思维过程中把对象的整体分解为各个部分、要素、环节、阶段，并加以考察、研究。通过分析，我们可以从不同的方面、不同的特征来认识事物。例如，对一株植物，我们可以把它分解为根、茎、叶、花来加以考察；对一篇文章，我们可以把它分解为字、词、句、段来加以研究；对一套体操，我们可以把它分解为各个动作来加以学习；对一个人，我们可以从立场观点、文化水平、业务能力、工作态度，身体素质等方面加以认识；对一个综合问题，我们可以把它分解为若干个基本问题来考虑。

---

① 创造性思维是思维的高级活动，是人们在已有的知识和经验的基础上，从某些事实中寻求新关系，找出新答案，创出新成果的思维过程。创造性思维的广度、深度、速度以及成功的程度，在很大程度上取决于思维的方式。因此开发发散思维，精练收敛思维，是培养创造性思维的重要途径。

综合就是在思维过程中把对象的各个方面、要素、环节、阶段有机地结合成一个整体。例如，把事物发展的这一阶段和那一阶段综合为完整的过程来加以认识，把文学作品的各个场面综合为完整的情节来加以理解，把一台机器的各个零件综合为完整的结构和运转程序来加以考察，等等。

分析对事物的分解，并不是机械地割裂事物，而是要通过对事物的分解来分别进行研究，进而从事物的诸方面去抓住事物的本质。运用分析法必须首先了解事物各部分和因素，即把事物总体分割开来，在思维中把被认识的方面抽出来，撇开其他方面孤立地进行考察和研究。

综合是从分析结束的地方开始的。但综合绝不是任意地把各种要素拉扯在一起组成一个整体事物，而是正确地把握对象的固有联系，按照事物的原有面目去进行思维连接的思维方法。

分析和综合是相互补充、相互验证的。在认识活动中，分析和综合各自只能完成其中的一部分任务，必须彼此补充，才能完成整个认识活动。

【发散思维法思维原理与提示】

发散思维法指大脑在思维时呈现的一种扩散状态的思维模式，是对同一个问题，从不同的方向、不同的方面进行思考，从而寻找解决问题的正确答案的思维方法。具有这种思维模式的人在考虑问题时一般会比较灵活，能够从多个角度或多个层次去看问题和寻求解决问题的方法。

在学习和科学研究中，运用发散思维方法，有助于拓宽思维范围，发展创造性思维能力。因为，思维只有广泛发散，才能摆脱习惯思维的束缚，找到开拓前进的新途径和解决问题的新方法，从已知导致未知，发现新事物，创造新理论。

【收敛思维法思维原理与提示】

收敛思维法即以已有的若干事实或命题为起点，把问题所提供的各种信息聚合起来，遵循传统逻辑形式，沿着单一或归一的方向进行推导，集向某一中心点，找到合意答案或最好答案的思维。这种思维方式能帮助我们从平时纷繁复杂的思维现象中去粗取精、去伪存真、提纲挈领、收拢梳理，可以使思维逐步清晰，慢慢理顺，本质渐次显露，最终在一点上取得突破。

收敛思维就是把遐想于千里之外的各路思维牵引回来，向某一思维点发起思维攻势。这种思维方式是多侧面、多角度的，会有若干联想产生，这便是发散；当读完陈述，明白了题意与需填内容的性质或形式，这便是收敛；接着，我们就思考着几个可能的答案，这又是发散；而后，我们就一个一个地加以检验，放弃不合要求的设想，选出其中最合适的答案，这又是收敛。在学习和创造活动中，只有善于把这两种思维方法密切结合起来，才能获得最佳效果。

收敛思维是与发散思维相对的一种思维方式，如果说发散思维呈一种由点到面的扩散式思维形态，那么收敛思维就呈一种由面到点的内聚式思维形态。收敛思维能力强的人一般具有较强的洞察力，看问题比较深刻，善于推理分析，思维严谨周密。

在日常思维中，发散思维和收敛思维经常是交叉并存的。要创新，要提高学习效率，就要同时或先后运用发散思维与收敛思维。要培养创造力，也要从这两方面的训练或练习着手。

【迁移思维法思维原理与提示】

迁移思维法是将已学得的知识、技能或态度等，对学习新知识、技能施加影响的思维方法。

我们常说的"举一反三"、"触类旁通"、"由此以知彼"，都是在学习过程中运用迁移法的生动体现。这种方法所施加的影响可能是积极的，也可能是消极的。积极的迁移又称正迁移，它对学习具有促进作用，学习者必须充分运用这种迁移。

【倒逆式思维法思维原理与提示】

倒逆式思维法指大胆、积极地把自己的思路引向倒转、反逆的轨道，作打破惯例、超越常规的探索，从而获得创新和发现的思维方法。

倒逆式思维要求做到以下两点。第一，要激发和保持自己的好奇心。好奇心是一个人兴趣爱好的基石，是任何一个成功者的基本素质。好奇心的升华，就成为研究问题的强烈愿望；而这种强烈的愿望正是发明创造的动力要素。没有好奇心，也就不会倒逆思维。第二，要注意把握它的限度。我们推崇"倒逆思维"，但并不能任何时间、任何地方和任何问题，倒逆得越厉害越好，任何东西都有度的规定性，无视度的存在，就势必走向反面。将人的精子和卵子置于试管内，使之结合而形成胚胎，这种设想是创见；若将人的精子和卵子置于牛的体内，这种设想就荒谬了。因此，我们科学地运用这种思维方法，要既能倒进，也能倒出；既能逆上，也能逆下。

求解几何综合题常用到轨迹法和逆推法。

轨迹法是当求解需同时满足几个条件时，将综合要求分解成若干个简单的问题，先找出满足一个条件的求解范围，它往往形成一定的轨迹(如直线、平面、甚至某一曲面如球面等)，然后逐个求出满足其他条件的轨迹，多个条件则形成多个轨迹，这些轨迹相交即为所求。

在运用轨迹法时，注意体会发散思维方法的作用，即在不受现有知识的束缚和已有经验的影响下，力求突破各种思维定式的障碍，并从各个不同甚至是不合常规的角度去思考问题，这样将得到意料不到的思维效果。

逆推法是运用逆向思维方法从解出发，一步步推向已知条件，找出解与已知条件之间的联系，从而找到解题的途径。

在运用逆推法时，可运用倒逆式思维方法。对有些难题往往从结论出发，倒转来推导到已知条件，反而容易解决。

例 2-25　过点 A 作一直线，使它与已知线 BC、DE 均相交(见图 2-70)。

投影分析　过一点作直线与两条一般位置的交叉直线相交，如图 2-70(a)所示。

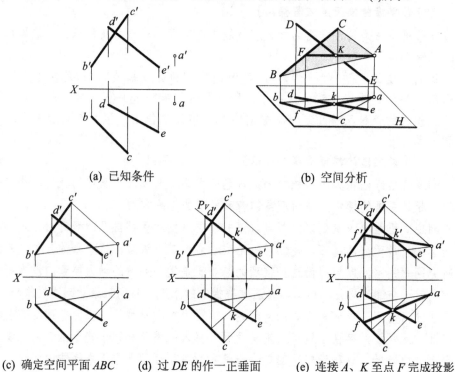

(a) 已知条件　　　　　　　　(b) 空间分析

(c) 确定空间平面 ABC　　(d) 过 DE 的作一正垂面　　(e) 连接 A、K 至点 F 完成投影
　　　　　　　　　　　　　并求与平面 ABC 的交点

图 2-70　例 2-25 图

空间分析　先满足与其中一条直线相交，如过点 A 与其中一条线 BC 相交，将有无穷多个解，形成一轨迹平面，即过点 A 所作的这条线在 ABC 平面上；再满足与另一条直线 DE 相交。只需求出直线 DE 与平面 ABC 的交点 K，则可在该平面上作出所求直线 AK，如图 2-70(b)所示。

确定解题方法步骤　确定轨迹平面则要应用几何元素平面的表示方法——一直线和线外一点或平面多边形，求解一般直线与一般平面相交则应利用辅助平面法。本题作图的关键是求出直线 DE 与平面 ABC 的交点 K。

投影作图　如图 2-70(c)、(d)、(e)所示。

例 2-26　求点 A 到直线 BC 间距离的投影及实长(见图 2-71)。

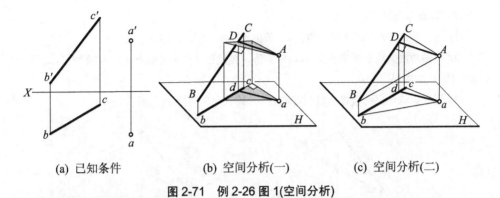

(a) 已知条件   (b) 空间分析(一)   (c) 空间分析(二)

图 2-71　例 2-26 图 1(空间分析)

投影分析、空间分析　过一点作直线与一般位置直线垂直相交,并求其实长。由于两垂直相交直线均为一般位置,所以在各投影中并不能直接反映它们的垂直关系。

若仅要求满足过点 A 作直线与直线 BC 垂直,则满足这种条件的所有直线均在一个与直线 BC 垂直的平面上,而要满足过点 A 作直线与直线 BC 垂直且相交,则该直线仅一条且在包含点 A 并垂直于直线 BC 的平面上。

解题方案一　将满足过点 A 作与直线 BC 垂直条件的轨迹平面作出,然后求该轨迹平面与 BC 的交点 D,即可进一步求垂直相交线 AD 的实长,如图 2-71(b)所示。

解题方案二　由平面的表达方式可转换的特点,直线 BC 与它垂直直线所确定的平面可由点 A 与直线 BC 来表示,因此只要将平面 ABC 的实形求出即可得解,如图 2-71(c)所示。

方案一投影作图(见图 2-72)

(1) 为反映垂直关系,过点 A 所作的平面为两条相交的投影面平行线(见图 2-72(a));

(2) 用辅助平面法求该平面(一般面)与 BC(一般线)的交点 D,得距离 AD 的投影(见图 2-72(b));

(3) 用直角三角形法求该距离的实长(见图 2-72(c))。

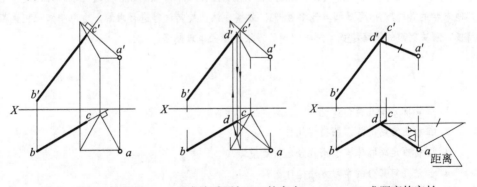

(a) 过点 A 作 BC 的垂面　　(b) 求该垂面与 BC 的交点　　(c) 求距离的实长

图 2-72　例 2-26 图 2(解题方案一)

方案二 投影作图(见图 2-73)

(1) 用直角三角形法求平面 ABC 每一条边线的实长(见图 2-73(a))；

(2) 由每边线的实长拼成平面 ABC 的实形，直接在实形上量取点 A 到直线 BC 间距离 AD 的实长(见图 2-73(b)、(c))；

(3) 用分比法作出垂直相交线的垂足 D——距离 AD 的投影(见图 2-73(d))。

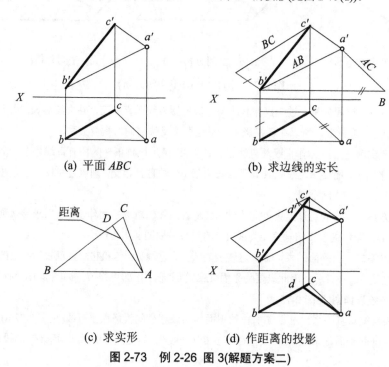

(a) 平面 ABC　　　　(b) 求边线的实长

(c) 求实形　　　　(d) 作距离的投影

图 2-73　例 2-26　图 3(解题方案二)

讨论 本题可一题多解，除可应用所积累的图学知识——点、线、面进行求解外，还可用其他未学的各种方法(可参阅其他参考书)，如换面法、旋转法等进行求解，这说明知识积累得越多，解决问题的思路越宽，解决问题的方法、途径也就越多。

思 考 题

1. 投影法分哪几类？
2. 工程上常用的投影图有哪几种？
3. 国标规定将物体置于第几分角进行投影？
4. 画法几何部分的学习方法是什么？
5. 制图基础部分的学习方法是什么？
6. 工程制图部分的学习方法是什么？

7. 工程中常用哪几种图示方法?

8. 为什么多面正投影法为绘制工程图样的主要方法?

9. 点的一个投影能否确定该点在空间的位置? 为什么?

10. 为什么点的一个投影不能确定该点在空间的位置? 需要几个投影才能确定?

11. 想象点的 H 面投影反映空间点相对哪个投影面的距离。它具有什么坐标、反映哪些方位? 自行判断 V、W 面的投影。

12. 当一点的 X 坐标为零, 其他坐标不为零时, 该点在空间什么位置?

13. 已知 A、B 两点与 V、H 面的距离相等, A 比 B 距 W 面更近, 这两点在空间有什么特点?

14. 当已知一点的 V、H 面投影, 在无轴投影中能否唯一确定该点的 W 面投影?

15. 试从日常生活中举例哪些事例是降维法、升维法的应用。

16. 从历史上一些发明创造, 如爱迪生发明留声机、法拉第发明发电机中, 感受逆向思维法在学习、科学研究过程中的作用。

17. 试述投影面平行线、投影面垂直线的投影特性。观察周围事物中的特殊位置直线。

18. 能否只从两个投影图求一段线的实长及对各投影面的倾角 α、β、γ? 如何求得?

19. 点和直线的相对位置有几种?

20. 你能用哪几种方法判断图中的点是否在直线上?

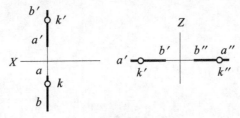

题 20 图

21. 平面的表达方式有哪几种? 它们之间如何转化? 能表示平面形状大小的是哪一种?

22. 试分析垂直面和平行面投影特性的相同和不同之处。

23. 用平面的概念判断图中两直线的空间位置。

24. 如何求图中平面图形的实形? 如何求对各投影面的倾角 α、β、γ?

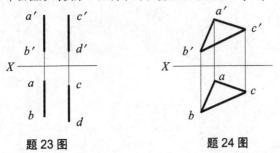

题 23 图   题 24 图

25. 试述直线与平面、两平面平行、垂直的几何条件。

26. 当两个几何元素中有一个处于垂直位置时，如何判断其平行关系和垂直关系？自行设计题目并回答。

27. 求交点、交线有几种方法？如何判断其可见性？

28. 从古代"三十六计"之一的"连环计"了解人与人、人与事物之间相互制约、相互作用的关系，试运用现有的知识和经验举例说明求一空间点到一空间平面(空间位置自己设定)的距离及投影的方法。

3 基本体及其截切

本 章 要 点

● **图学知识** 将从立体中抽象出来的基本几何元素——点、线、面返回于立体，应用投影规
律，研究立体及被切割立体在投影面上的表达。

● **思维能力** 注意观察常见的基本立体，由立体的各面投影，运用升维法想象立体的空间形状，
并根据投影规律，运用降维法在平面图中作出立体上相应点、线、面的投影。

● **教学提示** 注意强调三维立体与二维平面之间的相互联系。

工程形体可以看做是由基本立体的组合或截切而成的，如图 3-1 所示为球阀
及其组成。

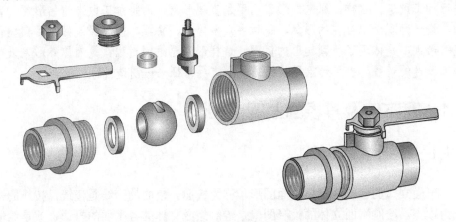

图 3-1　球阀及其组成

常见的基本立体分为平面立体和曲面立体两大类，如图 3-2 所示。

平面立体是由若干平面多边形围成的实体，如棱柱、棱锥等；曲面立体是由
曲面和平面或全部由曲面围成的实体，如圆柱、圆锥、圆球、圆环等。

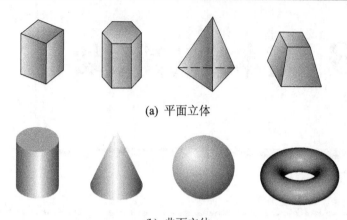

(a) 平面立体

(b) 曲面立体

图3-2　基本立体

本章开始将对学习者的形象思维方式进行训练，形象思维是人们借助形象来思考的一种思维形式。形象思维主要发生在显意识，也有潜意识参与，因此，它比抽象思维复杂，是面型的、二维的。形象思维的酝酿及其发生过程是多种因素相互关联、相互影响、相互作用的结果。

【形象思维法思维原理】

形象思维是依靠形象来进行思维活动的一种思维形式，因此，形象性是它的主要特征。在思维过程中，根据思维目的的要求对一些储存在记忆中的形象材料进行加工改造，这样，原来的形象已不是直观形象，而是加工改造过的形象。譬如，设计师观念中存在的形象，是过去众多楼房、桥梁、园林经过筛选后典型化了的形象，是体现了新颖构思的蓝图。这样形象思维的过程，是对原始形象进行加工改造的过程，也是形象思维的另一个重要特征——创造性。

3.1　基本体及其表面上的点和线

3.1.1　平面立体

平面立体的各表面都是平面图形，称为棱面。棱面的交线是棱线，棱线的交点为顶点。绘制平面立体的投影图就是绘制组成立体的各平面的投影，或是绘制各棱线和顶点的投影，并判断其可见性，可见的平面或棱线的投影(统称为轮廓线)画成粗实线，把不可见的轮廓线画成细虚线。

【形象思维法思维提示】

形象思维过程有五个环节：形象感受，形象储存，形象判断，形象创造，形

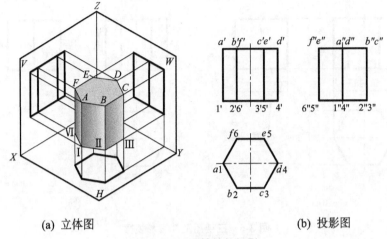

(a) 立体图   (b) 投影图

图 3-3 正六棱柱的投影

象描述。在本章的学习中应多注意形象感受和形象储存的思维训练过程。

3.1.1.1 棱柱

当棱柱体的底面为多边形，棱线垂直于底面时称为正棱柱体，具体名称以底面的形状而命名，例如底面为正三角形、正四边形、正五边形……正 n 边形的，分别称为正三棱柱、正四棱柱、正五棱柱……正 n 棱柱。

1. 空间分析

图 3-3(a)所示是一个正六棱柱，它由 8 个多边形(6 个矩形棱面和上、下正六边形底面)、18 条直线(6 条棱线和上、下底面各 6 条边)、12 个顶点(A、B、C、D、E、F、Ⅰ、Ⅱ、Ⅲ、Ⅳ、Ⅴ、Ⅵ)组成。

2. 画投影图

如图 3-3(a)所示，将正六棱柱置于三面投影体系中，使正六棱柱的顶、底面平行于 H 面，前、后棱面平行于 V 面，然后分别向三个投影面投射，三个投影面展开后，得到正六棱柱的投影图，如图 3-3(b)所示。顶面和底面为水平面，H 面投影反映实形(正六边形)，V 面和 W 面投影积聚成平行于 X、Y 轴的直线；前、后棱面为正平面，V 面投影反映实形(矩形)，H 面和 W 面投影积聚成平行于 X、Z 轴的直线；其余 4 个侧棱面均为铅垂面，H 面投影积聚成斜直线，V 面和 W 面投影均为类似形(四边形)。

3. 画正六棱柱投影图的步骤

(1) 画投影图的中心线或对称中心线；

(2) 画反映底面实形的投影(本例中为 H 面投影)；

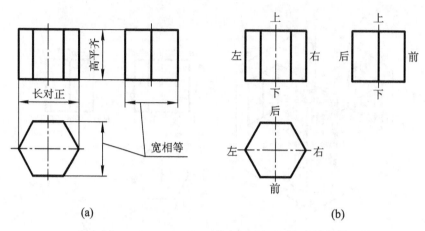

(a)　　　　　　　　　　　　　　　(b)

图 3-4　三视图及其投影规律

(3) 画其余两投影；

(4) 检查和整理图面后，将轮廓线加深。

3. 正棱柱体的投影特性

当棱柱底面平行于某一投影面(如 H 面)时，在该面上的投影反映顶、底面的实形(正多边形)，其他两投影(如 V、W 面上)反映一个或几个相邻的矩形线框。

4. 投影规律

三个投影图位置及相互间的投影规律见图 3-4(a)、(b)。

注　本章开始均为无轴投影。

3.1.1.2　棱锥

棱锥是由一个多边形底面和若干个共顶点的三角形棱面所围成的。如果棱锥的底面是一个正多边形，而且顶点与正多边形底面的中心的连线垂直于该底面，这样的棱锥就称为正棱锥，具体名称以底面的形状而命名，例如底面为正三角形、正四边形、正五边形……正 n 边形的，分别称为正三棱锥、正四棱锥、正五棱锥……正 n 棱锥。

1. 空间分析

图 3-5(a)所示为一正三棱锥，它由 4 个多边形(3 个等腰三角形棱面和正三角形底面)、6 条直线(3 条棱线和底面 3 条边)、4 个顶点(S、A、B、C)组成。

2. 画投影图

三棱锥的底面平行于 H 面，底面的 H 面投影△abc 反映△ABC 的实形，作图时，应先画出三棱锥的 H 面投影图，再按投影关系画出 V 面和 W 面投影图。

应注意的是，三棱锥的 W 面投影不是等腰三角形，$s''b''$ 和 $s''c''$ 及 $s''a''$ 的宽度

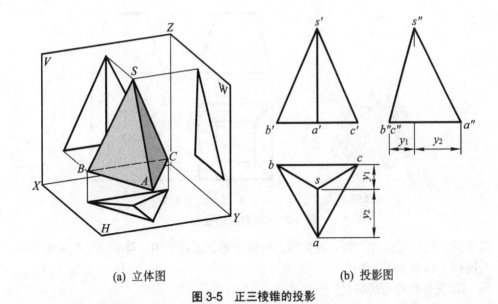

(a) 立体图   (b) 投影图

图 3-5　正三棱锥的投影

y_1 和 y_2 应与 H 投影中 sb 和 sc 及 sa 的宽度对应相等。

3. 正棱锥体的投影特性

当棱锥的底面平行于某一投影面(如 H 面)时，在该面上的投影反映底面的实形(多边形)和所有侧棱面类似形的投影(相连的几个三角形)，另外两个投影反映底面的积聚性投影和一个或几个相邻侧棱面的类似形。

3.1.1.3　棱台

棱锥的顶部被平行于底面的平面切割后形成棱台。棱台的两个底面为相互平行的相似的平面图形。所有的棱线延长后仍应交汇于一公共顶点即锥顶。

1. 空间分析

图 3-6 所示是一个正四棱台，它由 6 个多边形(4 个梯形棱面和上、下正方形底面)、12 条直线(4 条棱线和上、下底面各 4 条边)、8 个顶点组成。

2. 画投影图

由上、下底面和各棱面与投影面的相对位置可知：上、下底面为水平面，因而 H 面投影反映实形(两个大小不等但相似的矩形)，V 面与 W 面投影积聚为上、下两条水平直线；左、右棱面为正垂面，根据投影面垂直面的投影特性可知，其 V 面投影积聚为左、右两条直线段，H 面投影呈左、右两对称的梯形，由于左右对称，其 W 面投影呈等腰梯形(左右重合在一起)；前、后棱面为侧垂面，同理，在 W 面的投影积聚为前、后两条直线段，H 面与 V 面投影呈等腰梯形(V 面投影

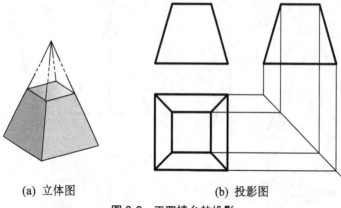

(a) 立体图　　　　　　　　　　(b) 投影图

图 3-6　正四棱台的投影

前后重合在一起)。作图时，应先画出四棱台的 V 面投影图，再按投影关系画出 H 面投影图和 W 面投影图。

3. 正棱台的投影特性

当正棱台的底面平行于某一投影面时，在该投影面上的投影反映顶、底面的实形(两个相似的正多边形)和所有侧棱面的类似形(均为等腰梯形)，其他两面投影反映一个或几个相邻的梯形，各棱延长线必交于一点。

3.1.1.4　平面立体表面上的点和直线

根据立体表面上的点的一个投影作出其在立体其他投影面上的投影，不但可进一步熟悉和掌握立体的投影，而且在今后解决有关立体问题时经常要用到此类作图过程。在这部分内容的学习中，应注意采用升维法、迁移思维法来思考和解决问题。

【迁移思维法思维提示】

在学习中做到"举一反三"、"触类旁通"、"由此以知彼"，是突破性的飞跃，可为以后创新性的工作打下良好的基础。要求将第 2 章所学知识，在平面上取点和直线的原理和方法，灵活地运用到下面的学习中。

在平面立体表面上取点和直线，其原理和方法与在平面上取点和直线相同。平面立体表面上的点和直线的可见性取决于点和直线所在棱面的可见性，即凡位于可见棱面上的点和直线都是可见的，而位于不可见棱面上的点和直线都是不可见的。

平面立体表面上的点和直线的求作方法有以下两种。

1. 积聚性法

当点、直线所在的表面为特殊位置平面时，可运用积聚性投影作图。

　　例 3-1　已知正三棱柱表面上的点 A 及直线 BC、CD 的 V 面投影 a'、$b'c'$、$c'd'$(见图 3-7(a))，求作它们的其余两投影。

　　分析　由 V 面投影 a'、$b'c'$、$c'd'$ 的可见性和位置可知，点 A 在右棱面上，直线 BC、CD 分别在左前、右前棱面上，点 C 在最前棱线上。左、右棱面为铅垂面，H 面投影有积聚性，因此可利用水平面的积聚性投影作图。

　　作图　如图 3-7(b)所示，过 a'、$b'c'$、$c'd'$ 向水平面作投影线，投影线与棱面的积聚投影交得 a、b、d，点 c 在最前棱线的积聚投影上。bc、cd 与相应棱面的 H 面投影重合。

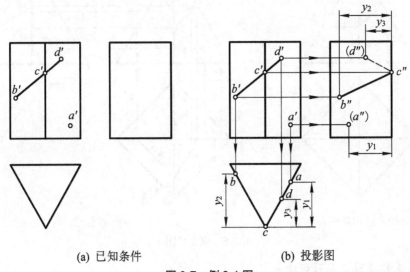

(a) 已知条件　　　　　　　　　　　(b) 投影图

图 3-7　例 3-1 图

　　由点 A、B、C、D 的 V、H 两面投影求得 W 面投影 a''、b''、c''、d''。W 面投影可用量取 H 面投影中对应宽度 y 的方法确定。

　　判断可见性：由于点 A、线 CD 在右侧棱面上，其 W 面投影不可见，因此 a''、d'' 加括号，$c''d''$ 用虚线表示；BC 在左侧棱面上，其 W 面投影可见，$b''c''$ 用粗实线表示。

2. 辅助直线法

　　当点和直线所在表面是一般位置平面时，三面投影都无积聚性，则需在平面内过点(如直线端点)作辅助直线确定该点的投影。此辅助直线可以是过点且位于点所在棱面上的任何直线。

　　例 3-2　已知四棱锥表面上的点 D 及直线 AB、BC 的 V 面投影 (d')、$a'b'$、$b'c'$(见图 3-8(a))，求作它们的另两面投影。

　　分析　根据 $a'b'$、$b'c'$、(d') 的可见性及位置可知：AB、BC 在四棱锥的前面左、右两侧棱面上，点 D 在左后侧棱面上。由于 BC 平行于底边，所以它们的各同面投影必相互平行。由于四棱锥的四个棱面都是一般位置平面，所以要利用辅助直线来解题。辅助直线怎样作合适(应用发散思维法)？请读者考虑。

　　作图　如图 3-8(b)所示，过 c' 向水平面作投影线与右侧棱线的 H 面投影相交得 c，过 c 作直线与底边的 H 面投影平行得 bc，运用投影规律，作出 BC 的 W 面投影 $b''c''$，点 C 的 W 面投影不可见，故 c'' 应加括号。

　　点 D 和直线 AB 的 H 面和 W 面投影作图与可见性判断，请读者完成。

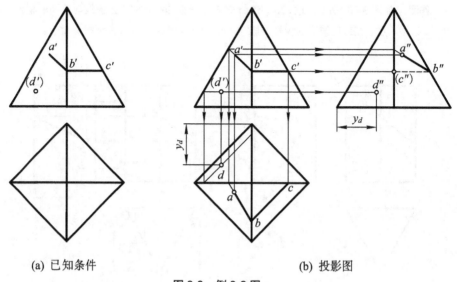

　　　　　(a) 已知条件　　　　　　　　　　　　　　　　(b) 投影图

图 3-8　例 3-2 图

【**发散思维法思维提示**】

　　发散思维的特点是：灵敏，迅速，思路广阔，能随机应变，举一反三，触类旁通。能使人摆脱旧的联系，克服"心理定式"的消极影响，用前所未有的新角度去洞察事物，导致新的发现。在学习和科学研究中运用发散思维法，有助于拓宽思维范围，发展创造性思维能力。因为，思维只有广泛发散，才能摆脱习惯思维的束缚，找到开拓前进的新途径和解决问题的新方法，从已知导致未知，发现新事物，创造新理论。发散思维法的主要功能，在于使人的认识不落窠臼，敢于求异，思考问题时能不拘一格，多方设想，不断求新。思维如果欠缺发散性，就不可能为解决问题提出大量供考虑与选择的新线索，从而也就减少了创新的可能性。所以，一个人能否进行发散思维，能否冲破阻碍发散思维的外部束缚或内部定式，是能否发挥与显示创造力的一个重要环节。

3.1.2　曲面立体

　　常见的基本曲面立体有圆柱、圆锥、圆球等，它们的表面是光滑曲面，不像平面体那样有明显的棱线。所以在画图(降维)和看图(升维)时,要抓住曲面的特殊本质,即曲面的形成规律和曲面轮廓的投影。

根据对曲面立体的形成及投影分析,在表 3-1 中列出了常见基本曲面立体的形成、立体投影图、三视图及其投影特性。

图3-9 所示是工程上常见的几种不完整的曲面体,应该熟悉它们。

表 3-1 常见曲面立体的三视图及其投影特性

形　成	立体图	三视图	投影特性
圆柱 圆柱体由圆柱面和上、下底面(平面)围成。圆柱面可看成是由直母线 AA_1 绕与其平行的轴线 OO_1 旋转而成的。母线的任一位置称为圆柱面的素线			(1)在与顶、底面所平行的投影面上(如 H 面)的投影是圆,其圆周是圆柱面的投影,具有积聚性; (2)在另外两个投影面上的投影(V、W 面)是完全相同的矩形线框,上、下边线是圆柱顶、底面的积聚投影,左、右、前、后边线是圆柱面的最左、最右、最前、最后素线的投影,亦成为圆柱各面投影的轮廓线
圆锥 圆锥体由圆锥面和底面(平面)围成。圆锥面可看成是由直母线 SA 绕与其相交的轴线 OO_1 旋转而成的。母线的任一位置称为圆锥面的素线			(1)由于圆锥面上的全部素线都与轴线相交,故圆锥面的三个投影都没有积聚性; (2)轴线垂直于 H 面的圆锥,其水平投影为圆,反映圆锥底面的实形; (3)圆锥的正面和侧面投影是大小相同的等腰三角形
圆球 圆球体是由球面围成。球面亦可看成是由半圆周母线绕其直径(轴线 OO_1)旋转而成的。母线的任一位置称为圆球面的素线			(1)圆球的各个投影都没有积聚性,三面投影均为直径相同的圆,圆的直径等于圆球的直径; (2)圆球的三面投影分别是球面上三条轮廓素线(或称转向轮廓线)的投影,也就是球面上平行于相应投影面的最大圆(前后、上下、左右半球面的分界线)的投影

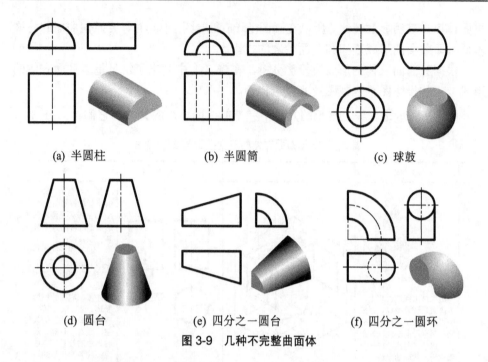

(a) 半圆柱　　　　　　　(b) 半圆筒　　　　　　　(c) 球鼓

(d) 圆台　　　　　　(e) 四分之一圆台　　　　　(f) 四分之一圆环

图 3-9　几种不完整曲面体

3.1.2.1　圆柱表面上点的投影

例 3-3　已知圆柱体上点 A 的 V 面投影 a'、点 B 的 H 面投影 b、点 C 的 W 面投影(c")(见图 3-10(a))，求作它们的另两面投影。

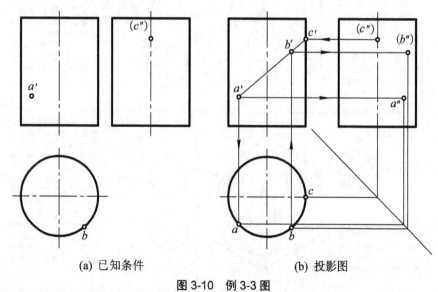

(a) 已知条件　　　　　　　(b) 投影图

图 3-10　例 3-3 图

分析和作图 点 *A*、*B*、*C* 均在圆柱面上(点 *C* 在圆柱面的最右素线上),点 *A* 和点 *C* 的 *H* 面投影必定在圆柱面 *H* 面投影的圆周上;由于点 *B* 在圆柱面上的一条素线上,点 *B* 的空间位置并未确定,此题只要求作出在连线 *a'c'* 上的点 *b'*,于是它的 *V* 面投影是唯一的。再根据 *V* 面投影和 *H* 面投影作出点 *A* 和 *B* 的 *W* 面投影 *a"*(*b"*)(见图 3-10(b))。由于点 *B* 在右、前圆柱面上,故其 *W* 面投影不可见。

注意 圆柱面上,只有与轴线平行的素线是直线,所以,求作圆柱表面上的点时,应过该点作直素线来解决问题,不可随意画线。

3.1.2.2 圆锥表面上点的投影

例 3-4 已知圆锥面上点 *A* 的 *V* 面投影 *a'*、点 *C* 的 *H* 面投影 *c*(见图 3-11),求作两点的另外两个投影。

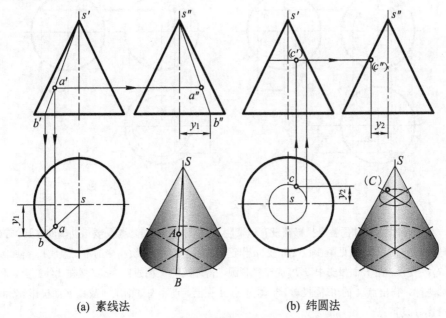

(a) 素线法   (b) 纬圆法

图 3-11 例 3-4 图

分析和作图 点 *A*、*C* 均在圆锥表面上。由于圆锥面的各个投影都没有积聚性,因此必须先在圆锥面上作辅助线,再在辅助线上取点,这与在平面内取点的作图方法是相似的。

为了作图方便,应选取素线或垂直于轴线的纬线圆作为辅助线。

(1) 素线法 过点的已知投影和圆锥顶点连成一条直素线。

如图 3-11(a)所示,在圆锥的 *V* 面投影图中,将 *a'* 和 *s'* 连成直线,并延长至底边交于 *b'*,作出 *SB* 的 *H* 面投影 *sb*,点 *A* 的 *H* 面投影 *a* 必定在线 *sb* 上。根据投影规律,作出 *a"*。由于点 *A* 在左、前圆锥面上,故其 *W* 面投影 *a"* 可见。

(2) 纬圆法　过点的已知投影作一个与圆锥底面平行的圆。

如图 3-11(b)所示，在 H 面投影图中，以锥顶 S 的 H 面投影 s 为圆心，以 sc 为半径作一个纬线圆，画出纬线圆的 V 面投影，即平行于水平面的直线，点 C 的 V 面投影 c 必定在该直线上。根据投影规律，作出 c''。由于点 C 在右、后圆锥面上，其 V 面和 W 面投影均不可见，所以 c'、c''加括号。

注意　纬线圆是曲面上垂直于曲面轴线的圆。

3.1.2.3　圆球面上点的投影

球面的三面投影均无积聚性，在球面上作点，要用纬圆法。

例 3-5　已知球面上点 A 的 H 面投影 a(见图 3-12)，求作点 A 的另外两个投影。

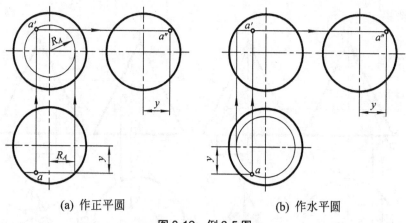

(a) 作正平圆　　　　　　　　(b) 作水平圆

图 3-12　例 3-5 图

分析和作图　球面各个投影都没有积聚性，求作球面上点的投影，要借助辅助纬圆。首先，在球面的 H 面投影中(见图 3-12(a))，过 a 作正平纬圆的 H 面投影(积聚的水平直线)，得纬圆半径 R_A。然后，在 V 面投影中以 R_A 为半径画圆，得纬圆的 V 面投影，a'必然在此纬圆上。利用投影规律，作出点 A 的 W 面投影 a''。由于点 A 在上、前、左球面上，故其 V 面投影 a' 和 W 面投影 a''均可见。

用同样的作图原理和方法，也可在图 3-12(b)中用过点 A 的球面上平行于水平面的水平纬圆求作 a' 和 a''，还可用过点 A 的球面上平行于侧平面的侧平纬圆求作 a' 和 a''。

注意　球面上没有直线，在求作球面上的点时，只能过该点作纬线圆解决问题，切不可随意画线。

3.2　平面与平面立体相交

平面与立体相交，可以设想为平面立体被无限大的平面所截，这个平面称为截平面。截平面与立体表面的交线称为截交线。截交线围成的平面图形称为断面，俗称切口(见图 3-13)。

在工程上常常会遇到立体与平面相交的情形。如图 3-14 所示榫头与榫槽，就是为了使构件紧密结合，使凸的榫头与有凹的榫槽对接，用若干平面去切割棱柱而形成的。

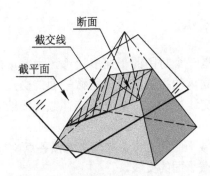

图 3-13　平面体的截交线

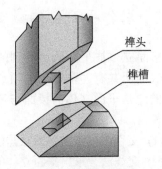

图 3-14　榫头与榫槽

在求作截交线时，除了要继续运用前面所介绍的升维法、降维法，迁移思维法以外，还要注意用想象法来思考和解决问题。

【想象法思维原理与提示】

想象法是一种把概念与形象、具体与抽象、现实与未来、科学与幻想巧妙结合起来的一种独特的思维与研究的方法，它具有鲜明的创造性和新颖性，想象的具体类型主要有三种：再造想象、创造想象和幻想。科学灵感、科学直觉、科学联想、科学想象都是重要的创造性思维方法。

科学想象，就是根据现有的科学知识与事实，发挥高度的抽象与联想能力，超脱现实条件，猜测未知的客观规律，设想未知的变化过程，描绘科学发展与人类征服客观世界的奇妙远景，提出一种为人们所向往的目标与理想。

首先，科学想象具有理想与超现实的特点。它虽然以一定的现实条件与科学知识为根据，但是这种根据毕竟不足以使它在理论上能够立即得到严格的证明，实践上立即实现。它只能作为科学发展的未来目标，人类实践将来实现的理想、蓝图或远景。并且，它只具有将来实现的抽象可能性，不存在即将实现的现实可能性。

科学想象又具有科学性的特点。它是人们从一定的现实条件与科学根据出发产生的想象、联想、猜测与幻想。科学想象虽不是现实的东西，但能借助现有的科学知识，阐明未来与现实之间的联系，阐明在将来转化为现实的各种条件。这种联系和转化，现在看来也许还不是必然的、现实的，但是这种联系与转化的可能性却是存在的。如果一种想象与现实没有任何联系，在现有科学知识中找不到任何根据，那就不是科学想象，而是胡思乱想或空想了。

在学习过程中，可以从平面图形根据基本体的特点及投影规律，想象被截立体的空间形状以及被截以前的基本体形状(原型)，还可以想象基本立体被各种位置的平面被截后的形状。

3.2.1 求作平面立体截交线的方法

平面立体被平面所截得到的截交线是一个封闭的平面多边形，为截平面和立体表面所共有。多边形的顶点是平面立体的棱线或底边与截平面的交点，多边形的边是平面立体的棱面与截平面的交线。因此，求平面立体截交线的方法有两种。

(1) 交点法　作出平面立体的棱线与截平面的交点，并依次连接各点。

(2) 交线法　求出平面立体的棱面与截平面的交线。

在投影图上作出截交线后，还应注意可见性问题。截交线的可见部分应画实线，不可见部分应画虚线。

例 3-6　如图 3-15(a)所示，已知截头正六棱柱的主、俯视图，求作左视图。

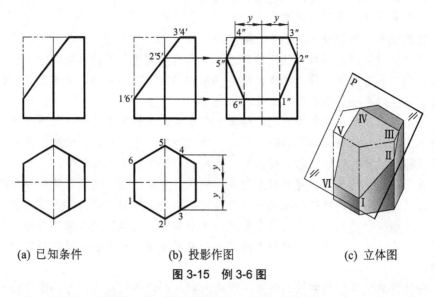

(a) 已知条件　　　　(b) 投影作图　　　　(c) 立体图

图 3-15　例 3-6 图

分析　立体为正六棱柱，被正垂面所截，从 V 面投影中可以看出，棱柱上被截的平面是上顶面和五个棱面，故截交线是一个六边形。六边形的六个顶点就是截平面与六棱柱的四条侧棱及上顶面的两条边的交点(见图 3-15(c))。在主视图中，截交线与正垂面的积聚投影重合(一条直线)。在俯视图中，截平面与五个棱面的截交线的投影与六棱柱的五个棱面的积聚投影重合。

作图 (1) 由六棱柱的主、俯视图，可根据投影规律画出左视图。

(2) 截平面与上顶面交出的一条正垂线ⅢⅣ的 W 面投影 3″4″可利用宽度 y 相等而定出。

(3) 应用直线上点的投影特性，由截交线另外四个顶点的 V 面投影 1′、2′、5′、6′，可以确定它们的 W 面投影 1″、2″、5″、6″，连接 1″、2″、3″、4″、5″、6″成六边形，即为截交线的 W 面投影(见图 3-15(b))。

(4) 在左视图中，分清各侧棱投影的可见性，根据作图要求描清所需要的图线，完成立体的投影作图。

例 3-7 如图 3-16(a)所示，已知被截正四棱锥的主视图，完成俯视图，补作左视图。

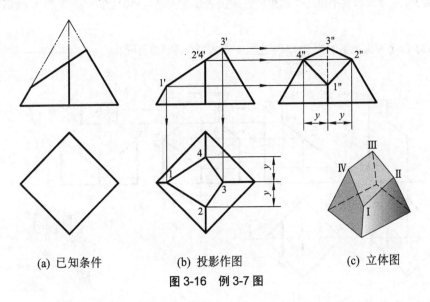

(a) 已知条件   (b) 投影作图   (c) 立体图

图 3-16 例 3-7 图

分析 立体为正四棱锥被正垂面所截，截交线为四边形 ⅠⅡⅢⅣ，四个顶点为截平面与四条棱线的交点(见图 3-16(c))。在主视图中，截交线与正垂面的积聚投影重合(一条直线)，四条棱线的交点就是截交线四个顶点的 V 面投影。截交线的 H 面、W 面投影均为缩小的四边形的类似形。

作图 (1) 由四棱锥的主、俯视图，根据投影规律画出左视图。

(2) 应用直线上点的投影特性，由截交线四个顶点的 V 面投影 1′、2′、3′、4′可以确定它们的 W 面投影 1″、2″、3″、4″，再由截交线四个顶点的 V 面投影和 W 面投影确定其 H 面投影 1、2、3、4。注意 H 面投影中点 2、4 的 y 值应与 W 面投影中 2″、4″的 y 值相等。

(3) 分别连各顶点的 H 面、W 面投影为四边形(见图 3-16(b))。

例3-8　如图3-17(a)所示，已知切口立体的主、俯视图，求作左视图。

分析　立体为正四棱柱被正垂面和侧平面切割，截交线为五边形ⅠⅡⅢⅣⅤ和矩形ⅢⅣⅦⅥ，(见图3-17(c))。截交线的 V 面投影与截平面的积聚投影重合，截交线的 H 面投影与四棱柱棱面的积聚投影以及截平面(侧平面)的积聚投影重合。需求作截交线的 W 面投影。

作图　(1) 由四棱柱的主、俯视图，根据投影规律画出左视图。

(2) 应用直线上点的投影特性，由截交线的 V 面投影和 H 面投影求得 W 面投影。

求作 W 面投影方法一：注意 W 面投影中 $3''$、$4''$ 与 $6''$、$7''$点的 y 值应与 H 面投影中 3、4 的 y 值相等(见图3-17(b)左视图1)。

求作 W 面投影方法二：想象四棱柱被正垂面完全截切，作出完整截交线的 W 面投影 $1''2''a''5''$，正垂面和侧平面的交线ⅢⅣ的 W 面投影 $3''4''$必定在 $1''2''a''5''$上(见图3-17(b)左视图2)。

(3) 根据 H 面投影中各点的顺序连接 W 面投影中各点即为所求。

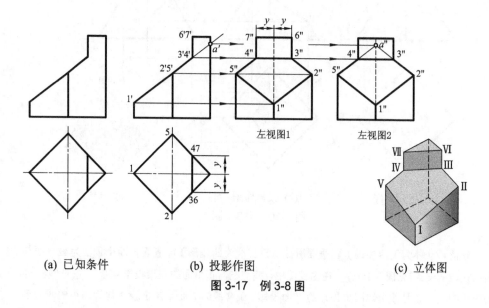

(a) 已知条件　　　　　(b) 投影作图　　　　　(c) 立体图

图3-17　例3-8图

例3-9　如图3-18(a)所示，完成切口正三棱锥的俯视图，补作左视图。

分析和作图　按投影关系，先画出棱锥的左视图(见图3-18(b))。水平截平面 P 平行于底面，所以它与棱锥面的交线是一个与底边平行的△ⅠⅡⅢ，其 V 面投影 $1'2'3'$与 P_V 重合为一段积聚直线，由此可作出其 H 面投影△123 和 W 面投影 $1''2''3''$(积聚直线)。正垂截平面 Q 分别与前、后棱面相交于直线ⅣⅡ、ⅣⅢ，截交线ⅣⅡ、ⅣⅢ的 V 面投影 $4'2'$、$4'3'$与 Q_V 重合。由此可作出其 H 面投影 42、43 和 W 面投影 $4''2''$、$4''3''$。

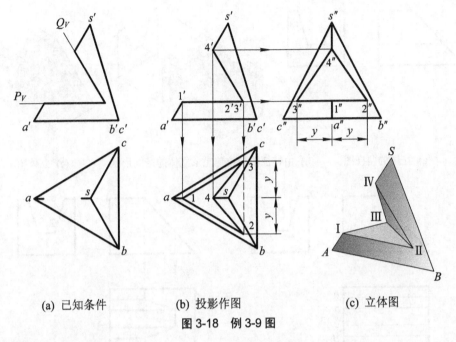

(a) 已知条件　　　　(b) 投影作图　　　　(c) 立体图

图 3-18　例 3-9 图

注意　ⅡⅢ 是两个截平面的交线，其 H 面投影 23 不可见，应画成虚线。形体表面上点的投影规律可根据形体的长、高、宽归结为"长对正、高平齐、宽相等"。

3.2.2　读被平面所截平面立体的投影图

　　人们惯有的认知规律是从实物到图形，而读图则是根据已有的平面图形，把前面所学的知识串联起来，想象出物体的空间形状。在读图的过程中，要充分运用前面所提到的各种思维方法来帮助思考和作图。

　　下面以图 3-19 为例，说明怎样读图思维，想象立体的空间形状，完成该立体的俯视投影图。

　　(1) 已知的两视图是由直线段组成的图线框，因此可以初步设想该立体是平面立体。找出特征视图(左视图)，采取拉伸法想象出该立体的基本形状，如图 3-19(b) 所示。

　　(2) 根据主视图形状，斜切去立体的左边部分，立体形状如图 3-19(c) 所示。

　　(3) 根据投影规律作图，如图 3-19(d)、(e) 就是已完成的立体的三视图。

　　作图过程也是思考创作的过程，不必拘泥于某一种作图方法，作图熟练以后，可直接按投影规律一边作图，一边思考，图形完成以后，立体的形状也就出现在脑子里了。

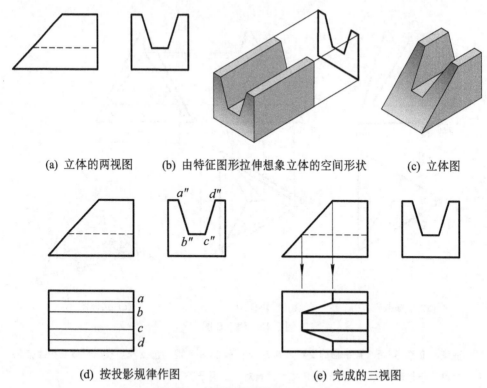

(a) 立体的两视图　　(b) 由特征图形拉伸想象立体的空间形状　　(c) 立体图

(d) 按投影规律作图　　　　　　　(e) 完成的三视图

图 3-19　被平面所截平面立体的读图

3.3　平面与曲面立体相交

　　平面与曲面立体相交所得的截交线，一般情况下是平面曲线或平面曲线和直线所组成的封闭图形，特殊情况下是平面多边形(见图 3-20 和图 3-21)。曲面体截交线上的每一点都是截平面与曲面体表面的共有点。求出截交线上足够的共有点

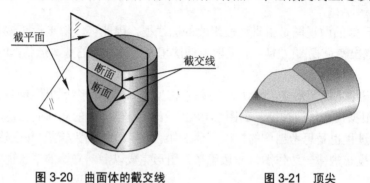

图 3-20　曲面体的截交线　　　　　图 3-21　顶尖

的投影，然后依次连接起来，便可得出截交线的投影。求共有点时，应先求作出截交线上特殊点的投影，如最高、最低点，最前、最后点，最左、最右点，可见与不可见的分界点，截交线本身固有的特殊点(如椭圆长、短轴的端点，抛物线顶点)等，如有必要再求一般点。

截交线是曲面体和截平面的共有点的集合。求作截交线的基本方法有素线法和纬圆法。

3.3.1 平面与圆柱相交

平面与圆柱面相交，截交线有三种情况，如表 3-2 所示。

表 3-2　平面与圆柱面的交线

	截平面垂直于圆柱轴线	截平面平行于圆柱轴线	截平面倾斜于圆柱轴线
立体图			
投影图			
截交线形状	圆	平行于轴线的两条直线	椭圆

例 3-10　求正垂面斜截圆柱体的截交线(见图 3-22(a))。

分析　正垂面 P 与圆柱轴线倾斜，截交线为椭圆。该椭圆的 V 面投影积聚在 P_V 上，H 面投影位于圆柱面的投影圆周上，为已知。根据点的投影规律，即可求出截交线的 W 面投影。

作图　如图 3-22(b)所示，先作出圆柱的 W 面投影，再求作截交线上若干个点的投影，用光滑的曲线连接各点，即为所求。

(1) 求特殊点。圆柱的 V 面投影轮廓线(最左、最右素线)与 P_V 的交点 a'、b' 为椭圆长轴端点的 V 面投影，最前、最后素线的 V 面投影与 P_V 的交点 c'、d' 为短轴端点的 V 面投影；由 a'、b'、c'、d' 可作出其 W 面投影 a''、b''、c''、d''。

(2) 求一般点。为使作图准确，需要再求截交线上若干个一般点。H 面投影圆周上取 1、2、3、4 点，根据投影规律作出其 V 面投影 $1'$、$2'$、$3'$、$4'$，再作出 W 面投影 $1''$、$2''$、$3''$、$4''$。

(3) 在 W 面投影图中，用光滑的曲线依次连接各点成椭圆曲线，即为截交线的 W 面投影。

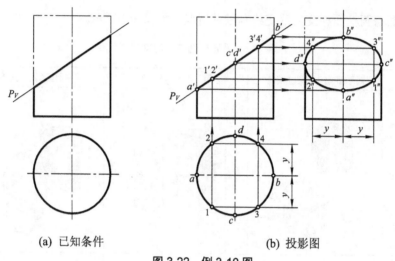

(a) 已知条件　　　　　　　　　　　(b) 投影图

图 3-22　例 3-10 图

讨论　当截平面与圆柱轴线相交的角度发生变化时，其截交线椭圆在投影面上投影的形状，长、短轴方向及大小也随之变化。圆柱轴线处于铅垂位置时，正垂面截圆柱其 W 面投影如图 3-23 所示。图中 $c''d''$ 长度不变，等于圆柱直径。截平面与 H 面的倾角 $\alpha < 45°$ 时，$c''d'' > a''b''$，W 面投影是以 $c''d''$ 为长轴、$a''b''$ 为短轴的椭圆(见图 3-23(a))；当 $\alpha = 45°$ 时，$c''d'' = a''b''$，W 面投影为圆(见图 3-23(b))；当 $\alpha > 45°$ 时，$a''b'' > c''d''$，W 面投影是以 $a''b''$ 为长轴、$c''d''$ 为短轴的椭圆(见图 3-23(c))。

思考　圆柱轴线处于水平位置时，正垂面截圆柱其 H 面投影会是什么样呢？

图 3-24 的(a)、(b)两图中的圆柱均被与轴线垂直的平面、与轴线平行的平面所截，截平面与圆柱面的交线都为圆弧和直素线，因切口位置不同，截交线的位置也有所不同，但求作截交线的方法却是完全相同的。

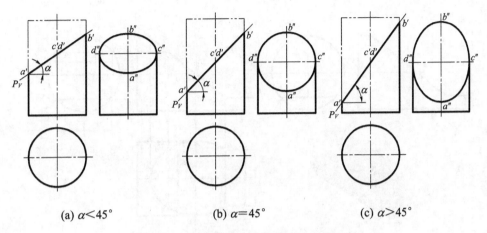

(a) α<45°　　　　　　　(b) α=45°　　　　　　　(c) α>45°

图 3-23　截平面倾斜角度对截交线投影的影响

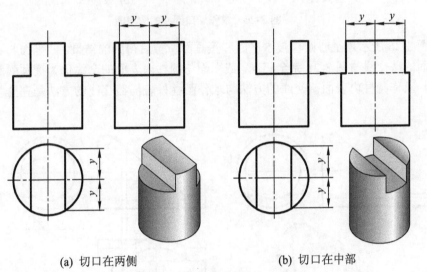

(a) 切口在两侧　　　　　　　　　　(b) 切口在中部

图 3-24　圆柱上不同切口比较

例 3-11　如图 3-25(a)所示，已知切口圆柱的主、左视图，求作俯视图。

分析　从给出的主视图可知，圆柱被水平面 P 和正垂面 Q 所截。水平截平面 P 与圆柱轴线平行，其截交线是与轴线平行的两条直素线，截交线的 V 面投影与 P_V 重合，截交线的 W 面投影积聚成两点位于圆柱面的 W 面投影圆周上；正垂截平面 Q 与圆柱轴线倾斜，其截交线为大半椭圆，截交线的 V 面投影与 Q_V 重合，截交线的 W 面投影与圆柱面的 W 面投影圆周重合。截交线的 V 面和 W 面投影为已知，根据投影规律，即可求出 H 面投影。

作图　如图 3-25(b)所示，先作出圆柱的俯视图，再求作截交线上若干个点的投影，用光滑的曲线连接各点，即为所求。作图步骤，请读者看图自行思考。

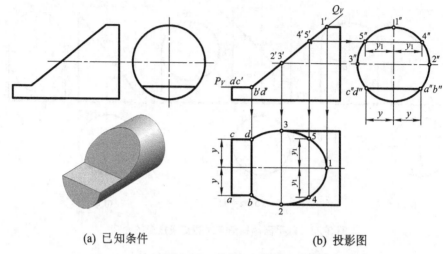

(a) 已知条件   (b) 投影图

图 3-25　求作切口圆柱的俯视图

图 3-26 所示是空心圆柱被水平面和正垂面所截后得到的结果。截平面与圆柱外表面的截交线与图 3-25 完全相同。截平面与圆柱内表面的交线仍为椭圆弧和直素线，求作圆柱内表面截交线的方法与求作圆柱外表面截交线的方法是完全相同的。

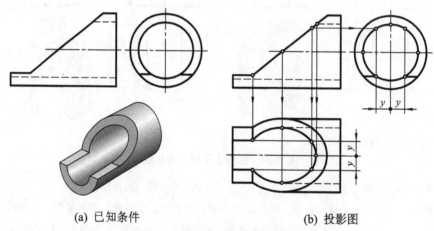

(a) 已知条件   (b) 投影图

图 3-26　求作切口空心圆柱的俯视图

3.3.2　平面与圆锥相交

平面与圆锥面相交时，由于截平面对圆锥轴线相对位置的不同，截交线有五种情况，如表 3-3 所示。

表 3-3 平面与圆锥面的交线

	截平面通过锥顶	截平面垂直于圆锥轴线	截平面倾斜于圆锥轴线，并与所有素线相交 $90°>\theta>\alpha$	截平面平行于一条素线 $\theta=\alpha$	截平面平行于圆锥轴线 $0\leqslant\theta<\alpha$
立体图	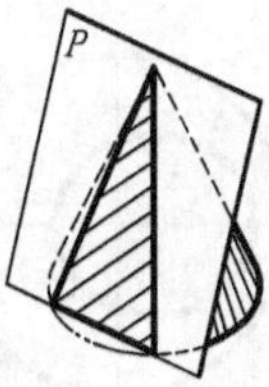	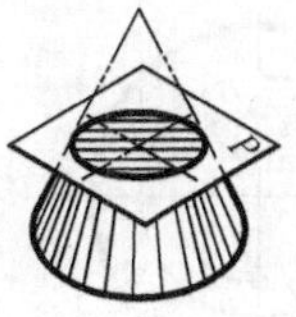	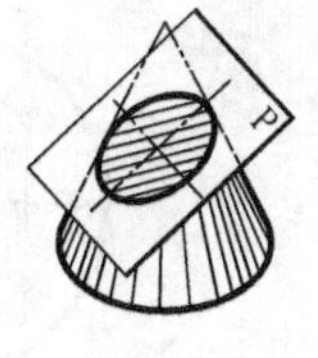	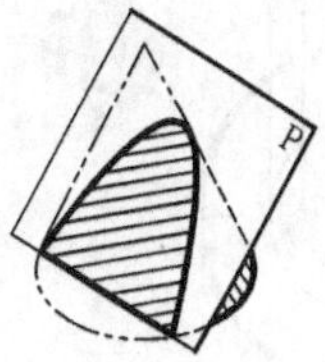	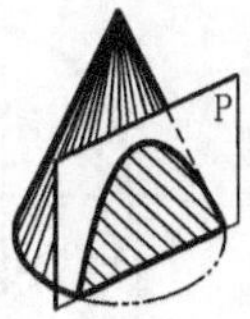
投影图	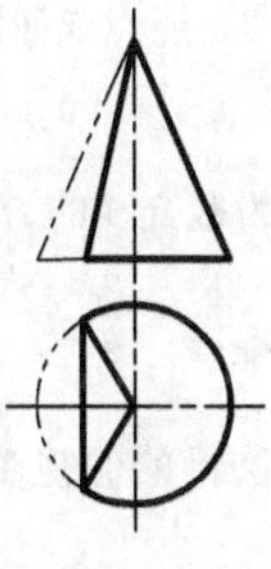	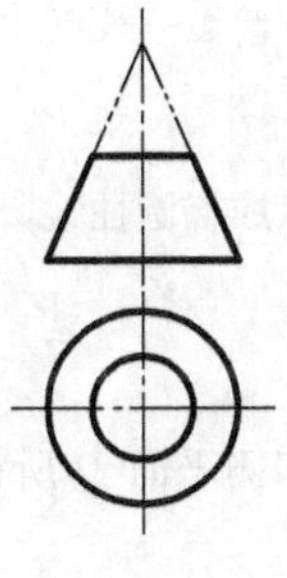	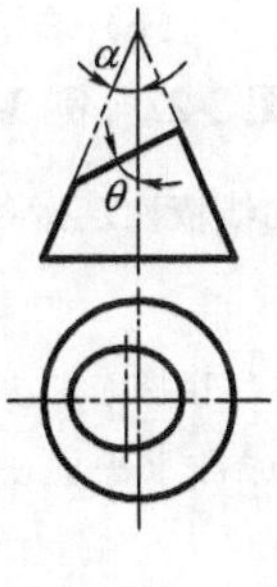	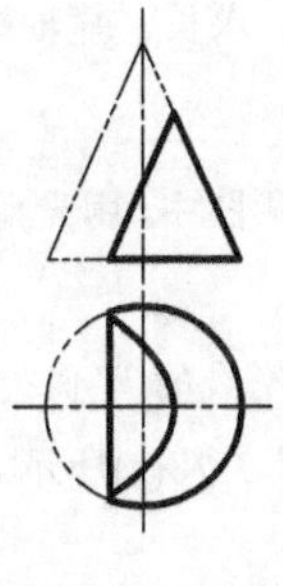	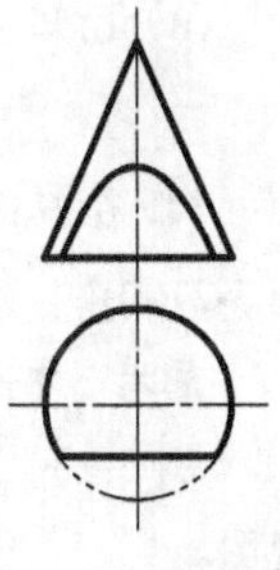
交线形状	过锥顶的两条相交直线	圆	椭圆	抛物线	双曲线

例 3-12 如图 3-27 所示，求作正垂面 P 与圆锥的截交线。

分析 截平面 P 为正垂面，与圆锥的所有素线相交，截交线为椭圆。平面 P 与圆锥最左、最右素线的交点，即为椭圆长轴的端点 Ⅰ、Ⅱ。椭圆短轴垂直于 V 面，且垂直平分 Ⅰ Ⅱ。截交线的 V 面投影重合在 P_V 上，为已知；H 面投影仍为椭圆。椭圆长短轴的投影仍为椭圆投影的长短轴。

作图 (1) 求椭圆长、短轴端点(见图 3-27(a))。在 V 面投影上 P_V 与圆锥 V 面投影轮廓线的交点 $1'$、$2'$，即为长轴端点 Ⅰ、Ⅱ 的 V 面投影。Ⅰ Ⅱ 的 H 面投影 12，就是椭圆投影的长轴。椭圆短轴Ⅲ Ⅳ的 V 面投影 $3'4'$ 必积聚在 $1'2'$ 的中点。过Ⅲ、Ⅳ作纬圆(也可作素线)求出Ⅲ、Ⅳ的 H 面投影 3、4。

(2) 求侧面投影转向轮廓线上的点 A、B(见图 3-27(b))。用纬圆法求作最前、最后素线与平面 P 的交点 A、B 的 H 面投影 a、b。

(3) 求一般点 C、D。在适当位置用纬圆法作一般点 C、D。

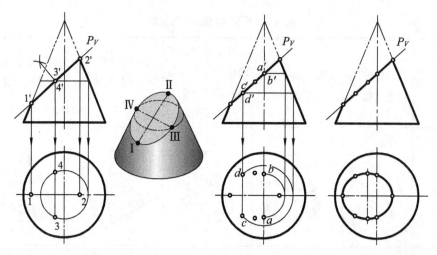

（a）已知条件，求长、短轴端点　　（b）求特殊点和一般点　　（c）连点成椭圆曲线

图 3-27　例 3-12 图

(4) 在 H 面投影图中，用光滑的曲线依次连接各点成椭圆曲线，即为截交线的 H 面投影(见图 3-27(c))。

思考　本例截交线的 W 面投影怎样作图？

例 3-13　如图 3-28(a)所示，完成被水平面 P 和侧平面 Q 所截圆锥的俯视图，求作左视图。

分析　截平面 P 与圆锥面的交线是部分水平圆弧，截交线的 V 面和 W 面投影积聚成为一条直线，分别与截平面 P 的 V 面投影 P_V、W 面投影 P_W 重合，根据投影规律，在 H 面投影中画圆弧；截平面 Q 与圆锥轴线平行，截平面 Q 与圆锥面的交线是双曲线，截交线的 V 面投影和 H 面投影积聚成为一条直线，分别与截平面 Q 的 V 面投影 Q_V、H 面投影 Q_H 重合。根据投影规律，可作出截交线的 W 面投影。

作图　运用迁移思维法、形象思维法和想象法思维，将该题的作图求解分成如图 3-28(b)、(c)所示的两部分。

(1) 根据投影规律作出圆锥的左视图。

(2) 想象圆锥完全被平面 P 所截，在 H 面上画出水平圆，两截平面 P、Q 交线的 H 面投影为 ab，图形前后对称由宽度 y 确定 $a''b''$，如图 3-28(b)所示。

(3) 想象圆锥完全被平面 Q 所截，求出截交线上若干个点的投影，如图 3-28(c)所示。

① 求特殊点。求作截交线上最高点 I 的 W 面投影 $1''$，最低点 A、B 的 W 面投影为 a''、b''。

② 求一般点。用纬圆法求作一般点 II、III 的 W 面投影 $2''$、$3''$。

(4) 用光滑的曲线依次连接 a''、$2''$、$1''$、$3''$、b''，即为截交线的 W 面投影，如图 3-28(d)所示。

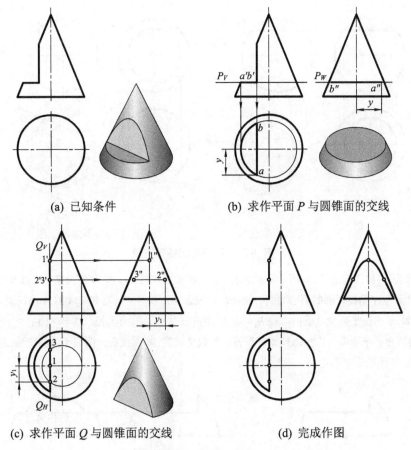

(a) 已知条件 (b) 求作平面 P 与圆锥面的交线

(c) 求作平面 Q 与圆锥面的交线 (d) 完成作图

图 3-28 例 3-13 图

3.3.3 平面与圆球相交

平面与圆球相交，截交线是圆(见图 3-29)。截交线在投影面上的形状则取决于截平面相对于投影面的位置。当截平面平行于投影面时，圆截交线在该投影面上的投影，反映圆的实形；当截平面垂直于投影面时，圆截交线在该投影面上的投影为直线，长度等于截交线圆的直径；当截平面倾斜于投影面时，圆截交线在该投影面上的投影为椭圆。

例 3-14 如图 3-30(a)所示，已知带切口半球的主视图，完成俯视图，求作左视图。

分析 半球的切口由一个水平面和一个侧平面所截而成。水平截平面与半球的截交线为圆，在 H 面投影中反映圆的实形。侧平截平面与半球的截交线为半圆，在 W 面投影中反映半圆实形。

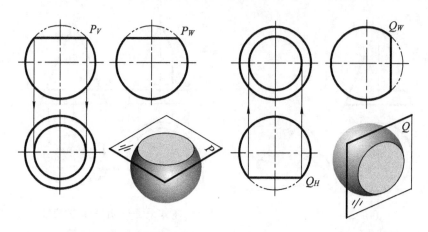

(a) 水平面与圆球截交线　　　　　　(b) 正平面与圆球截交线

图 3-29　平面与圆球截交线

　　作图　(1) 如图 3-30(b)所示，求出水平截交线圆的半径 R_1，在 H 面投影中，以 R_1 为半径，以半球面的 H 面投影圆的圆心为圆心画圆，由投影规律长对正，得截交线的 H 面投影。

　　(2) 求出侧平截交线圆的半径 R_2，在 W 面投影中，以 R_2 为半径，以半球面的 W 面投影的圆心为圆心画半圆弧，由投影规律高平齐，得截交线的 W 面投影。两截平面的交线(是一段正垂线)在 W 面投影中不可见，应画成虚线。

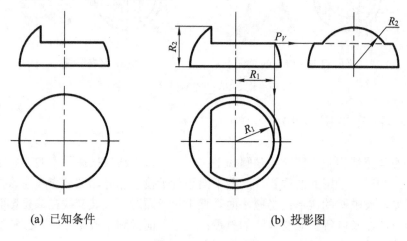

(a) 已知条件　　　　　　　　　　(b) 投影图

图 3-30　例 3-14 图

3.3.4　读被平面所截曲面立体的投影图

　　在被平面所截曲面立体上，大多数会出现曲线截交线，因此判断立体确定截交线形状是正确作图的关键。

下面以图 3-31 为例，说明怎样读懂所示的图形，想象空间形状，补画主视图中所缺的图线。

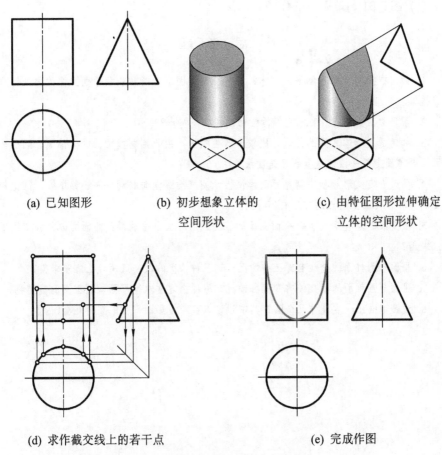

(a) 已知图形   (b) 初步想象立体的   (c) 由特征图形拉伸确定
                         空间形状   立体的空间形状

(d) 求作截交线上的若干点   (e) 完成作图

图 3-31　被平面所截曲面立体的读图

(1) 在已知的视图中，俯视图的轮廓是圆，主视图的轮廓是矩形，因此可以初步设想该立体是曲面立体圆柱体。找出特征视图(俯视图)，采取拉伸法想象出该立体的基本形状，如图 3-31(b)所示。

(2) 根据左视图形状以及俯视图中间的粗实线确定，这是圆柱体被前、后两个侧垂面截切。由左视图和俯视图，采取拉伸法想象出圆柱体被侧垂面所截后的形状，如图 3-31(c)所示。

(3) 圆柱体被与轴线倾斜的平面所截，其截交线是前、后各半个椭圆曲线。截交线的水平面投影与圆柱面的水平投影重合，截交线的侧面投影与截平面的侧面投影重合。求作截交线的正面投影(截交线前后重合)时，需要先求作截交线上的若干个点的投影，如图 3-31(d)所示。

(4) 图 3-31(e)是完成的作图。

思 考 题

1. 如何在投影图中表示平面立体？怎样在投影图中判断和表明平面立体的内外轮廓线的可见性？

2. 常见曲面立体有几种？它们的投影图各有何特点？

3. 如何通过形体之间的关联、比较，产生联想，由此判别棱柱面、棱锥面、圆柱面、圆锥面、圆球面上任一段线是直线还是曲线？

4. 要改变定式思维状态需克服思维惰性，使思维纵横向联动——迁移思维，试比较作平面上的点和作曲面上的点的方法有何异同。

5. 截交线是怎样形成的？平面立体的截交线用什么方法求得？曲面立体的截交线用什么方法求得？

6. 平面与圆柱面的交线有哪三种情况？这三种情况的截交线用什么方法求得？

7. 平面与圆锥面的截交线有哪五种情况？用什么方法求得平面与圆锥面的截交线？

8. 过圆球面上一点能作几个圆？其中过该点且与投影面平行的圆有几个？

4 立体表面相交

　　工程中的物体常常会出现立体相交的情形(见图 4-1)，当两立体表面相交时，
在投影图上要正确画出交线的投影。立体分平面立体和曲面立体两大类，所以立
体相交分为三种情况：①平面立体与平面立体相交，②平面立体与曲面立体相交，
③曲面立体与曲面立体相交。

　　两相交的立体称为相贯体，它们表面的交线称为相贯线。由于相贯体相交时

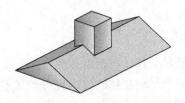  

(a) 平面立体与平面立体相交　　(b) 平面立体与曲面立体相交　　(c) 曲面立体与曲面立体相交

图 4-1　立体与立体相交

的相对位置不同，相贯线也表现为不同的形状和数目。但任何两立体的相贯线都具有下列两个基本特性：

(1) 相贯线是由两相贯体表面上一系列共有点(或共有线)所组成的，相贯线也是两立体表面的分界线；

(2) 由于立体具有一定的范围，所以相贯线一般都是闭合的。

学习本章时要注意采用类似联想、对比联想观察日常生活中可见的立体相交实例，运用想象法充分地想象各种立体相交的形状，用降维法把它们表达在平面图中，多做这样的训练，有助于学习者的创造性思维的发展。

【联想法思维原理与提示】

联想法是通过事物之间的关联、比较，扩展人脑的思维活动，从而获得更多创造思想的思维方法。

联想的能力是与一个人想象力密切联系的，人们在充分积累知识和经验的条件下，通过联想，能够克服两个概念在意义上的差距，把它们联系起来。联想能力越强，越能把意义上差距很大的两个概念相联系。

4.1　平面立体与平面立体相交

两立体相贯时，如果一个立体全部贯穿入另一个立体，则产生两组相贯线，这种情形称为全贯，如图 4-2(a)所示。如果两立体互相贯穿，则产生一组相贯线，这种情形称为互贯，如图 4-2(b)所示。

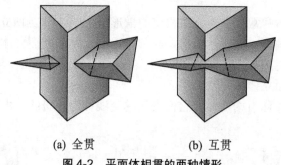

(a) 全贯　　　　　　　　(b) 互贯

图 4-2　平面体相贯的两种情形

两平面立体的交线，一般情况下是封闭的空间折线。每一段折线必定是两平面立体上相交的两个棱面的交线，折线的各个顶点是一个平面立体的棱线与另一立体棱面的交点。因此，求作平面立体相贯线的方法有两种：

(1) 交线法　求各相交棱面的交线。

(2) 交点法　求各相交棱线与棱面的交点。

例 4-1　　如图 4-3 所示，求三棱柱与三棱锥的相贯线。

分析　　从图 4-3(b)可知，三棱柱与三棱锥全贯，相贯线为两组封闭的空间折线(升维法、猜想法、立体交合思维法)。

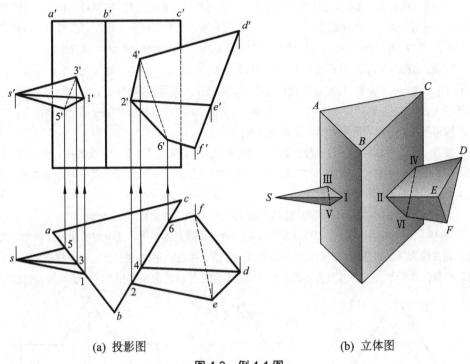

(a) 投影图　　　　　　　　　　　　　　　(b) 立体图

图 4-3　例 4-1 图

【立体交合思维法思维原理与提示】

　　立体交合思维法是平面扩散思维法和线性集中思维法的统一。平面扩散思维法是把思维对象突破实际空间，在空间进行思考。线性集中思维法就是抓住思维对象中的一个个问题作穷根究底的纵深式思考，既弄清它的"来龙"，又预测它的"去脉"。

　　人们在开展思维活动时，平面扩散思维法和线性集中思维法往往相互交错结合起作用。这两种思维方法的有机结合就是立体交合思维方法。其基本特点是把思维对象当做系统的整体，作纵横结合的思考，使思维对象处于纵横交错的交合点上，从而既把握对象的广泛联系，又把握对象的过去、现在和将来，既体现横向的开放性，又体现纵深的指向性。人们的思维能力和思维水平的高低，以及思维成果的大小，往往同平面扩散思维方法与线性集中思维方法结合的优化程度成正比。有的论述问题面面俱到，但缺乏深度；有的对某个问题的思考能一竿子插到底，比较深刻，但思路不开阔，灵活性差。这都是由两种思维方法在结合上有偏颇造成的。这两种思维方法的优化结合，就构成一种优化的立体交合思维法，它的思维成果必然是比较出色的。

本题可采用交点法求作三棱锥的棱线 SD、SE、SF 与三棱柱的左、右侧棱面相交的 6 个交点，由于三棱柱的 3 个侧棱面为铅垂面，其 H 面投影有积聚性，相贯线的 H 面投影与三棱柱的3 个侧棱面的积聚投影重合为已知。根据点的投影规律，可作出相贯线的 V 面投影。

作图 （图 4-3(a)）在 H 面投影上定出三棱锥的棱线 se、sd、sf 与三棱柱左、右两侧棱面的交点 1、2、3、4、5、6。根据点的投影关系可求出交点的 V 面投影 1′、2′、3′、4′、5′、6′。分别连接 1′、5′，1′、3′，3′、5′，4′、2′，2′、6′，4′、6′，即为相贯线的 V 面投影。应该注意，在 V 面投影上，3′5′和 4′6′为不可见，应画成虚线。

注意 因为两立体相交后成为一整体，所以棱线 SE 在交点 Ⅰ、Ⅱ 之间没有线，棱线 SD 在交点 Ⅲ、Ⅳ 之间没有线，棱线 SF 在交点 Ⅴ、Ⅵ 之间没有线，故在 V 面投影中 1′ 与 2′ 之间、3′ 与 4′ 之间、5′ 与 6′ 之间不能画线。

例 4-2 如图 4-4 所示，求四棱柱与四棱锥的相贯线，并完成 W 面投影。

分析 从图 4-4(c)可知，四棱柱完全贯穿四棱锥，两立体全贯。这个相贯体前后对称，因此，相贯线为两组完全相同的封闭的空间折线 (升维、猜想)。四棱柱的上、下底面是水平面，与四棱锥的底面平行，所以四棱柱的上、下底面与四棱锥的前后棱面相交的交线与四棱锥底面

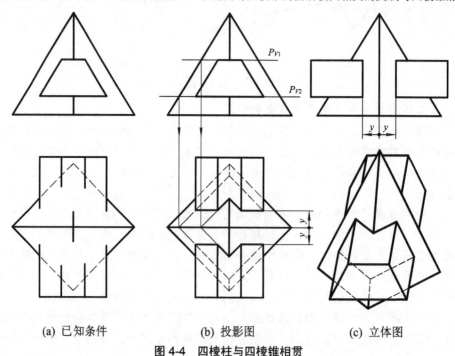

(a) 已知条件　　　　　　(b) 投影图　　　　　　(c) 立体图

图 4-4　四棱柱与四棱锥相贯

平行；四棱柱的左、右棱面(正垂面)与四棱锥的左、右棱线(正平线)平行，所以四棱柱的左、右棱面与四棱锥的左、右棱面相交的交线与四棱锥的左、右棱线平行。相贯线的 V 面投影为已知。

　　本题可采用交线法求作四棱柱的上、下底面与四棱锥四个棱面的交线，在解题过程中运用迁移思维法，设想将四棱柱的上、下底面扩大为平面 P_1 和 P_2，用求作平面立体截交线的方法，求得上、下两部分与四棱锥底面平行的交线。作图过程如图 4-4(b)所示。

4.2　平面立体与曲面立体相交

　　在工程设计中，特别是建筑设计中，平面立体与曲面立体相贯组成的形体比较常见，如图 4-5 所示。平面立体与曲面立体相交，其交线在一般情况下是由若干段平面曲线或平面曲线和直线所组成的空间封闭线框。每一段平面曲线(或直线段)是平面立体上某一个棱面与曲面立体相交的截交线；相邻两段平面曲线的交点或相邻的曲线与直线的交点，是平面立体的棱线与曲面立体的交点。因此求平面立体与曲面立体的交线，也就是求作平面与曲面立体的截交线和直线与曲面的交点(迁移思维)。

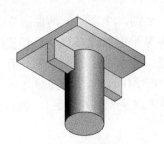　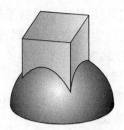　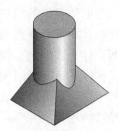

(a) 圆柱与梁板相贯　　　　(b) 四棱柱与半球相贯　　　　(c) 圆柱与四棱锥相贯

图 4-5　平面立体与曲面立体相交

　　例 4-3　如图 4-5(b)所示，求正四棱柱与半球的相贯线。

　　分析　四棱柱的四个棱面与半球相交，所形成的相贯线由四段圆弧组成。四棱柱的前、后棱面为正平面，四棱柱的左、右棱面为侧平面，四个棱面 H 面投影有积聚性，相贯线的 H 面投影与其重合，为已知；图形前后对称，相贯线的 V 面投影前后重影，为一段圆弧；图形左右对称，相贯线的 W 面投影左右重影，为一段圆弧。

　　作图　(1) 在 H 面投影图中，求得前、后棱面与半球交线圆的半径 R_H，在 V 面投影中以 R_H 为半径画圆弧，得相贯线的面 V 投影。

　　(2) 在 H 面投影图中，求得左、右棱面与半球交线圆的半径 R_q，在 W 面投影中以 R_q 为半径画圆弧，得相贯线的 W 面投影。

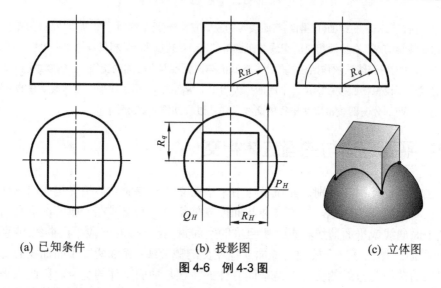

(a) 已知条件　　　　　　　　(b) 投影图　　　　　　　　(c) 立体图

图 4-6　　例 4-3 图

4.3　曲面立体与曲面立体相交

　　曲面体组成的相贯体在工程设计中也是常见的，如图 4-7 所示。两曲面立体相交，其相贯线一般为封闭的空间曲线，特殊情况下是平面曲线或直线。相贯线是两立体表面的共有线。求作曲面体相贯线的实质是求相贯线上的一系列共有点(又归结为立体表面上的点和线的问题。在本节内容的学习中，应注意充分运用迁移思维法、发散思维法、猜想法、升维法、降维法等来理解和解决问题)，然后依次光滑地连接，并判断其可见性。

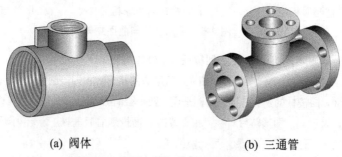

(a) 阀体　　　　　　　　　　　(b) 三通管

图 4-7　曲面立体与曲面立体相贯

　　根据两曲面立体的表面形状、曲面立体与投影面的相对位置和曲面立体之间的相对位置，求相贯线上点的常用方法有表面定点法、辅助平面法、辅助球面法。

4.3.1　表面定点法

表面定点法的实质是利用曲面的积聚性投影作图。

相交两曲面中，如果有一个投影具有积聚性，则相贯线的这个投影必位于曲面积聚投影上而成为已知，这时，可利用积聚性投影，通过表面上作点的方法作出相贯线的其余投影。

例4-4　如图4-8所示，已知直径不等的正交两圆柱的投影，求其相贯线的投影。

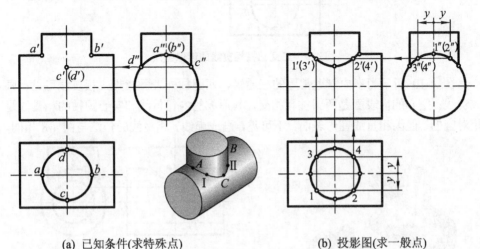

(a) 已知条件(求特殊点)　　　　　(b) 投影图(求一般点)

图4-8　例4-4图

分析　小圆柱的轴线为铅垂线，小圆柱面的 H 面投影积聚为圆，相贯线的 H 面投影重合在此圆上。大圆柱的轴线为侧垂线，大圆柱面的 W 面投影积聚为圆，相贯线的 W 面投影重合在此圆的一段圆弧上。相贯线的 H 面和 W 面投影为已知，因此，可采用表面定点的方法，求出相贯线的 V 面投影。

作图　(1) 求特殊点。特殊点是位于相贯线上的最左、最右、最前、最后、最高、最低及处于外形轮廓素线上的点。如图4-8(a)所示，定出 H 面投影点 a、b、c、d 及 W 面投影点 $a''(b'')$、c''、d''，根据投影规律求得最左、最右点(也是最高点) a'、b'，最前、最后点(也是最下点) c'、d'。

(2) 求一般位置点。图4-8(b)所示，在 V 面投影上取中间点1、2和3、4。由此求出其 W 面投影点 $1''$、$2''$ 和 $3''$、$4''$，以及 V 面投影点 $1'$、$2'$ 和 $3'$、$4'$。

(3) 用光滑的曲线连接点 a'、$1'$、c'、$2'$、b'(见图4-8(b))，即为所求相贯线的 V 面投影。

当两个正交圆柱的直径相差较大，作图的精确性要求不高时，为作图方便，允许采用圆弧代替相贯线的投影。圆弧半径等于大圆柱半径，其圆心在小圆柱轴线上，具体作图过程如图4-9所示。

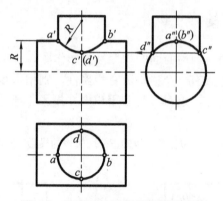

图 4-9　正交圆柱相贯线的近似画法

图 4-10 所示为室内管道常用的三通管，两圆柱外表面相贯，相贯线可见，画成实线；空心的内表面是两圆柱孔相交，其形成的内相贯线和实心圆柱的相贯线是相对应的，但因相贯线在内表面，不可见，画成虚线。相贯线的作法与图 4-8 相同。

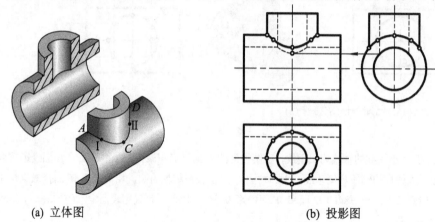

(a) 立体图　　　　　　　　　　　　　　(b) 投影图

图 4-10　三通管

大、小圆柱的正交有三种情形(见图 4-11)：两实心圆柱相交，一实心圆柱与一空心圆柱相交，两空心圆柱相交。

将图 4-11 中的三种情形进行比较，可以看出：虽然内、外表面不同，但由于相交的基本性质(表面形状、直径大小、轴线相对位置)不变，因此在三个图中，交线的形状和特殊点是完全相同的。交线的求作方法与图 4-8 相同，也可采用如图 4-9 所示的近似画法画出它们的相贯线。

在工程设计和日常生活中，正交圆柱的实例是常见的。从表 4-1 中可以看出，圆柱正交时，若相对位置不变，改变两圆柱的相对直径大小，相贯线也会随之而改变，相贯线总是向大直径圆柱里面弯曲。

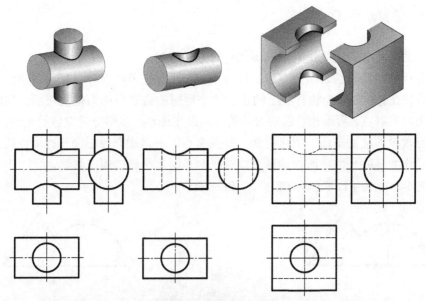

(a) 两实心圆柱相交   (b) 实心圆柱与空心圆柱相交   (c) 两空心圆柱相交

图 4-11   圆柱正交产生交线的三种情形

表 4-1   正交两圆柱相对大小的变化对相贯线的影响

	水平圆柱直径较大，铅垂圆柱直径较小	两圆柱直径相等	水平圆柱直径较小，铅垂圆柱直径较大
立体图			
投影图			
相贯线位置形状	上、下两条相同的空间曲线	两个等大且相互垂直的平面曲线椭圆	左、右两条相同的空间曲线
结论	圆柱轴线垂直相交，相贯线向大直径圆柱里面弯曲		

4.3.2 辅助平面法

辅助平面法的实质是采用三面共点的方法作图。

为获得相贯体的表面共有点，假想用一个平面去截相贯体，所得两组截交线的交点(三面共点)即为相贯线上的点。这个假想的截平面称为辅助平面。用辅助平面先求共有点，后画相贯线的方法称为辅助平面法。按相交两立体的几何性质，选适当数量的辅助平面，就可得到一些共有点。通常选取投影面平行面或投影面垂直面作为辅助平面，所得的截交线投影则是简单易画的圆或直线。

例4-5 如图 4-12 所示，求圆球与圆锥的相贯线。

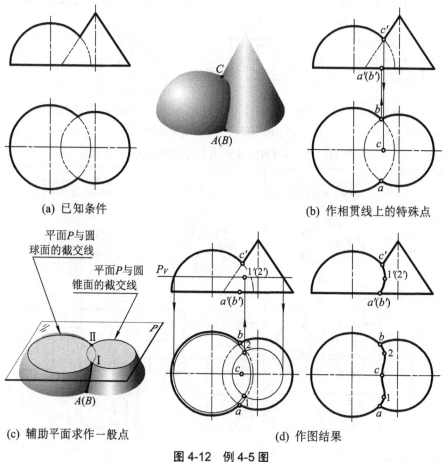

(a) 已知条件 (b) 作相贯线上的特殊点

(c) 辅助平面求作一般点 (d) 作图结果

图 4-12 例 4-5 图

分析 圆球与圆锥都没有积聚性的投影。为了作出相贯线的两面投影，选取水平面作为辅助平面。从图 4-12(c)可看出，水平辅助平面 P 与圆球面交于水平圆，与圆锥底面平行的圆。两圆同在平面 P 内，它们的交点 I、II 为圆球面、圆锥面和平面 P 的共有点(三面共点)，所以是相贯线上的点。求得相贯线上的若干点，将点连成光滑曲线，即为所求的相贯线。

作图　(1) 求特殊点。如图 4-12(b) 所示，从 H 面投影可直接确定相贯线上的特殊点 A、B 的 H 面投影 a、b，由 a、b 作投影线与相贯体底面的 V 面投影相交得 a'、b'；从 V 面投影可直接确定相贯线上的特殊点 C 的 V 面投影 c'，由 c' 作投影线与球、锥共同轴线的 H 面投影相交得 c。

(2) 求一般位置点。采用水平辅助平面 P，求得 I、II 两点的两面投影，作图过程如图 4-12(c) 所示。

(3) 用光滑的曲线连接各点的同面投影。因为该相贯体形状前后对称，所以相贯线的 V 面投影前后重影，为可见的实线。相贯线的 H 面投影也是可见的实线，作图结果如图 4-12(d) 所示。

思考　运用想象法和发散思维法想一想，相贯线的侧面投影形状是怎样的？怎样作图？

4.3.3　两曲面立体相贯的特殊情况

两曲面立体的相贯线一般是封闭的空间曲线，特殊情况下，相贯线可能是直线或平面曲线。

(1) 两柱面轴线平行或两锥面共锥顶时，相贯线为两条直线，如图 4-13 所示。

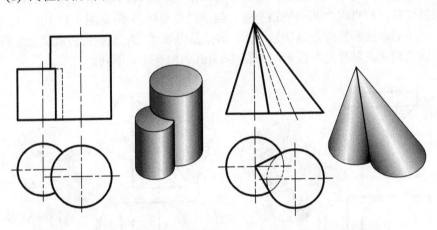

(a) 轴线平行的两圆柱面相交　　　　　(b) 共锥顶的两圆锥面相交

图 4-13　相贯线为直线

(2) 两个回转曲面共有同一轴线时，它们的相贯线为垂直于轴线的圆。在图 4-13 中，由于轴线为铅垂线，每一段相贯线的 V 投影积聚为一条直线。

(3) 两个回转曲面相贯，只要它们都同时外切于一圆球面，它们的相贯线为两相交的平曲线。

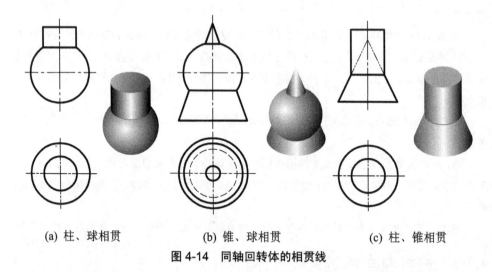

(a) 柱、球相贯　　　　　　(b) 锥、球相贯　　　　　　(c) 柱、锥相贯

图 4-14　同轴回转体的相贯线

运用想象法和发散思维法想一想，如果在球体上穿圆柱孔或圆锥孔，相贯线的形状是怎样的？投影图与图 4-14(a)、(b) 有什么不同？

图 4-15 所示为等直径、轴线相交的圆柱相贯，它们外切于同一个球面，相贯线为两个椭圆。当轴线正交时，相贯线为两个大小相等的椭圆(见图 4-15(a))；当轴线斜交时，相贯线为两个长轴不等、但短轴相等的椭圆(见图 4-15(b))。

运用想象法和发散思维法想一想，如果是内表面的等直径圆柱孔正交、斜交，相贯线的形状是怎样的？投影图与图 4-15(a)、(b) 有什么不同？

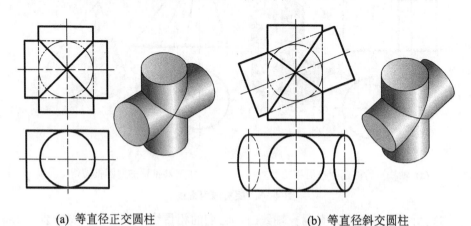

(a) 等直径正交圆柱　　　　　　　　　(b) 等直径斜交圆柱

图 4-15　两圆柱的相贯线为椭圆

图 4-16 所示为圆柱与圆锥相贯的特殊情形。当圆柱与圆锥同时外切于一球面时，相贯线为两个椭圆。

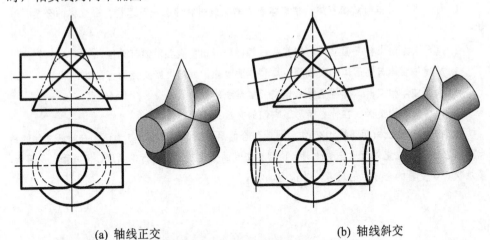

(a) 轴线正交   (b) 轴线斜交

图 4-16 圆柱与圆锥的相贯线为椭圆

这种有公共内切球的两圆柱、圆柱与圆锥、两圆锥等的相贯体，还常用于管道的连接，图 4-17 所示就是曲面立体相贯的特殊情形的工程实例。对于这类形体，通常只画出它在轴线所平行的一个投影面上的投影即可。

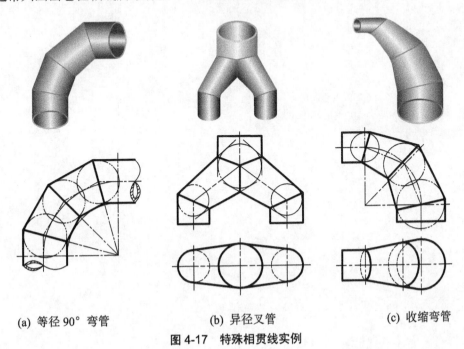

(a) 等径 90° 弯管   (b) 异径叉管   (c) 收缩弯管

图 4-17 特殊相贯线实例

思 考 题

1. 什么样的立体叫做相贯体？相贯体表面的交线叫做什么线？怎样区分立体的全贯、互贯？

2. 用什么方法求作平面立体的相贯线？怎样判断相贯线各段的可见性？

3. 试述平面体与曲面体的交线的性质和作图步骤。如何判断交线的可见性？

4. 曲面立体相交时，怎样选择求作它们相贯线的方法？

5. 两曲面体相交时，在什么情形下它们的交线是平面曲线？

6. 将相交两立体(两圆柱相交)作为纵横结合的思维对象，以图 4-7 为例，分析两立体的特点及两立体相互位置以及大小变化时，预测其交线的变化趋势，进行多角度、多方面、多因素、多层次、多变量的全方位的思考，并作图说明。

5 制图技能的基本知识

本 章 要 点

● **图学知识**　介绍工程制图的一些基本常识，包括绘图工具的使用方法；介绍国家标准中对图样的基本规定、常用的几何作图方法以及绘图的方法和步骤。

● **实践技能**　(1) 通过完成一定量的基础练习，逐步理解并熟悉常用国家标准的若干规定，建立严格遵守国标规定的概念，养成自觉遵守国家标准的习惯。

　　　　　　(2) 通过绘图实践，正确熟练使用绘图工具和仪器，掌握快捷、高质量绘制图样的基本方法和技能，培养规范作图的良好习惯。

● **教学提示**　建议自学。

5.1 制图工具和使用方法

正式的投影图及各种工程图都是具有一定精度要求的图，必须使用绘图工具及仪器绘制。要学会识图，首先要学会制图。要能绘制出高质量的图样，必须掌握绘图工具的正确使用方法，这样才能保证制图的质量，提高工作效率。

以下主要介绍手工制图不可缺少的几种绘图工具和仪器，并简要说明其使用方法。

5.1.1 绘图板

绘图板简称图板，如图 5-1 所示。图板是用来固定图纸的。

图板用木料制成，板面应平整无裂缝，软硬适宜。图板两短边必须平直，一般镶嵌不易收缩的硬木。左边为工作边，必须平、直、硬，其大小宜与所使用的图纸幅面相适应。图纸应小于图板。

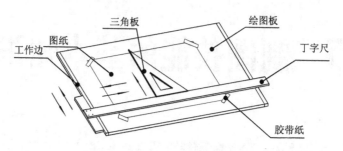

图 5-1　绘图板、丁字尺、三角板

5.1.2　丁字尺

丁字尺由尺身和尺头组成，如图 5-1 所示。丁字尺是用来配合图板画图用的。丁字尺的尺头与尺身垂直，且连接牢固。尺身的上边沿为工作边，常带有刻度，要求平直光滑无刻痕。丁字尺的长度选择要与图板长度相适应，一般以两者等长为好。

使用绘图板和丁字尺时应注意：

(1) 制图时，左手握住尺头紧靠图板工作边上下移动，沿尺身工作边可画出互相平行的水平线；

(2) 不能用尺身的下边沿画线，也不能调头靠在图板的其他边沿上使用；

(3) 不可利用丁字尺及图板切割纸边；

(4) 不画图时，可将图板竖直放置，以免板面划伤；

(5) 丁字尺不用时，应挂在背光干燥的地方，以免变形损坏。

5.1.3　三角板

绘图用的三角板为两块直角三角形板(见图 5-2)，合称一副，一块具有一个 30°角、一个 60°角，另一块具有两个 45°角。有的边上带有刻度，可用于度量尺寸。绘图用的三角板的规格尺寸以不小于 250 mm 为宜。三角板的规格尺寸指 45°三角板的斜边长度，30°、60°三角板的长直角边长度。

一副三角板与丁字尺配合，可画出与水平线成 30°、60°、45°、90°及其他与水平线成 15°倍数的斜线，如图 5-2 所示。两三角板互相配合还可画出互相平行或垂直的斜线。

使用三角板时注意：三角板配合丁字尺画图时，将三角板的一直角边靠紧丁字尺的工作边并滑动三角板，可自左向右画出互相平行的竖直线，此时画笔应贴靠三角板的左边，自下而上地画出图线。

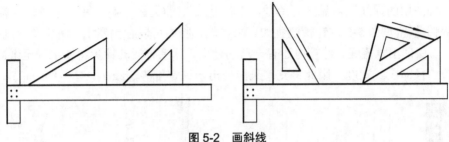

图 5-2　画斜线

5.1.4　铅笔

制图用的铅笔有普通木制铅笔与活动铅笔两种。绘图铅笔的笔芯有不同的硬度，一般在笔杆的端部标有表示笔芯软硬程度的代号，"H"表示硬，H 数愈大则愈硬，最硬的铅笔为 6H；"B"表示软(黑)，B 数愈大则愈软(黑)，最软的铅笔为6B；"HB"表示适中。一般画底图时选用较硬的铅笔，如 2H、3H 等，加深图线时可用 HB、B、2B 等中等硬度的铅笔。

使用木制铅笔时应注意：

(1) 不宜用卷笔刀，而应用小刀削笔。

(2) 削笔时勿将有标志的一端削去。

(3) 铅笔宜削成锥形，笔尖不宜过长或过短，如图 5-3(a)所示。

(4) 画图线时笔的姿态应如图 5-3(b)所示，即正面看时与纸面约倾斜 60°角，侧面看时笔尖抵住尺的下边沿，笔身向外倾斜。画较长的图线时，为使线条保持粗细一致，铅笔要在行笔过程中顺笔的行走方向缓慢旋转，使铅尖均匀磨损，以保持尖锐，一旦变钝应立即磨尖。

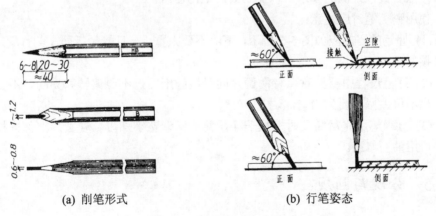

(a) 削笔形式　　　　　　　　(b) 行笔姿态

图 5-3　铅笔的削法和用法

描图用的墨线笔常见的有两种，一种是针管笔(见图 5-4)，另一种是直线笔，俗称鸭嘴笔(见图 5-5)。针管笔犹如自来水笔，腔内可以存储墨水，笔尖是一细针管，为保证出水流畅，针管内还有一活动针尖，行笔时活动针尖将墨水导至纸面。针管内径即图线宽度，因此每支笔只能画出一种宽度的图线。

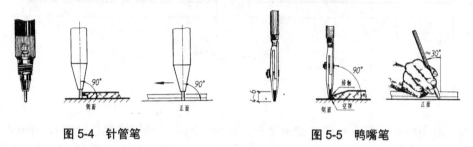

图 5-4　针管笔　　　　　　　　　　图 5-5　鸭嘴笔

使用针管笔时应注意：

(1) 画线前将笔垂直振动，试其活动针尖是否有效，有振动感或有振动声时即可使用；

(2) 针管笔的握笔方式与自来水笔是不同的，针管笔行笔时应垂直于纸面；

(3) 针管笔需灌注碳素墨水，若要较长时间中断使用，宜洗净笔管及笔头，以免墨水在针管内干涸，造成针尖活动不灵而画不出图线；

(4) 针管笔不能反向画线，以免针管被纸面粉尘堵塞。

鸭嘴笔由两叶簧片组成，墨水蘸在两簧片之间，旋动小螺母可调整两簧片之间的距离，从而画出粗细不等的图线。蘸墨水时不可直接将笔尖伸入墨水瓶中，应用蘸水钢笔蘸墨水导入簧片之间，加墨不可太多，一般以 4～6 mm 高为宜。加入后，擦去簧片外侧的墨水，以免画线时玷污图纸。

使用鸭嘴笔时应注意：

(1) 握笔的姿态应如图 5-5 所示，下笔不要太重，一旦接触纸面立刻行笔，不要停顿；

(2) 行笔过程中要注意保持两簧片同时接触纸面，不要偏转和晃动，不要太快，也不可太慢，要匀力匀速。

(3) 直线笔用完后需及时擦拭干净，并放松调整小螺母。若簧片端部磨损严重，可用油石修磨。

5.1.5　分规与圆规

分规与圆规形状相似，如图 5-6 所示。

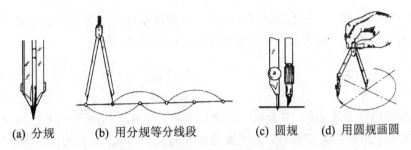

(a) 分规　　(b) 用分规等分线段　　(c) 圆规　　(d) 用圆规画圆

图 5-6　分规和圆规

分规是用来量取线段和等分线段的工具。圆规是用来画圆或圆弧的工具。

小圆规(点圆规)是用来画直径小于 5 mm 圆的工具，如图 5-7 所示。

绘图用圆规的脚是可换的，有针尖脚、笔芯脚和墨线脚(见图 5-8)。绘图时根据不同用途换成针尖脚便是分规，换成笔芯脚或墨线脚则成为圆规。

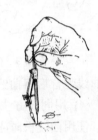

图 5-7　点圆规的画法

使用圆规时应注意：

(1) 作分规用时两脚都要用无肩端，且两尖要齐平；

(2) 作圆规画图时，针尖脚要用有肩端的，且使其略长于笔芯脚或墨线脚，画线时要扎透纸面，使尖肩抵住纸面(见图 5-8)，这样做，即使画多个同心圆，也不致使针孔越来越大；

(3) 随时调整两脚，使其垂直于纸面(见图 5-8)；

(4) 圆规上使用的笔芯，建议在画细实线时用 HB，画粗实线时用 2B；

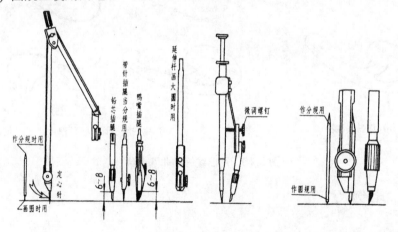

图 5-8　圆规的组成

（5）画图转动时的力度和速度要均匀，且使圆规向转动方向稍微倾斜，画大圆时要接上延伸杆，使圆规两角均垂直于纸面(两手同时操作)。

5.1.6　曲线板

曲线板也称云形板(见图5-9)，形状有多种，图5-10(a)所示的是较简单的一种。有的在三角板中镂空形成。曲线板是画非圆曲线用的。画曲线的过程如下(见图5-10(b))：

（1）已知曲线上的若干点(控制点)；

（2）用较硬的铅笔徒手将各点轻轻地连成曲线；

（3）在曲线板上选择曲率大致与曲线的部分(至少连续通过四个点)相同的一段，靠在曲线上，并稍微偏转移动曲线板，使

图5-9　曲线板

与曲线吻合后将曲线描深或上墨；

（4）用同样方法分若干段将曲线画完。

使用曲线板时应注意：连线时，先只将吻合线的中间一段画出，留出一小段作为下一次连接相邻部分之用，这样才能使所画曲线光滑。

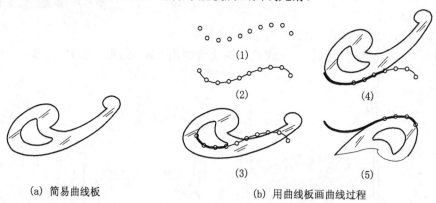

（a）简易曲线板　　　　　　　　（b）用曲线板画曲线过程

图5-10　用曲线板描非圆曲线

5.1.7　比例尺

比例尺的形式有多种，图5-11所示为三棱比例尺，在其三个棱面上刻有1∶100、1∶200、1∶300、1∶400、1∶500、1∶600六种比例。尺子上的长度单位一般都

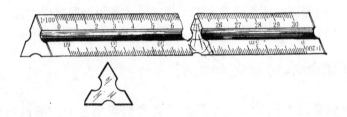

图 5-11   比例尺

是米(m)。

画在图纸上的图形与实物的大小常不相同，它们之间应有一定比例关系。例如欲使图形比原形(在长度上)缩小 100 倍，不必计算，选用 1∶100 的比例尺直接量度即可。

使用比例尺时注意：画图时，比例尺只用来量尺寸，不可用来画线。量取尺寸时可把比例尺放在图纸上需要量尺寸的地方直接量取尺寸，并用铅笔做记号，或用分规从比例尺上量取。

5.1.8   图纸

正式绘图要用绘图纸。较好的绘图纸纸质密实、平整，不宜太薄，用橡皮擦拭不易起毛，上墨时能吸墨但不浸润。还有一种透明度较高的描图纸，又称硫酸纸，上墨后作为晒蓝图的底图。

绘图前图纸不要折叠，应卷成筒形。

5.1.9   其他

除以上所列之外，擦图用橡皮、固定图纸用胶带纸、书写墨字用钢笔及绘图墨水、磨笔芯用的细砂纸、扫除橡皮屑用的软毛刷及擦图片(见图 5-12)等，也是需要准备的常用物品。

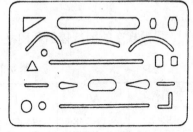

图 5-12   擦图片

5.2   绘制工程图的有关规定

工程图样是工程施工、生产、管理等环节最重要的技术文件。它不仅包括按投影原理绘制的、表明工程形状的图形，还包括工程的材料、做法、尺寸、有关文字说明等，所有这一切都必须有统一规定，才能使不同岗位的技术人员对工程图样有完全一致的理解，从而使工程图真正起到技术语言的作用。

5.2.1　制图标准的制定和类别

标准一般都是由国家指定专门机关负责组织制定的，所以称为"国家标准"，简称国标，代号是"GB"。国标有许多种，制图标准只是其中的一种，所以为了区别不同技术标准，还要在代号后边加若干字母和数字等，如有关机械工程方面的标准的总代号为"GB"，有关建筑工程方面的标准的总代号为"GBJ"。

国标是全国范围内有关技术人员都要遵守的。此外还有使用范围较小的"部颁标准"及地区性的地区标准。就世界范围来讲，早在 20 世纪 40 年代就成立了"国际标准化组织"(代号是"ISO")，它制定的若干标准，皆冠以"ISO"。

5.2.2　制图标准的基本内容

5.2.2.1　图纸幅面

图纸是包括已绘图样和未绘图样的、带有标题栏的绘图用纸。

图纸幅面是图纸的大小规格，也是指矩形图纸的长度和宽度组成的图面。

图框是图纸上限定绘图区域的线框，其边线(周边)称为图框线(用粗实线画出)。

我国规定的图纸幅面和图框的尺寸及代号如表 5-1 所示。

表 5-1　图纸幅面和图框尺寸　　　　　　(单位：mm)

幅面代号	A0	A1	A2	A3	A4
$B\times L$	841×1189	594×841	420×594	297×420	210×297
e	20		10		
c	10		5		
a	25				

一般 A0~A3 图纸宜横式使用，必要时也可立式使用，当图纸幅面的长边需要加长时，可查阅国家标准。

基本幅面(第一选择)各号图纸的尺寸关系如图 5-13 所示。

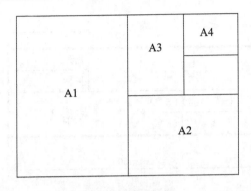

图 5-13　基本幅面

无论图纸是否装订，均应用粗实线画出图框，其格式有不留装订边和留有装订边两种，如图 5-14 所示。但同一产品的图样只能采用一种形式。

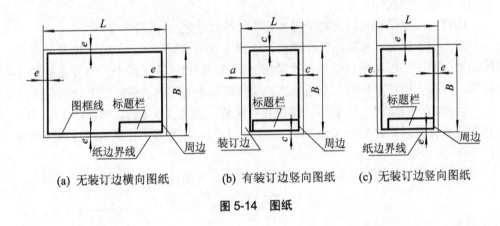

(a) 无装订边横向图纸　　　(b) 有装订边竖向图纸　　(c) 无装订边竖向图纸

图 5-14　图纸

5.2.2.2　标题栏

在每张正式的工程图纸上都应有工程名称、图名、图纸编号、设计单位、设计人、绘图人、校核人、审定人的签字等栏目，把它们集中列成表格形式就是图纸的标题栏，简称图标(用粗实线画出外框，分割线用细实线画)。其位置如图 5-14 所示。

本课程的作业和练习都不是生产用图纸，所以除图幅外，图标的栏目和尺寸都可简化或自行设计。学习阶段建议采用图 5-15 所示的图标。其中图名用 10 号字，校名用 10 号或 7 号字，其余汉字除签名外用 5 号字书写，数字则用 3.5 号字书写。

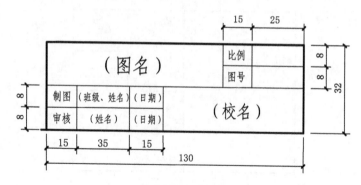

图 5-15　标题栏

5.2.2.3　比例

　　能用直线直接表达的尺寸称为线性尺寸，如直线的长度、圆的直径、圆弧半径等。角度为非线性尺寸。

　　比例为图中图形与其实物相应要素的线性尺寸之比。

　　图形一般尽可能按实际大小画出，以便读者有直观印象，但建筑物的形体比图纸要大得多，而精密仪器的零件(如机械手表零件)往往又很小，为方便制图及读图，可根据物体对象的大小选择适当放大或缩小的比例，在图纸上绘制图样。

　　比值为 1 的比例，即 1∶1，称为原值比例；比值大于 1 的比例，如 2∶1 等，称为放大比例；比值小于 1 的比例，如 1∶2 等，称为缩小比例：三种比例如图5-16 所示。

　　机械图样常见原值比例，而建筑物体形大，其图样常用缩小比例。

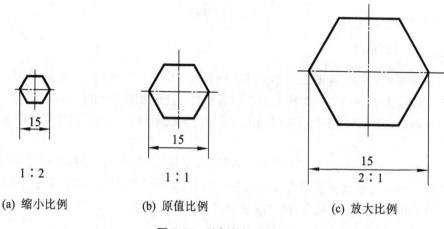

图 5-16　比例的标注形式

需要按比例绘制图样时，应由表 5-2 规定的系列中选取适当的比例。

机械图的比例一般应标注在标题栏中的比例栏内，建筑图则在每个视图的下方写出该视图的名称并在图名的右侧标注比例。

表 5-2　比例

种类	比 例		
原值比例	1：1		
放大比例	5：1	2：1	
	5×10^n：1	2×10^n：1	1×10^n：1
缩小比例	1：2	1：5	
	$1：2 \times 10^n$	$1：5 \times 10^n$	$1：1 \times 10^n$

5.2.2.4　图线

图线对工程图是很重要的，它不仅确定了图形的范围，还表示一定含义，因此需要有统一规定。

1. 图线宽度

国标规定建筑类图线宽度有粗线、中粗线和细线之分，粗、中粗、细线的宽度比为 4：2：1。机械类图线宽度有粗线、细线之分，粗、细线的宽度比为 3：1。

所有线型的宽度应根据图样大小和复杂程度在下列数字系列中选择(图形小而图线多则应选择较细的线宽)0.35 mm、0.5 mm、0.7 mm、1 mm、1.4 mm、2 mm。

选用线宽时应注意：

(1) 线宽指图中粗实线的线宽 d，图中其他图线则根据不同类型图样的比确定各自的线宽；

(2) 根据图样的复杂程度和比例大小来选用不同的线宽；

(3) 一般情况下，同一张图纸内相同比例的各图样应选用相同线宽组合；

(4) 同一图样中同类图线的宽度也应一致。

线宽允许有偏差。使用固定线宽 d 的绘图仪器绘制的线宽偏差不得大于 $\pm 0.1d$。

2. 基本线型

表 5-3 对各种图线的线型、线宽作了明确的规定。

表5-3 图线

名　称		线　型	线　宽	一般用途
实线	粗		d	主要可见轮廓线
	中		0.5d	可见轮廓线
	细		0.25d	可见轮廓线、图例线等
虚线	粗		d	见有关专业制图标准
	中		0.5d	不可见轮廓线
	细		0.25d	不可见轮廓线、图例线等
单点长画线	粗		d	见有关专业制图标准
	中		0.5d	见有关专业制图标准
	细		0.25d	中心线、对称线等
双点长画线	粗		d	见有关专业制图标准
	中		0.5d	见有关专业制图标准
	细		0.25d	假想轮廓线、成型前原始轮廓线
折断线			0.25d	断开界面
波浪线			0.25d	断开界面

3. 图线画法

铅笔线作图要求做到清晰整齐、均匀一致、粗细分明、交接正确。

(1) 实线(粗、中、细)。

画法要求　同类线宽度均匀一致。

(2) 虚线。

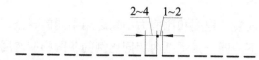

画法要求　各段线长度、间隔均匀一致。

(3) 点画线。

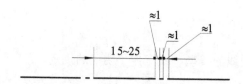

画法要求　各段线长度、间隔、中间点均匀一致；线段长度可根据图样的大小确定；中间点随意画点，不必刻意打点。

基本线型应恰当地相交于"画"处(线段相交)或准确地相交于"点"上，如图 5-17 所示。

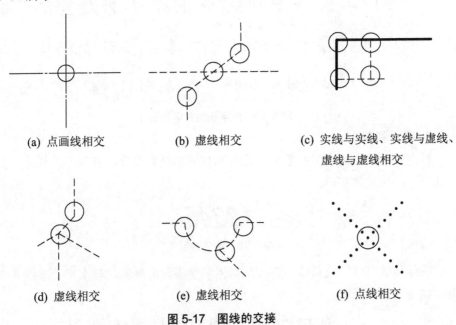

(a) 点画线相交　　　(b) 虚线相交　　　(c) 实线与实线、实线与虚线、

虚线与虚线相交

(d) 虚线相交　　　(e) 虚线相交　　　(f) 点线相交

图 5-17　图线的交接

除非另有规定，两条平行线之间的最小间隙不得小于 0.7 mm。手工使用非固定线宽的笔绘图时，允许目测控制线宽和线素长度。

5.2.2.5　字体

汉字和数字是工程图的重要组成部分，如果书写潦草，不仅影响图面清晰、美观，而且也容易造成误解，给生产带来损失。

工程图中的字体包括汉字、字母、数字和书写符号等。

国标规定工程图中的字体应做到字体工整、笔画清楚、间隔均匀、排列整齐。

1. 汉字

国标规定工程图中的汉字应采用长仿宋体(对大标题、图册封面、地形图等的汉字也可书写成其他字体，但应易于辨认)，所以也把长仿宋体字称为"工程字"，如图 5-18 所示。

长仿宋体字是宋体字的变形。按规定长仿宋体字的字高与字宽的比例约为 1：0.7，笔画的宽度约为字高的 1/20。

14号字
图样是工程界的技术语言

10号字
字体工整 笔画清楚 间隔均匀 排列整齐

7号字
写仿宋字的要领: 横平竖直 注意起落 结构均匀 填满方格

5号字
房屋建筑桥梁隧道水利枢纽结构设计施工建造生产工艺企业管理

图 5-18　汉字长仿宋字示例

2. 字母和数字

写在工程图中的字母和数字（见图 5-19）都是黑体字。在同一图样上，只允许选用一种形式的字体。

12345

图 5-19　数字的写法

字母和数字可写成斜体和直体。斜体字字头向右倾斜，与水平基准线成 75°角，如图 5-20 所示。

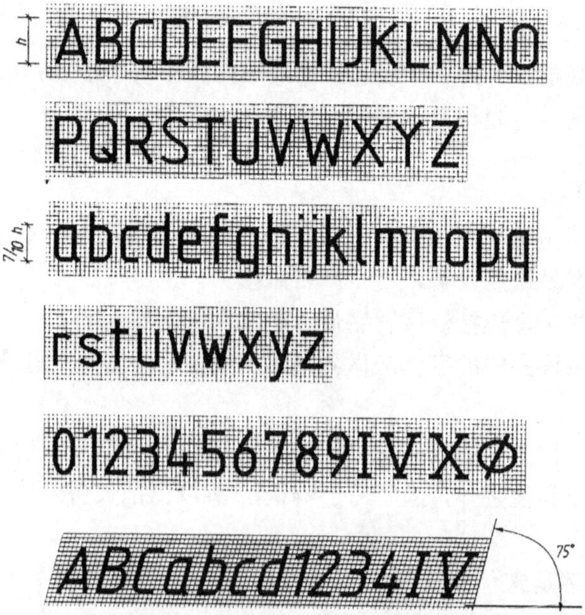

ABCDEFGHIJKLMNO

PQRSTUVWXYZ

abcdefghijklmnopq

rstuvwxyz

0123456789ⅠⅤXØ

ABCabcd1234ⅠⅤ
75°

图 5-20　一般字体的字母和数字

在工程图中实际书写的字母和数字，并不需要像图 5-20 那样画出许多小格，只要作出上、下两条界线(对于小写字母再加画上延和下伸的两条线)，但字体结构和各部分比例仍应如图 5-20 所示。图 5-19 中表示了这种较小字母的字格式样。

3. 字号及使用

字体高度(h)代表字体的号数，简称字号。如字高 5 mm 的字即为 5 号字。一般情况下，字宽为小一号字的字高，国标规定常用字号的系列是：2.5、3.5、5、7、10、14、20 号。

在图中书写的汉字不应小于 3.5 号，书写的数字和字母不应小于 2.5 号。

写长仿宋字时应注意：

(1) 要在有字格(用很浅的硬笔芯细线画出)或有衬格中写汉字；

(2) 初始练字时，行笔要慢，且各种笔画都是一笔写完，不要重描。

5.2.2.6 尺寸标注方法

图样上的尺寸用以确定物体大小和位置。工程图上必须标注尺寸才能使用。

标注尺寸总的要求是：

(1) 正确合理 标注方式符合国标规定；

(2) 完整划一 尺寸必须齐全，不在同一张图纸上但相同部位的尺寸要一致；

(3) 清晰整齐 注写的部位要恰当、明显、排列有序。

尺寸注写，对不同专业图样有不同要求，本书仅介绍应遵守的一般规则。

1. 尺寸内容

一个完整尺寸的组成应包括尺寸界线、尺寸线、尺寸起止符号和尺寸数字四项，如图 5-21 所示。

(1) 尺寸界线 被标注长度的界限线。

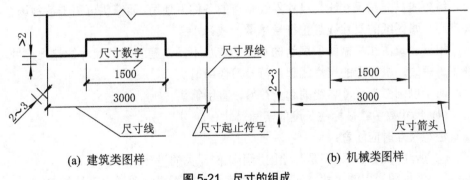

(a) 建筑类图样   (b) 机械类图样

图 5-21 尺寸的组成

尺寸界线用细实线，必要时图样轮廓线可以作为尺寸界线。

国标对建筑图与机械图尺寸界限线的画法要求有所不同，建筑图要求尺寸界线近图样轮廓的一端应离开图样轮廓线不小于 2 mm，另一端宜超出尺寸线 2～3 mm。而机械图要求尺寸界线近图样轮廓的一端应从轮廓线直接引出，另一端同建筑图要求。一般情况下，尺寸界线应与被标注长度垂直。

(2) 尺寸线　被标注长度的度量线。

尺寸线用细实线，不能用图样中的其他任何线代替。

尺寸线应与所标对象平行，其两端不宜超出尺寸界线。

画在图样外围的尺寸线，与图样最外轮廓线的距离不宜小于 10 mm。

平行排列的尺寸线间距为 7～10 mm，且应保持一致。

互相平行的尺寸线，应从被标注轮廓线按小尺寸近、大尺寸远的顺序整齐排列。

(3) 尺寸起止符号　尺寸线起止处所画的符号。

尺寸起止符号有两种：箭头和斜短线，如图 5-22 所示。

箭头的画法：箭头的式样如图 5-22(a)所示，可以徒手或用直尺画成。

斜短线的画法：用中粗斜短线画，其倾斜方向应与尺寸界线成顺时针 45°角，长度宜为 2～3 mm，如图 5-22(b)所示。

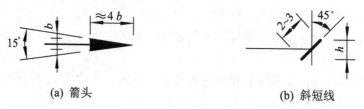

(a) 箭头　　　　　　　　　　(b) 斜短线

图 5-22　起止符号

斜短线只能在尺寸线与尺寸界线垂直的条件下使用，而箭头可用于各种场合，规定同一张图纸的尺寸线起止符号尽量一致。

根据建筑图和机械图所表达的对象的特点不同，建筑图的尺寸线起止符号习惯用斜短线，机械图的尺寸线起止符号习惯用箭头。

对于以圆弧为尺寸界线的起止符号，宜用箭头。

(4) 尺寸数字　被标注长度的实际尺寸。

注写尺寸时应注意：

① 所注写的尺寸数字是与绘图所用比例无关的设计尺寸。

② 工程图样上的尺寸，应以尺寸数字为准，不得从图样上直接量取。

③ 尺寸数字的长度单位,通常除建筑图的高程及总平面图上以米(m)为单位外,其他都以毫米(mm)为单位,所以图上标注的尺寸一律不写单位。

④ 尺寸数字的读数方向是根据尺寸线的方向确定的。当尺寸线在纵向时,尺寸数字在尺寸线的左边,字头朝左,当尺寸线在横向时,尺寸数字在尺寸线的上边,字头朝上。尺寸线在其他方向上时,尺寸数字应按图 5-23 的规定注写。在30°角斜区内注写尺寸时,宜按图 5-24 的方式注写。

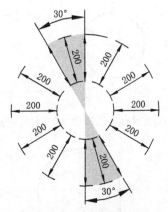

图 5-23　尺寸数字的注写

⑤ 任何图线都不得穿过尺寸数字,不可避免时,应将尺寸数字处的图线断开(见图 5-24(b))。

⑥ 尺寸数字不得贴靠在尺寸线或其他图线上,一般应离开约 0.5 mm。

⑦ 若尺寸界线较密,以致注写尺寸数字的空隙不够时,最外边的尺寸数字可写在尺寸界线外侧,中间相邻的可错开或用引出线引出注写(见图 5-24)。

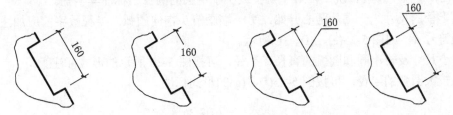

(a)尺寸线上方标注　(b)尺寸线中断处标注　(c)指引线上标注　(d)尺寸线延长线上标注

图 5-24　30°角斜区内尺寸数字的注写

2. 半径、直径、球径的标注

(1) 直径　一般大于半圆的圆弧或圆应标注直径。直径可以标在圆弧上,也可标在圆成为直线的投影上,直径的尺寸数字前应加注直径符号"ϕ"。

标在圆弧上的直径尺寸应注意:

① 在圆内标注的尺寸线应通过圆心的倾斜直径,两端画成箭头指至圆弧(图5-25(a));

② 较小圆的直径尺寸,可标注在圆外。两端画成箭头由外指向圆弧圆心的形式标注或引出线标注,如图 5-26 所示;

③ 直径尺寸还可标注在平行于任一直径的尺寸线上,此时需画出垂直于该直径的两条尺寸界线,且起止符号可用箭头或45°斜短线。

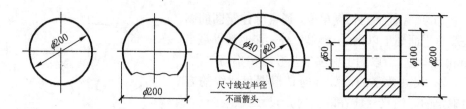

(a)直径标在圆周内 (b)直径标在圆周外 (c)大于半圆直径的标注 (d)剖视图中直径的标注

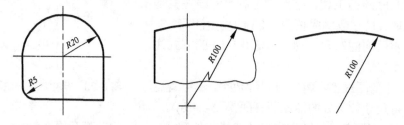

(e)半径标在图形内　　(f)较大圆弧半径通过圆心　(g)较小圆弧半径指向圆心

图 5-25　直径、半径的标注方法

(2) 半径　一般情况下，对于半圆或小于半圆的圆弧应标注其半径。

半径的尺寸线一端从圆心开始，另一端画箭头指向圆弧；半径数字前应加注半径符号 R，如图 5-25(e)、(f)、(g)所示。

小尺寸及较小圆和圆弧的直径、半径，可按图 5-26 所示的形式标注。

较大圆弧的半径，可按图 5-25(f)、(g)的形式标注。

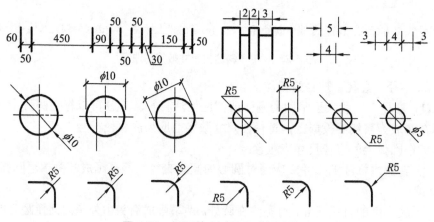

图 5-26　图形较小时的尺寸标注方法

3. 球径

标注球面的半径或直径时，需在半(直)径符号前加注球形代号"S"，如 $S\phi200$

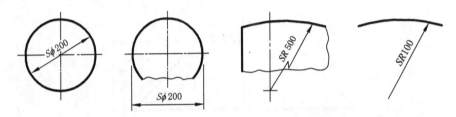

(a) 球径尺寸标注方法   (b) 球半径尺寸标注方法

图 5-27　球径的标注方法

表示球直径为 200 mm(图 5-27(a))，$SR500$ 表示球半径为 500 mm。其他注写规则
与圆半(直)径的相同。

4. 角度、弧长、弦长的标注

(1) 角度　角度的尺寸线应画成细线圆弧，该圆弧的圆心应是该角的顶点。
角的两边线可作为尺寸界线，也可用细线延长作为尺寸界线。起止符号应画成箭
头，如没有足够位置可用黑圆点代替。角度数字应字头朝上、水平方向注写，并
在数字的右上角加注度、分、秒符号，如图 5-28(a)、(b)所示。

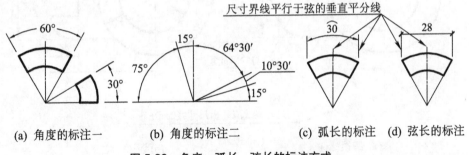

(a) 角度的标注一　　　　(b) 角度的标注二　　　　(c) 弧长的标注　(d) 弦长的标注

图 5-28　角度、弧长、弦长的标注方式

(2) 弧长和弦长　标注弧长时，尺寸线应是与该圆弧同心的细线圆弧。尺寸
界线应垂直于该圆弧的弦。起止符号应画成箭头。弧长数字上方应加注圆弧符号
"⌒"，如图 5-28(c) 所示。

标注弦长时，尺寸线应为平行于该圆弧的弦的细直线。尺寸界线应垂直于该
弦，如图 5-28(d)所示。

5. 坡度的标注

斜面的倾斜度称为坡度(斜度)，其标注方法有两种：用百分比表示和用比例
表示，如图 5-29 所示。

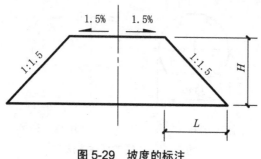

图 5-29　坡度的标注

图 5-30 所示为直径或半径的错误标注示例。

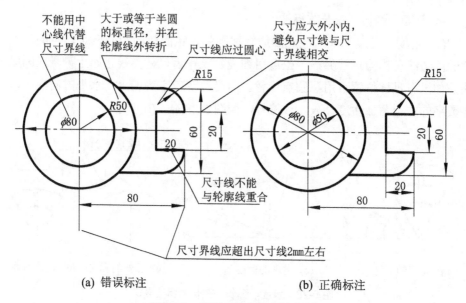

(a) 错误标注　　　　　　　　　(b) 正确标注

图 5-30　直径或半径的标注示例

5.3　几何作图和绘图准备工作

　　任何工程图都是若干平面图的组合，而每一个平面图又都是由直线、曲线按一定关系组成的。用几何作图的方法来表现物体轮廓形状的各种平面几何图形是制图的基本技能。为了能够迅速、准确地画出各种简单或复杂的平面图形，需要将几何知识和必要的作图技巧结合起来，并熟练掌握各种几何图形的作图原理和方法。

　　几何作图是根据已知条件按几何原理用仪器和工具作图。以下介绍常用的几种几何作图的方法和步骤。

5.3.1　几何作图

5.3.1.1　作圆的内接正多边形(等分圆周)

　　正多边形的作图，根据已知条件的不同有多种方法，这里仅介绍已知多边形外接圆时画该正多边形的方法。

1. 正五边形的画法

　　作图方法如图 5-31(a)、(b)、(c)所示，取外接圆→以 *OA* 和中点 *E* 为圆心，以点 *E* 到点 1 的距离为半径画圆弧交 *OA* 的延长线于点 *B*(1*B* 的长度即为五边形边长)→以五边形的边长 1*B* 等分圆周→连接各等分点得正五边形 12345。

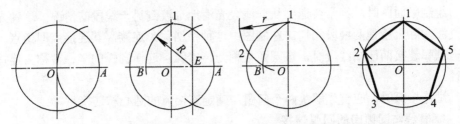

　(a) 找 *OA* 中分点　　(b) 以 *R* 画弧的交点得点 *B*　　(c) 以边长 1*B* 等分圆周　(d) 完成正五边形

图 5-31　正五边形的画法

2. 正六边形的画法

　(1) 用外接圆半径作图，作图方法如图 5-32 所示。

　(2) 利用 60°三角板与丁字尺配合作图，作图方法如图 5-33 所示。

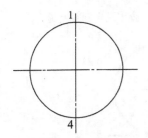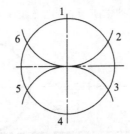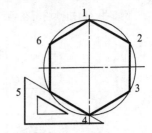

　(a) 以点 1、4 为圆心　　　　(b) 以外接圆半径为半径　　　(c) 依次连接各顶点得正六边形
　　　　　　　　　　　　　　　　作弧的交点 2、3、5、6

图 5-32　正六边形的画法(一)

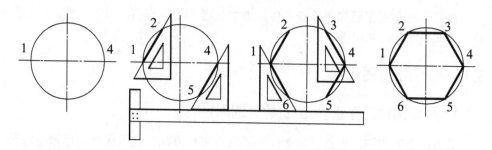

(a) 选择直径的　　(b) 用60°三角板过点1、4　(c) 用相同方法过点1、4　(d) 依次连接各点
　　端点1、4　　　　　作60°斜线得点2、5　　　　　作60°斜线得点3、6　　　得正六边形

图 5-33　正六边形的画法(二)

5.3.1.2　圆弧连接

　　绘制平面图时，经常会遇到从一线段光滑地过渡到另一线段的情况，这种光滑过渡实际上就是两线段相切。在制图中这种相切称为连接，其连接点即切点。当一圆弧连接两已知线段时，该圆弧被称为连接弧，连接圆弧的半径被称为连接半径。

　　画连接弧时，应首先解决两个问题：确定连接弧的圆心和连接点。

1. 直线与圆弧间的圆弧连接

　　(1) 几何作图原理　一圆在已知直线 AB 上滚动，圆心 O_1 的运动轨迹为一条平行于直线 AB 的直线 O_1O，两直线之距离为半径 R，如图 5-34 所示。

　　(2) 几何作图过程　在轨迹线 O_1O 上任取一点为圆心、以 R 为半径作圆弧可与直线 AB 光滑连接，这时连接点是圆心向直线 AB 所引垂线的垂足。

　　(3) 作图举例。

　　例 5-1　已知操场所在场地矩形框的尺寸，如图 5-35(a)所示，画出两端圆弧跑道。

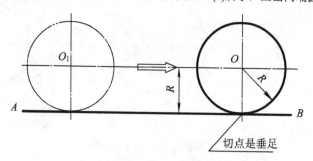

图 5-34　圆与直线相切

作图 (1) 将矩形框边线二等分,找连接圆弧中心的轨迹(见图 5-35(b));

(2) 连接圆心 O_1、O_2 作被连接直线的垂线,找连接点及画连接圆弧(见图 5-35(c));

(3) 将圆弧弯道加粗并擦去多余线条,完成作图(见图 5-35(d))。

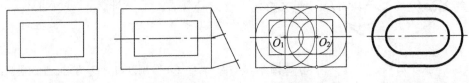

| (a) 已知条件 | (b) 找连接圆弧
中心的轨迹 | (c) 找连接点及
画连接圆弧 | (d) 擦去多余线条,
完成作图 |

图 5-35　例 5-1 图

2. 圆弧与圆弧的连接

(1) 几何作图原理(见图 5-36):与已知圆 O 连接的圆弧圆心 O_1,其运动轨迹为定圆 O 的同心圆。

当两圆相外切时,同心圆半径为 $R_2=R+R_1$,如图 5-36(a)所示;当两圆相内切时,同心圆半径为 $R_2=|R-R_1|$,如图 5-36(b)所示。

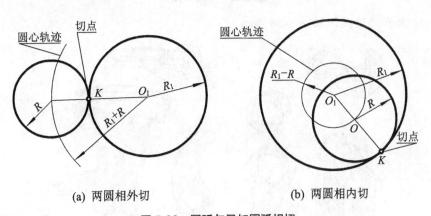

| (a) 两圆相外切 | (b) 两圆相内切 |

图 5-36　圆弧与已知圆弧相切

(2) 几何作图过程如例 5-2 所示。

例 5-2 按已知图形的尺寸,如图 5-37(a)所示,用几何作图法抄绘该图形。

作图 (1) 画圆 ϕ_1、ϕ_2、ϕ_3、ϕ_4(见图 5-37(b));

(2) 分别以 O_1、O_2 为圆心画四段弧 $R_1+\phi_1/2$、$R_2-\phi_1/2$、$R_1+\phi_4/2$、$R_2-\phi_4/2$(见图 5-37(c));

(3) 将四个圆心分别相连,找四个连接点 K_1、K_2、K_3、K_4(见图 5-37(d));

(4) 分别以 R_1、R_2 在四切点间画弧(见图 5-37(e));

(5) 加粗轮廓线,完成作图(见图 5-37(f))。

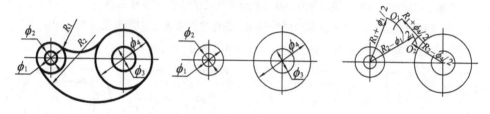

(a) 已知　　　(b) 画圆 ϕ_1、ϕ_2、ϕ_3、ϕ_4　　(c) 分别以 O_1、O_2 为圆心画四段弧：
$R_1+\phi_1/2$、$R_2-\phi_1/2$、$R_1+\phi_4/2$、$R_2-\phi_4/2$

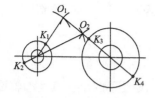 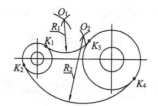 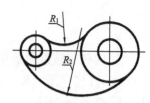

(d) 将四个圆心分别相连，找四个　　(e) 分别以 R_1、R_2　　(f) 加粗轮廓线
连接点 K_1、K_2、K_3、K_4　　　在四切点间画弧

图 5-37　例 5-2 图

（3）圆弧连接实例如图 5-38 所示。

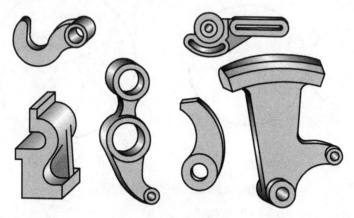

图 5-38　圆弧连接实例

5.3.1.3　椭圆画法

非圆曲线中，椭圆应用较为广泛。国内外虽有多种椭圆规，但至今尚未普及。目前工程中除用计算机绘制外还是使用直尺、曲线板、圆规等仪器作椭圆，或作近似椭圆。以下介绍两种画法。

（1）同心圆法(见图 5-39(a))　分别以长轴 AB、短轴 CD 的一半为半径，以 O 为圆心作两同心辅助圆，画出若干条(本例为 6 条)直径(6 等分)，与圆周交得若干点，过直径与大圆的交点作竖直线(平行于 CD)，过同一直径与小圆的交点作水平线(平行于 AB)，两线相交即得椭圆上的点 1，2，…，用曲线板顺序光滑连接，即成椭圆。

(2) 四圆心法(见图 5-39(b)) 它是用四段圆弧连成的一个扁圆，近似地代替椭圆。连接长短轴的端点，如 AC，并在其上取 $\overline{CF} = \overline{CE} = (\overline{AO} - \overline{CO})$，作 AF 的中垂线，交 OA 于点 O_1，交 OD 于点 O_2，分别在 OB、OC 上取 O_1、O_2 的对称点 O_3、O_4，连接 O_1O_4、O_2O_3、O_4O_3，分别以 O_1、O_3 为圆心，以 O_1A(等于 O_3B)为半径作弧；再分别以 O_2、O_4 为圆心，以 O_2C(等于 O_4D)为半径作弧，四段圆弧在连心线处相接，成为以 T_1、T_2、T_3、T_4 为切点的一个扁圆。

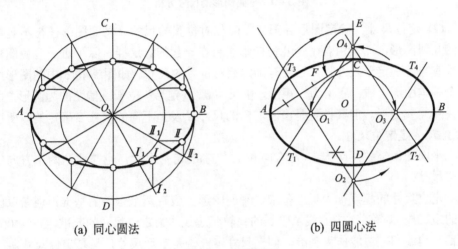

(a) 同心圆法   (b) 四圆心法

图 5-39 椭圆画法

5.3.2 平面图形分析及画法

平面图形是根据所给尺寸，按一定比例画出的。在画图前，应先结合图上的尺寸，对构成图形的各类线段进行分析，明确每一段的形状、大小及与其他线段的相互位置关系等，以便采取正确有效的画法。反过来，对已画好的平面图形要合理地标注尺寸，这不但有利于画图，也有利于识图。

1. 平面图形的尺寸分析

平面图形上的尺寸，根据它在图形中所起的作用不同，可分为以下两类。

(1) 定形尺寸 确定图形中各部分形状和大小的尺寸。如图 5-40(a)中矩形的大小是由 a、b 两个尺寸确定的，a、b 即定形尺寸；再如图 5-40(b)所示，圆的大小是由其直径 c 确定的，c 为圆的定形尺寸。

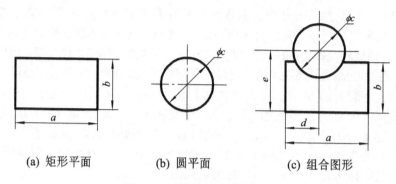

(a) 矩形平面　　　　(b) 圆平面　　　　(c) 组合图形

图 5-40　平面图形的尺寸分析

(2) 定位尺寸　确定图形各部分之间相对位置的尺寸。平面图形往往不是单一的几何图形，而是由若干个几何图形组合在一起的。这样，除了每一几何图形必须有自己的定形尺寸外，还要有确定相对位置的尺寸。如图 5-40(c)中的图形由两个基本图形组成：底下为一矩形，由尺寸 a、b 定形；位于上偏左的为圆形，由直径尺寸 c 定形。但其位置是由左右向的尺寸 d 及上下向的尺寸 e 确定的，所以尺寸 d、e 是定位尺寸。

平面图形需要两个方向(左右向和上下向)的定形尺寸，也需要这两个方向的定位尺寸。

定位尺寸的起点称为尺寸基准，平面图形上应有两个方向的基准，通常以图形的主轴线、对称线、中心线及较长的直轮廓边线作为定位尺寸的基准，图 5-40(c)是把底边线和左边线作为基准，同一尺寸可能既是定形尺寸，又是定位尺寸。

2. 平面图形上线段性质的分析

平面图形上的线段，根据其性质的不同，可分为以下三类：

(1) 已知线段　定形尺寸和定位尺寸齐全的线段。如图 5-41 中的 $\phi36$、$\phi26$、$R66$、$R37$ 均为已知弧，这些弧都可直接画出。其中 $\phi36$ 的中心线为两个方向的定位基准，$R50$ 和 5 为定位尺寸。

(2) 中间线段　有定形尺寸和一个方向的定位尺寸的线段，或只有定位尺寸无定形尺寸。如图 5-41 中的 $R14$ 只有一个距中心线左右方向为 5 的定位尺寸，要画出该线段，其圆心上下方向的定位需依赖与其一端相切的已知线段

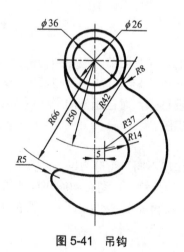

图 5-41　吊钩

*R*66 才能画出。

(3) 连接线段 只有定形尺寸而没有定位尺寸的线段。如图 5-41 中的 *R*8、*R*42、*R*5 均为连接弧，作图时要根据它们与相邻线段的连接关系通过几何作图方法求出它们的圆心。

对于有圆弧连接的图形，必须先分析出其已知弧、中间弧和连接弧，然后才能进行绘制和标注尺寸。作图顺序是先画已知弧，再画中间弧，最后画连接弧。

3. 平面图形的画法

以图 5-41 中的吊钩为例说明平面图形的画法：

(1) 选定合适的比例，布置图面；

(2) 画定位线、基准线，如图 5-42(a)所示；

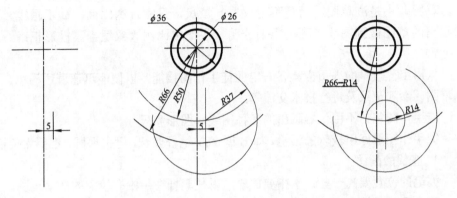

(a) 画定位线、基准线　　(b) 画已知弧 *ϕ*36、*ϕ*26、*R*66、*R*37　　(c) 画中间弧 *R*14

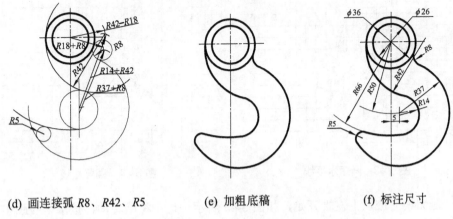

(d) 画连接弧 *R*8、*R*42、*R*5　　(e) 加粗底稿　　(f) 标注尺寸

图 5-42 吊钩的作图过程

(3) 画已知线段 $\phi36$、$\phi26$、$R66$、$R37$，如图 5-42(b)所示；

(4) 用几何作图法画出中间弧 $R14$，如图 5-42(c)所示；

(5) 用几何作图法画出连接弧 $R8$、$R42$、$R5$，如图 5-42(d)所示；

(6) 最后加粗底稿，标注尺寸，完成作图，如图 5-42(e) (f)所示。

5.3.3　徒手作图

在创造活动这个极复杂的过程中，创造性设想的产生往往带有突发性，表现为突如其来的颖悟和理解，此时应不失时机地追求和捕捉灵感、迅速地徒手勾画出草图，记录瞬间设计意图。

徒手画草图简便、快速，适用于现场测绘、即兴构思或研讨设计方案等场合。草图并不是潦草图，而是不用仪器、量尺，只凭目测比例，徒手画线。要求画出的草图做到图线清晰、粗细分明、各部位比例大致适当、投影正确、尺寸无误。

从事工程技术的人员应具备一定的徒手作图技能，以便能迅速表达构思，绘制草图，参观记录及进行技术交流等。

徒手作图包括不用仪器画出的各种图线、图形和尺寸。

徒手作图最好用较软的铅笔，如 B 或 2B，笔杆要长，笔尖要圆，不要太尖锐。

1. 直线的画法

握笔的位置要高一些，手指要放松，以使笔杆在手中有较大的活动范围。

画水平线时笔杆要放平些(见图 5-43)，画竖直线时笔杆要立直些(见图 5-44)。

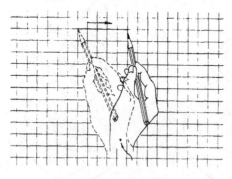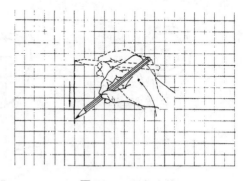

图 5-43　画短水平线　　　　　　　　　图 5-44　画竖直线

画斜线时应从上左端开始，如图 5-45 所示，也可将纸转动，按水平线画出。

画较长直线的底稿，眼睛不要看笔尖，要盯住终点，用较快的速度画出；加

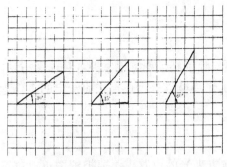

图 5-45　画斜线

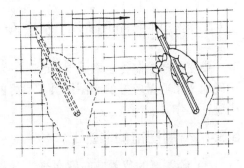

图 5-46　画长水平线

深或加粗底稿时，眼睛则要盯着笔尖，用较慢的速度画，如图 5-46 所示。

2. 画圆和椭圆

画小圆时，一般只画出垂直相交的中心线，并在其上按半径定出四个点，然后勾画成圆(见图 5-47(a))。画较大圆时，可加画两条 45°斜线，并按半径在其上再定四个点，连接成圆(见图 5-47(b))。

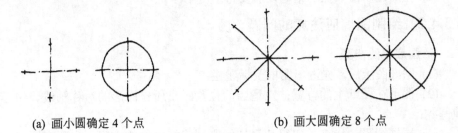

(a) 画小圆确定 4 个点　　　　　　　　(b) 画大圆确定 8 个点

图 5-47　画圆

椭圆的徒手作图的方法步骤与画圆基本相同，主要区别是椭圆的徒手作图应估画出椭圆上的长短轴或共轭直径的端点(见图 5-48)。

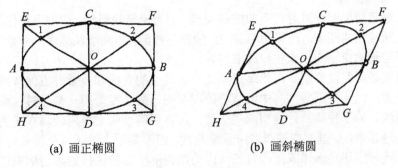

(a) 画正椭圆　　　　　　　　　　(b) 画斜椭圆

图 5-48　画椭圆

5.3.4　绘制平面图形的方法和步骤

要使图样绘制得正确无误、迅速和美观，除了必须熟练地掌握各种作图方法，正确地使用质量较好的制图用具和良好的工作环境以外，还需按照一定的工作程序进行工作。

5.3.4.1　制图前的准备工作

(1) 绘图桌的位置应布置在光线自左前方来光的位置，不要把绘图桌对着窗户来安置，以免由于图纸面的反光而影响视力。在晚间绘图时，也应该注意灯光的方向；

(2) 将绘图时所用的资料备齐放好(放在制图桌旁边的桌子上或书桌内)；

(3) 把绘图板及制图用具，如三角板、丁字尺、比例尺等都用软布擦干净；

(4) 将铅笔削好，并备好磨削铅笔尖用的细砂纸；

(5) 准备一张清洁的图纸，并固定在图板的中间偏左下的位置；

(6) 在画图以前或在削铅笔以后要将手洗干净。

5.3.4.2　绘制图稿应注意的问题

1. 画底稿的步骤

(1) 贴好图纸后，先画出图框及标题栏；

(2) 图形在图纸上的位置：在适当的位置画出所作图形的对称轴线、中心线或基线；

(3) 根据图形的特点，按照从已知线段到连接线段的顺序画出所有图线，完成全图；

(4) 画出尺寸线及尺寸界线；

(5) 检查和修正图样底稿。

2. 加深图线

用铅笔描黑图样时对线型的控制较难，因为铅笔线粗细、浓淡不易保持一致。一般在画较粗的图线时可采用 B 或 2B 的铅笔描黑；画细线及标注尺寸数字等时，可采用较硬的铅笔(HB)来描绘或书写。

铅笔必须经常修削。用铅笔描黑同一种线型的直线和圆弧时应保持同样的粗度和浓度，但如果圆规插脚中的笔芯硬度与铅笔的硬度为同一型号时，圆规画出的线较淡。为了使同一种线型浓淡一致，可在铅笔插脚上换用较画直线的笔芯软一些的笔芯来画。画圆或圆弧时可重复几次，但不要用力过猛以免圆心针孔扩大。在画图线时应避免画错或画线过长，因为用铅笔描黑的图样如再用橡皮修整，往往留有污迹而影响图面的整洁。

为了避免笔芯末玷污图纸，同一线型、同一朝向的同类线，尽可能按先左后右、先上后下的次序一次完成。当直线和圆相切时，宜先画圆弧后画直线。

5.3.4.3　注意事项

(1) 应当以正确的姿势来进行绘图。不良的绘图姿势，不但会增加疲劳，影响效率，有时还会损害视力，有害身体健康。图 5-49 所示的是正确的绘图姿势。

图 5-49　正确的绘图姿势

(2) 图纸安放在图板上的位置如图 5-1 所示。图纸要靠近图板左边(图板只留出 2~3 cm)，图纸下边至图板边沿应留出放置丁字尺尺身的位置。

(3) 作图时应采用 2H 或 3H 的铅笔画底稿，笔芯应削成圆锥形，笔尖要保持尖锐。

(4) 画线时用力应轻，不可重复描绘，所作图线只要能辨认即可。

(5) 初学者在画底稿图线时，最好分清线型，以免在描绘或加深时发生错误。

(6) 应尽量防止画出错误的和过长的线条。如有错误的或过长的线条时，不必立即擦除，可标以记号，待整个图样绘制完成后，再用橡皮擦掉。

(7) 对于当天不能完成的图样，应在图纸上盖上纸或布，以保持图面的整洁。

绘图中要避免出现任何差错，以保证图样的正确和完整。在开始学制图时，每画完一张图样后，要认真检查校对，以免出现差错。

思 考 题

1. 丁字尺配合图板使用时，为什么要以图板的左边为工作边？

2. 为什么手工绘图使用的铅笔不宜用卷笔器削？

3. 要使铅笔线的粗细均匀一致，应该怎样运笔？

4. 试述图幅规定及它们大小之间的相互关系。

5. 比例为 1∶100 表示什么意思？在 1∶100 的图中，15 mm 长的线段相当于实物上的多少？

6. 一个完整的尺寸标注包括哪几个要素？

7. 斜短线尺寸起止符号在什么条件下使用？

8. 试述圆弧连接的给题条件与作图步骤。

9. 圆弧与圆弧外切连接或内切连接的作图方法有什么异同？

10. 平面图形的尺寸基准一般选哪些要素？

11. 徒手作图有什么特点？怎样进行徒手作图？

12. 试述平面图形的作图方法和步骤。

6 组合体平面图的画法及尺寸标注

6.1　组合体的组成方式与形体分析

6.1.1　组合体的组成方式

任何复杂的形体都可以分解为若干个基本几何体，如图 6-1 所示。由两个或两个以上的基本体组成的物体称为组合体。掌握绘制组合体的投影图是本章的重点，给组合体投影图标注尺寸是难点。在本章组合体平面图的绘制过程中，只要掌握将组合体分解、组合的方法和熟悉各基本体的投影特点，利用图和物之间的对应关系，来思考、分析组合体的构成与表达方法，组合体视图的绘制也就迎刃而解了。

组合体的组合形式大致可分为叠加式组合、截切式组合和综合式组合。

6.1.1.1 叠加式组合体

由两个或两个以上的基本体叠加而成的组合体称为叠加式组合体，简称叠加体，如图 6-1 所示。按照形体表面的接触方式不同，叠加体又分为简单叠合、相交式和相切式。

1. 简单叠合

两个基本体以平面的方式进行组合。它们的分界线是直线或平面曲线，因此，只要知道接触面的位置，就可画出它们的投影。

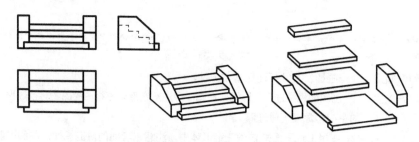

图 6-1　组合体由简单基本体组合而成

基本体在叠合过程中有以下特性：

(1) 表面平齐叠合　若两个基本体结合部分（叠合处）的同方向平面互相平齐地连接成一个平面，则在它们连接处共面而没有分界线，如图 6-2 所示。

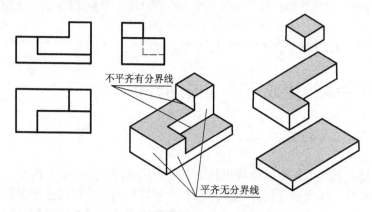

不平齐有分界线

平齐无分界线

图 6-2　叠加时的平齐与不平齐

(2) 表面不平齐叠合　当两基本体结合部分的同方向平面不平齐时，它们的连接处不共面而有分界线，如图 6-2 所示。

2. 相交

当相邻表面处于相交位置，则一定产生交线（截交线、相贯线），它们是形体

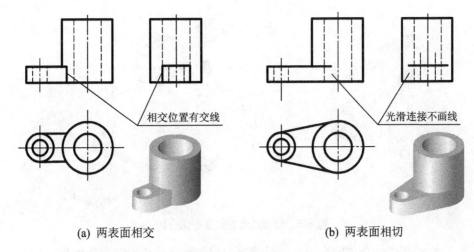

(a) 两表面相交　　　　　　　　　　　(b) 两表面相切

图 6-3　相交与相切

表面的分界线，在视图中应画出来。如图 6-3(a)所示。

3. 相切

两个基本体的平面（平面与曲面或曲面与曲面）相切时，由于它们的表面呈光滑过渡，相切处不画线，如图 6-3 (b)所示。

6.1.1.2　截切式组合体

当基本体被平面或曲面所截时，会产生各种形状的交线，使之变成较复杂的形体，这种截切体是组合体的另一种组合形式。图 6-4(a)所示的平面截切体可以看做是单体被单面所截，图 6-4(b)所示的可以看做是多体被单面所截，也可以看做是单体被多面多次所截，图 6-4(c)所示的可以看做是单体(或多体)被多面所截。

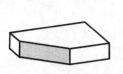　　　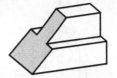　　　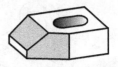

(a) 单体被单面所截　　　　(b) 多体被单面所截　　　　(c) 单体被多面所截

图 6-4　截切式组合体

6.1.1.3　综合式组合体

在许多情况下，叠加式与截切式并无严格的界限，同一物体往往既有叠加也有截切，如图 6-5 所示。

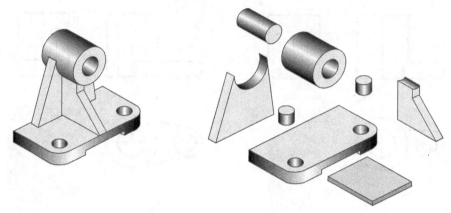

图 6-5　综合组合方式及形体分析

在绘制这类组合体的视图时，必须将上述各种情况正确地反映出来。

6.1.2　组合体的分析方法——形体分析法

假想把组合体分解为若干个基本体（见图 6-5）或作过简单截切的形体（见图 6-6），并分析确定各基本体之间的组合形式、相邻表面间的相互位置及连接关系的方法称为形体分析法。

形体分析法的分析过程是：先分解后综合，从局部到整体。运用形体分析法把一个复杂的形体分解为若干个基本体，可将一个复杂的、陌生的对象转变为较为熟悉的认识，这是一种化难为易、化繁为简的思维过程，也是画图、读图的基本分析方法。如图 6-5 所示组合体虽较复杂，但是由已熟悉的若干基本体——棱柱、圆柱和简单形体经过叠加、截切组合而成，在绘制这类组合体的视图时，必须将这些基本体的各投影正确地反映出来。

图 6-6　组合体与简单形体

　　注意　形体分析将组合体分解的过程是运用假想构成法，其目的是熟悉物体的形状，以便正确画图、读图和配置尺寸，而物体实际上仍是一个整体。

【假想构成法思维原理】

假想构成法是从人们的某种实际需要出发，经过设想(或幻想)而构成一种尚不存在的事物(或观点)的思维方法。

运用假想构成法，人们可以进行无限丰富的想象。

6.2 组合体平面图的画法

画图是运用正投影法把空间物体表达在平面图形上——由物到图的降维过程。在物与图的转换过程中，将运用图形思维法、假想构成法等多种思维方法。

【**图形思维法思维原理**】

图形思维法是用画图的方式来表达事物间的关系和属性，借以帮助人们分析问题、解决问题的一种思维方法。使用图形思维法的关键是由问题绘画出图形。图形能以鲜明醒目的形式向人们展示对象的整体情况及各部分间的相互联系，以利于人们分析思考问题。

画图前必须先假想将组合体分解成若干部分，即若干基本体，如棱柱、棱锥、圆柱、圆锥、圆球、圆环等，这个过程被称为化整为零过程，也是促进思维发散的过程；然后根据它们的组合形式——叠加、相交或截切，分别画出各基本几何体的视图，以及它们之间连接关系的投影，分析各基本体之间的相对位置（空间分析过程，也是收敛过程），最后有步骤地完成整个组合体的视图——形象描述（合零为整过程）。

【**假想构成法思维提示**】

假想构成法假想的是未来，它的价值日益受到人们的重视。由于人们长期生活在特定的环境中，一般都安于习惯性思考，即在思考问题时，总是尽量使自己想的和做的符合现存的一切。而假想构成法却是一种可以冲破人们习惯性思考的好方法。它能使我们摆脱守旧的思考习惯，开拓创新设想，寻找到解决新问题的对策。

下面以图 6-7 所示组合体为例说明画图的分析过程与画图方法和步骤。

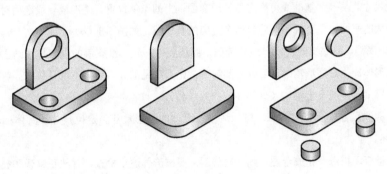

图 6-7　形体分析

1. 形体分析

对组合体进行形体分析，充分了解作图对象的形状特征及思考各基本体的投影特点，按照组成组合体的各基本体的相互位置关系，确定画图的先后顺序。

2. 确定主视图

主视图是三视图中最主要的视图，主视图选择恰当与否，直接影响组合体视图表达的清晰度。确定主视图时，要考虑组合体怎么放置和从哪个方向投射两个问题。思考时应注意：

(1) 组合体应按自然稳定的位置放置，并使组合体的表面尽可能多地处于平行或垂直的位置；

(2) 选择能反映组合体的结构形状特征及各基本体相互位置关系，并能减少俯、左视图上虚线的方向，作为主视图的投射方向。

图 6-8（a）所示组合体的放置为底板朝下，主视图的透射方向选择右前（优选）或右后，其他方向均不合适。

3. 遵循正确的画图方法和步骤

正确的画图方法和步骤是保证绘图质量和提高绘图效率的关键(具体见例6-1)。在画组合体视图时要严格按照投影关系，逐一画出每一组成部分的投影。切忌画完一个视图，再画另一个视图。

例 6-1　绘制图 6-8(a)所示组合体的三视图。

作图　(1) 选比例、定图幅。画图时一般尽量选用 1:1 的比例，这样便于直接估量组合体的真实大小。选定比例后，由组合体的长、宽、高尺寸分别计算每个视图所占的面积范围，并在各视图之间留出标注尺寸的位置和适当的间距；根据估算结果，选用合适的标准图幅。

(2) 确定主视图的透射方向（见图 6-8（a））。

(3) 固定图纸、布图、画基准线。根据各视图的大小和位置，画出基准线。基准线是指画图和测量尺寸的基准，基准线可确定各视图在图纸上的具体位置。基准线一般选用对称中心、轴线和较大的平面，每个视图应确定两个方向的基准线，如图 6-8（b）所示。

(4) 画底稿。画底稿时，底稿线要准确，图线要细、轻。画底稿的顺序是先画主要形体，后画次要形体；先画外形轮廓，后画内部细节；先画可见部分，后画不可见部分；对称中心线和轴线可用细点画线直接画出（见图 6-8（c）、（d））。

(5) 标注尺寸。画完底稿后，可标注出组合体的定形尺寸和定位尺寸。具体标注方法如 6.3 节所述。

(6) 检查、描深、完成全图。画完底稿后，要按形体逐个检查，并纠正错误和补充遗漏。检查无误后，再用标准图线加深、加粗，最后填写标题栏，完成全图（见图 6-8（e））。

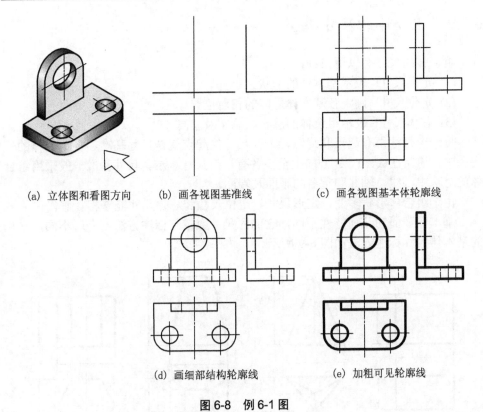

(a) 立体图和看图方向　　(b) 画各视图基准线　　(c) 画各视图基本体轮廓线

(d) 画细部结构轮廓线　　(e) 加粗可见轮廓线

图 6-8　例 6-1 图

6.3　组合体平面图的尺寸标注

　　组合体的三视图只是表达了组合体的形状，而组合体的真实大小及它们相互位置，则要依据视图中标注的尺寸来确定。

6.3.1　标注组合体尺寸的要求

　　尺寸标注的基本要求如下：
　　(1) 正确　按国家标准规定的尺寸标注规则标注尺寸；
　　(2) 齐全　所标注的尺寸不遗漏，不多余，不重复；
　　(3) 清晰、整齐　把尺寸标注在图中合适的地方，以便于看图。
　　由于组合体是由一些基本体通过叠加、截切等方式组合形成的，因此标注组合体尺寸的基础是标注基本体的尺寸、标注各基本体之间的相对位置的尺寸和标注组合体的总体尺寸。

6.3.2 组合体的尺寸类型

组合体的尺寸有以下三种：

(1) 定形尺寸 表示基本体的形状大小；

(2) 定位尺寸 确定各基本体之间的相对位置；

(3) 总体尺寸 表示组合体的总长、总宽及总高。

每一个尺寸都有起点和终点，定位尺寸的起点就是尺寸基准。在组合体的三视图中，通常在 X、Y、Z 方向上至少各有一个尺寸基准。尺寸基准一般采用组合体的对称中心线、轴线和重要的平面及端面。

由于组合体形状多变，定形尺寸、定位尺寸和总体尺寸能够相互兼代。

基本体表面的几何特性不同，它们的尺寸数量与标注方法也有所不同，常见的基本体尺寸标注方法如图 6-9 所示。

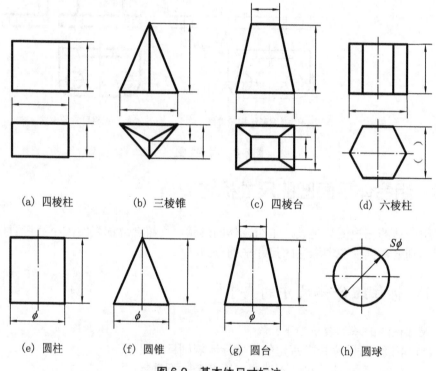

| (a) 四棱柱 | (b) 三棱锥 | (c) 四棱台 | (d) 六棱柱 |

| (e) 圆柱 | (f) 圆锥 | (g) 圆台 | (h) 圆球 |

图 6-9 基本体尺寸标注

6.3.3 标注尺寸应注意的问题

(1) 尺寸标注是在形体分析的基础上进行的。

(2) 定形尺寸应尽量标注在反映该形体特征的视图上。

(3) 不在尺寸基准上的基本体，应标注出该方向上的定位尺寸。

(4) 同一形体的定形尺寸和定位尺寸应尽可能标注在同一视图上。

(5) 尺寸排列要整齐，平行的几个尺寸应按"大尺寸在外，小尺寸在内"的规律排列，以避免尺寸线与尺寸界线穿插。

(6) 内部尺寸和外形尺寸应分别标注在视图的两侧，避免混合标注在视图的同一侧。

(7) 同轴回转体的直径，最好标注在非圆的视图上。避免用回转体的界限素线作为尺寸基准。

(8) 尽可能不在图形轮廓线内标注尺寸。一般也不在虚线上标注尺寸。

(9) 当立体被平面所截出现截交线时，应在截平面的积聚投影中标注出截平面的定位尺寸。截交线是作图时求出来的，不需标注其尺寸（见图6-10）。

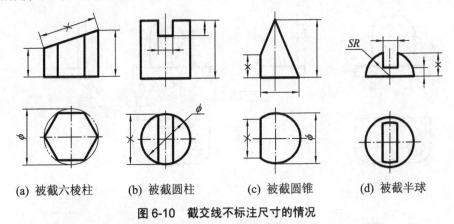

(a) 被截六棱柱　　　(b) 被截圆柱　　　(c) 被截圆锥　　　(d) 被截半球

图6-10　截交线不标注尺寸的情况

(10) 当出现回转体或部分回转体结构时，应标注出回转体的定位尺寸和回转体的半径或直径，而不需标注总体尺寸。

6.3.4　组合体三视图标注尺寸的方法和步骤

组合体三视图标注尺寸的方法和步骤如下：

(1) 运用形体分析方法，将组合体分解为一些简单的基本体，由此可以确定出需要标注哪些定形尺寸；再进一步分析组合体的各组成基本体之间的组合关系和相对位置，从而确定出需要标注哪些定位尺寸。

(2) 选定 X、Y、Z 三个方向的尺寸基准。

(3) 逐个标注出各组成形体的定形尺寸和定位尺寸。

（4）将尺寸进行调整，标出组合体的总体尺寸，去掉多余尺寸。

（5）检查尺寸有无多余、重复和遗漏。

例 6-2　标注图 6-11(a)所示组合体的尺寸。

作图　① 运用形体分析的方法，可知组成该形体的各基本体及各组成部分的组合形式及其相对位置，如图 6-7 所示。

② 确定 X、Y、Z 三个方向的尺寸基准：组合体对称中心线为 X 方向的尺寸基准，后端面为 Y 方向的尺寸基准，底板下表面为 Z 方向的尺寸基准(同画图时的基准)，如图 6-11(b)所示。

③ 标注出各基本体的定形尺寸(见图 6-11(c))。

④ 标注出各组成部分之间的定位尺寸(见图 6-11(d))。

⑤ 对于组合体的总高、总长、总宽尺寸的标注：总长以底板的长度定位尺寸代之；总宽即为底板的宽度；Z 方向出现了回转体结构，该方向不标注总体尺寸；总高为立板圆弧的圆心至底板底平面的距离加上半圆柱面的半径。

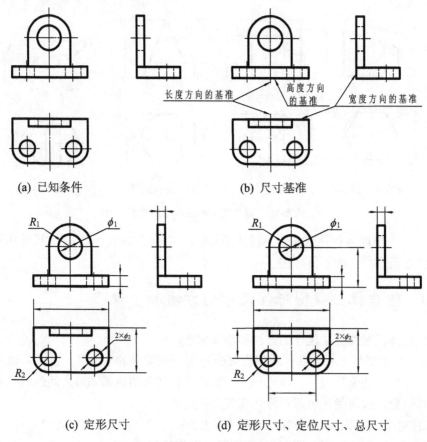

(a) 已知条件　　　　　　(b) 尺寸基准

(c) 定形尺寸　　　　(d) 定形尺寸、定位尺寸、总尺寸

图 6-11　例 6-2 图

思 考 题

1. 通过对组成组合体原型的联想、观察，思考组合体的形成特点、原型与组合体之间的联系与区别。

2. 形象的整体显示对于科学思维具有独特的作用，而不同的问题将绘制不同类型的图形，回答下列问题：

(1) 若要表达组合体形状及大小，则画

A. 多面正投影图　　　　B. 轴测图　　　C. 透视图　　　D. 树形图

(2) 当投射方向确定，投影图中各线段所表示的意义可能有几种情况？

3. 试述形体分析法在组合体视图画图和尺寸标注中的作用。

4. 组合体中，相邻两个基本体表面之间的关系有哪几种情况？投影有何特点？

5. 为什么要选择主视图？选择主视图的原则是什么？

6. 怎样确定视图的数量？试分别列举几个用 1~3 个视图表现的形体。

7. 试述画组合体三视图的方法和步骤。

8. 组合体尺寸分几类？标注尺寸时应遵守哪些原则？

9. 什么是尺寸基准?尺寸基准如何确定？

10. 基本体在组合体中的什么位置必须标注定位尺寸？

7 组合体立体图(轴测图)的画法

本 章 要 点

- **图学知识**　研究绘制直观性较好、富有立体感的平行投影。
- **思维能力**　(1) 由平行投影的特性，将形体的投影图转化为富有立体感的投影，帮助
　　　　　　　完成由平面到空间的思维转换过程。
　　　　　　　(2) 逐步养成由投影图画立体图到由投影图想象出立体图的思维习惯。
- **教学提示**　注意利用平行投影特性作图的引导。

　　多面正投影图能够完整地、准确地表示物体的形状和大小，并且作图简便，是工程图中主要的、基本的表示方法。但是多面正投影图缺乏立体感，直观性不强，未经过专门训练的人不易看懂。例如，图 7-1(a)是形体的三面正投影图，看图时必须将三个投影图联系起来看，才能想象出空间物体的立体形状。图 7-1(b)是同一形体的立体图——轴测投影图(轴测图)，它给人以立体感，能在一个图中同时反映物体长、宽、高三个向度的形状及近似尺寸，所以轴测图在工程上有广泛应用。

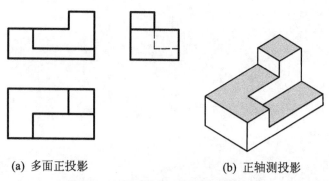

(a) 多面正投影　　　　　　　　　　　(b) 正轴测投影

图 7-1　多面正投影三视图与正轴测图

　　轴测图也有缺点：对复杂形体既不能完整表达清楚，又无法全面地标注尺寸，且各个面的形状也发生了变形，例如，有时矩形变成了平行四边形，圆形变成了椭圆形等等。由于它不能反映物体每个面的真实形状，所以工程中的立体图——轴测图一般只作为辅助图样来帮助我们读图。

7.1　轴测图的基本知识

7.1.1　轴测图的形成

　　轴测图是应用平行投影原理画出的投影图，主要分为两类：正轴测图和斜轴测图。

　　1. 正轴测图

　　投射线与投影面垂直不变的前提下，使物体倾斜设置，即使三个方向的面(或者说物体上三个方向的轴线)都与轴测投影面倾斜，用这种方法画出的投影图，即为正轴测图(见图 7-1(b)和图 7-2(c))。

　　2. 斜轴测图

　　使物体主要或复杂的面保持与轴测投影面平行，让投射线倾斜于轴测投影面，将物体连同其直角坐标体系，用平行投影法投射在单一投影面上。所得到的投影图，即为斜轴测图(见图 7-2(b)、(d)和图 7-3(b))。

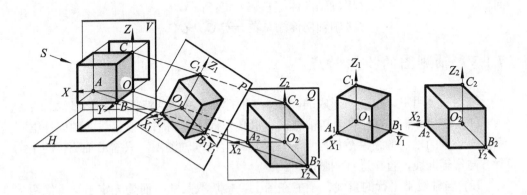

(a) 多面正投影图　　　　(b) 轴测图的形成　　　　(c) 正轴测图　　　(d) 斜轴测图

图 7-2　轴测图的形成

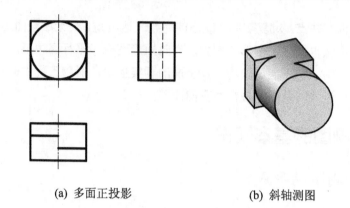

(a) 多面正投影   (b) 斜轴测图

图 7-3　多面正投影三视图与斜轴测图

7.1.2　轴测图中的相关术语

(1) 轴测投影面　画轴测图的单一投影面，如图 7-2 中的平面 P、Q。

(2) 轴测投影轴　物体上的坐标轴 OX、OY、OZ 在轴测投影面上的投影称为轴测投影轴，简称轴测轴，用 O_1X_1、O_1Y_1 和 O_1Z_1 表示。

(3) 轴间角　轴测轴(正向)之间的夹角，即 $\angle X_1O_1Y_1$、$\angle X_1O_1Z_1$ 和 $\angle Y_1O_1Z_1$。

(4) 轴向伸缩系数　轴测轴上的单位长度与相应空间直角坐标轴上的单位长度的比值。在图 7-2 中设空间 OX 轴上单位长度为 OA，其相应轴测轴上的单位长度则为 O_1A_1，如设 OX 轴的轴向伸缩系数为 p，则有

$$OX\text{ 轴轴向伸缩系数 } p=O_1A_1 / OA$$

同理
$$OY\text{ 轴轴向伸缩系数 } q=O_1B_1 / OB$$
$$OZ\text{ 轴轴向伸缩系数 } r=O_1C_1 / OC$$

7.1.3　轴测图的投影特点

轴测图是用平行投影法形成的，保持着平行投影的全部特性，主要表现如下：

(1) 与轴线平行的直线，其轴测投影也必平行于轴测轴，该直线的轴向伸缩系数与该轴的轴向伸缩系数相同。若作某点或直线的轴测图，只需沿轴测轴的平行方向作辅助线，直接进行测量即可。

(2) 与轴线不平行的直线，不能在图上直接量取尺寸，而要先定出该直线两端点的投影位置，再连接两点，即为该直线的轴测图。

(3) 空间互相平行的直线，其轴测图依然保持平行；空间直线上各分线段之间比值，其投影后仍然保持这种比值。

(4) 与轴测投影面平行的空间平面，其轴测投影反映实形，与投射线平行的平面其轴测图积聚为一直线。

7.1.4 轴测图的分类及常用的几种轴测图

表 7-1 列出了工程上常用的几种轴测图。其中每种轴测投影中的轴测轴方向和伸缩系数，均已被证明，本书从略。

表 7-1 工程上常用的几种轴测图

名称	正轴测图		斜轴测图	
性质	投影方向垂直投影面，$p^2+q^2+r^2=2$		投影方向倾斜于投影面	
类型	正等测	正二测	正面斜二测	水平斜等测
轴间角和轴向伸缩系数				
轴测轴的画法				
例：正方体				
备注	用简化系数绘图图形放大 1/0.82=1.22 倍	用简化系数绘图图形放大 1/0.94=1.06 倍		

根据投射线与轴测投影面垂直与否，轴测图可分为两类：
(1) 正轴测图　投射线垂直于投影面；
(2) 斜轴测图　投射线倾斜于投影面。

根据轴向伸缩系数间关系的不同，两类轴测图又可分为三种：

(1) 当 $p=q=r$ 时，被称为正等测或斜等测；

(2) 当 $p=q\neq r$ 或 $p=r\neq q$ 或 $r=q\neq p$ 时，称为正二测或斜二测；

(3) 当 $p\neq q\neq r$ 时，称为正三测或斜三测。

7.1.5　绘制轴测图的基本方法

(1) 坐标法　根据物体上一些关键点(如平面立体的角点、曲线上的控制点)的坐标，沿轴向度量，画出这些点的轴测图，并依次连接，得到物体的轴测图。

(2) 端面法　先画出原点所在端面的图形，再沿某方向将此端面平移一段距离，得到物体的轴测图。该方法多用于柱面物体，通常先画出能反映棱柱、圆柱形状特征的一个可见端面，然后画出可见的其余轮廓线，完成物体的轴测图。

(3) 截切法　对于由基本体截切而形成的物体，可先画出基本体，然后在其上进行截切，完成该物体的轴测图。

(4) 叠加法　对于由几个基本体叠加而成的物体，在形体分析的基础上，将各基本体按相对位置关系叠加并逐个画出，最后完成物体的轴测图。

7.2　正等测图的画法

正等测图的轴向伸缩系数为 $p=q=r=0.82\approx1$，各轴间角均为 $120°$。轴测轴的画法如图 7-4 所示。

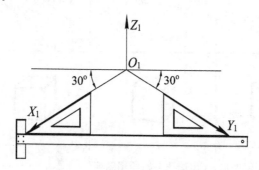

图 7-4　正等测图轴测轴的画法

7.2.1　平面立体正等测图的画法

例 7-1　作四棱柱的正等测图(俯视)，如图 7-5(a)所示。

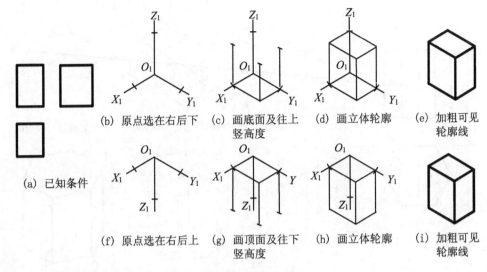

图 7-5 例 7-1 图

作图前应先确定轴测轴的形式(仰视还是俯视)和位置(以哪一点为轴测轴交点),本例分别以轴测轴的原点在两种不同位置为例,应用坐标法绘制该立体的轴测图。

图 7-5(b)轴测轴的原点选在右后下,图 7-5(f)轴测轴的原点选在右后上。

作图 (1)画出轴测轴,并在轴测轴上量取长、宽、高(见图 7-5(b)、(f))。

(2)根据物体各棱线与投影轴平行的关系,在轴测轴上量出三个方向上各条棱线的长度(见图 7-5(c)、(g)),确定物体上所有各点的位置。

(3)按四棱柱形状,画出各条棱线(见图 7-5(d)、(h))。

(4)加粗可见轮廓线,完成四棱柱的正等测图,看不见的棱线一般不画出(见图 7-5(e)、(i))。

例题小结 不管轴测轴原点的位置选在哪里,轴测投影的效果不变,只对作图的繁简程度有影响。对于外轮廓变化不大的形体,或为了少画看不见的线或多余的线,无论俯视还是仰视,轴测轴原点的位置宜选在可见交点上,作图时应尽量先从可见的面开始作图。而对外形轮廓变化较大的形体,轴测轴的原点则宜选在较大的端面上(见例 7-3)。

例 7-2 作六棱柱的正等测图(见图 7-6(a))。

作图 用坐标法、端面法绘制该立体的轴测图。

(1)在正投影图上定出坐标原点和坐标轴的位置——选在顶端面(可见面)的对称中心上(见图 7-6(a))。

(2)画出轴测轴 X_1、Y_1、Z_1(见图 7-6(b))。

(3)取顶面上各点的坐标并作出顶端面的轴测图(见图 7-6(c)、(d))。

(4)将顶端面上的每个顶点沿 Z_1 方向下移柱高 h,得底端面上的 6 个角点(见图 7-6(e))。

(5)连接下端点,擦去不可见的棱线,最后完成立体的轴测图(见图 7-6(f))。

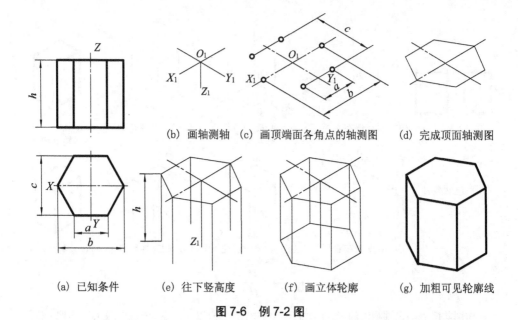

(b) 画轴测轴　(c) 画顶端面各角点的轴测图　(d) 完成顶面轴测图

(a) 已知条件　　(e) 往下竖高度　　(f) 画立体轮廓　　(g) 加粗可见轮廓线

图 7-6　例 7-2 图

例 7-3　作台阶的正等测图，如图 7-7(a)所示。

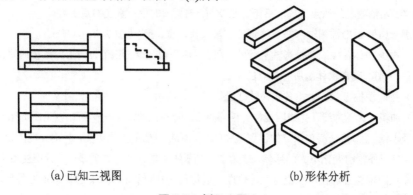

(a)已知三视图　　　　　　　　(b)形体分析

图 7-7　例 7-3 图 1

台阶为组合体，画组合体轴测图时，先用形体分析法分解组合体，将坐标原点确定在底面右后角，然后依次画出分解后各基本体的轴测图，作图时注意各基本体之间的连接关系。该台阶由六个基本体通过截切、叠加而成，台阶左右对称排列，上小下大叠加。因此，投影轴原点的位置可选台阶的右后下角或台阶的左右对称面的后端点。

作图　（1）画出轴测轴(见图 7-8(a))。

（2）用坐标法，在轴测轴上画出 H 面投影两个方向外轮廓线的轴测投影(见图 7-8(b))。

（3）用端面法，根据物体各棱线与投影轴的关系，确定俯视图上各点的轴测投影位置(见图 7-8(c))。

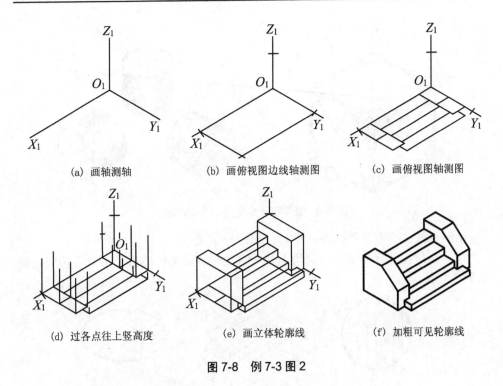

(a) 画轴测轴   (b) 画俯视图边线轴测图   (c) 画俯视图轴测图

(d) 过各点往上竖高度   (e) 画立体轮廓线   (f) 加粗可见轮廓线

图 7-8 例 7-3 图 2

(4)在俯视图的轴测投影位置上,确定台阶上所有点的高度(见图 7-8(d))。

(5)根据台阶各边线与轴平行的关系,画出各条可见轮廓线,看不见的轮廓线一般不画(见图 7-8(e))。

(6)整理、加粗图线,完成台阶的正等测图(见图 7-8(f))。

7.2.2 曲面立体正等测图的画法

画曲面立体(回转体)的轴测图,除上述基本画法外,还需掌握圆曲线的轴测图画法。

在平行投影中,当圆所在的平面平行于投影面时,它的投影仍为圆。而当圆所在的平面倾斜于投影面时,它的投影为椭圆。在正等测图中,位于或平行于坐标面的圆,其正等测图为椭圆。图 7-9 为按简化伸缩系数绘制的平行于三个坐标面方向的圆和圆柱体的正等测图,由图可知:椭圆的方向与所平行的坐标面有关,椭圆长轴方向垂直于与圆平面垂直的坐标轴的轴测投影(轴测轴),短轴方向则与该轴测轴平行。设空间圆的直径为 d,那么该椭圆的长轴约等于 $1.22d$,短轴约等于 $0.7d$,如平行于 H 面的椭圆长轴垂直于 Z 轴,短轴方向与 Z 轴平行。

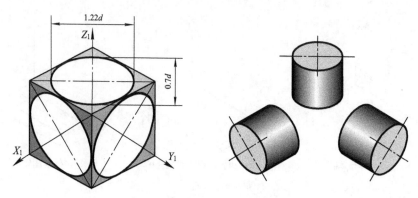

图 7-9　圆平行于坐标面的正等测图

绘制椭圆主要有两种画法：坐标法和四心圆法。

坐标法是按坐标方法确定圆周上若干点的轴测投影，然后光滑地连接成椭圆（见图 7-10）。

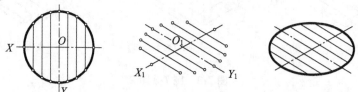

　(a) 确定圆周上若干点　　(b) 相应点的轴测投影　　(c) 连接各点完成作图

图 7-10　圆平行于坐标面的正等测图

四心圆法是画出圆的外切正方形的轴测图，并利用其上的四个切点，然后用四段圆弧近似地表示椭圆。

例 7-4　如图 7-11(a)所示，用四心圆法作平行与 H 面上圆的正等测图。

作图　(1) 先将圆的外切正方形画出，确定四个切点(见图 7-11(b))。

(2) 画轴测轴，轴的原点选在圆心，画出外切正方形上切点的轴测图(见图 7-11(c))。

(3) 画顶面外切正方形的轴测图——菱形(见图 7-11(d))。

(4) 因各切点均为两段圆弧的连接点，可过各切点作该边线的垂线，垂线与直径之交点即连接圆弧的圆心，依次可画出四个圆心(见图 7-11(e))。

(5) 分别以圆心到切点之间的距离为半径在两切点间画弧，完成椭圆的投影(见图 7-11(f))。

注意　四心圆法的作图关键是找到四段圆弧的圆心。

例 7-5　如图 7-12(a)所示，作圆柱的正等测图。

作图　(1) 先将圆柱顶面的轴测图画出(见图 7-11(a)～(e)，图 7-12 (b)、(c))。

(2) 将顶面圆心下移一圆柱的高度后，用前述同样方法画底面圆的轴测图(见图 7-12 (d))。

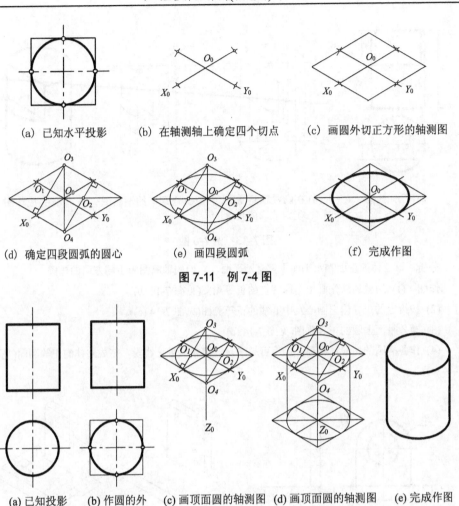

(a) 已知水平投影　　(b) 在轴测轴上确定四个切点　　(c) 画圆外切正方形的轴测图

(d) 确定四段圆弧的圆心　　(e) 画四段圆弧　　(f) 完成作图

图 7-11　例 7-4 图

(a) 已知投影　(b) 作圆的外切正方形　(c) 画顶面圆的轴测图　(d) 画顶面圆的轴测图　(e) 完成作图

图 7-12　例 7-5 图

(3) 作上下椭圆的切线，整理、加粗可见线段，擦去不可见线段，完成圆柱的轴测图(见图 7-12 (e))。

例 7-6　如图 7-13(a)所示，完成带切口圆柱的正等测图。

作图(完成圆柱轴测图的方法同上题)

(1) 按给定的切口尺寸，确定切口在轴测图中的位置，如图 7-13(b)所示；

(2) 作出切口的轴测图，如图 7-13(c)所示；

(3) 完成全图，如图 7-13(d)所示。

例 7-7　如图 7-14 (a)所示，作组合体的正等测图。

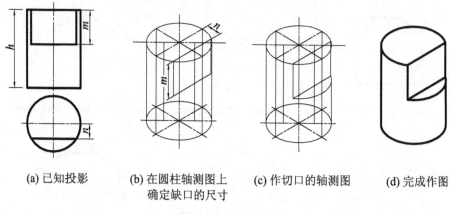

(a) 已知投影　　(b) 在圆柱轴测图上　　(c) 作切口的轴测图　　(d) 完成作图
　　　　　　　　　确定缺口的尺寸

图 7-13　例 7-6 图

分析　该立体的正面和水平面上都有圆平面，它们的轴测图为不同方向的椭圆。

作图　(1) 用叠加法先画出两四棱柱的正等测图(见图 7-14 (b))。

(2) 按给定的尺寸作出圆心及中心线的正等测图(见图 7-14 (c))。

(3) 画各平面上圆的正等测图(见图 7-14 (d))。

(4) 作各椭圆的切线，整理、加粗可见线段，擦去不可见线段，完成立体的正等测图(见图 7-14 (e))。

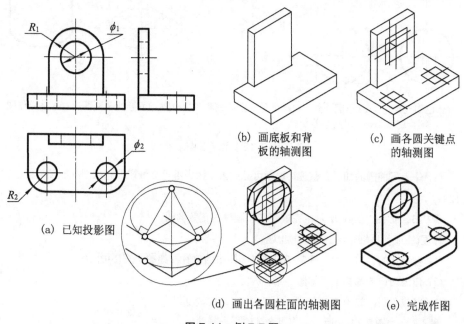

(b) 画底板和背板的轴测图　　(c) 画各圆关键点的轴测图

(a) 已知投影图

(d) 画出各圆柱面的轴测图　　(e) 完成作图

图 7-14　例 7-7 图

注意　底板上圆角的画法。

7.3　斜轴测图的画法

由斜轴测图的形成特点及轴测图的平行投影特性，常将形体上需要重点表达的表面或复杂的侧面与轴测投影面平行，这样可从该面的实形入手画斜轴测图。

7.3.1　正面斜二测图的画法

斜二测图的轴测投影面常选正立投影面，轴向伸缩系数为 $p=r=1$，$q=0.5$，$\angle X_1O_1Z_1=90°$，$\angle X_1O_1Y_1=\angle Y_1O_1Z_1=135°$，如图 7-15 所示。

作图时，可将物体最有特征或较复杂的面平行于正立面，使它平行于轴测投影面，则此面的轴测投影反映实形。

例 7-8　如图 7-16(a)所示，作立体的斜二测图。

作图　(1) 轴的原点选在前端面的圆心。

(2) 画轴测轴，并画出前端面的实形(见图 7-16(b))。

(3) 将前端面沿轴向后移 0.5 倍厚度(见图 7-16(c))。

(4) 整理加粗可见轮廓线，两圆弧之间画切线(见图 7-16(d)、(e))。

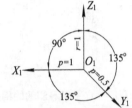

图 7-15　正面斜二测图的相关参数

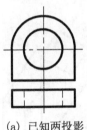 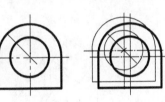

(a) 已知两投影　　(b) 画前端面　　　(c) 沿Y轴往后确　　(d) 画背面的　　(e) 完成作图
　　　　　　　　　　　的轴测图　　　　　定立板的厚度　　　　轴测图

图 7-16　例 7-8 图

7.3.2　水平斜等测图的画法

水平斜等测图将表达形体水平面的实形，由于画图是自底面往上画，因此水平斜等测图也常被称为鸟瞰轴测图。斜等测图常被用来表示建筑群的总体规划、房屋单体的俯视外观或水平剖视等。

水平斜等测图的轴向伸缩系数为 $p=q=r=1$(或 $r=0.5$)，$\angle X_1 O_1 Y_1 = 90°$，轴 $O_1 X_1$ 与水平方向成 $30°$，如图 7-17 所示。

例 7-9　作立体的水平斜等测图，如图 7-18 所示。

作图　(1) 轴的原点可选在底端面的后面。

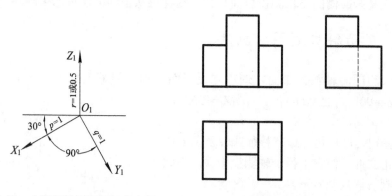

图 7-17　水平斜等测图的相关参数　　　　图 7-18　例 7-9 图 1

(2) 画轴测轴，使 $O_1 X_1$ 与水平方向成 $30°$，画图时可将形体的水平投影旋转 $30°$ 画出(见图 7-19(a))。

(3) 各部分的铅垂线按实际高度画出(见图 7-19 (b))。

(4) 区分可见性，加粗可见轮廓线(见图 7-19 (c)、(d))。

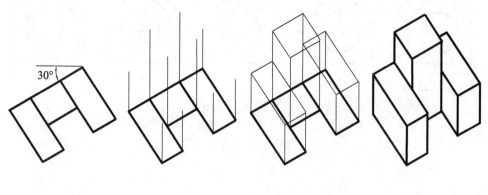

(a) 画轴测轴　　　　(b) 画实际高度　　　　(c) 加粗轮廓线　　　　(d) 完成作图

图 7-19　例 7-9 图 2

7.4 轴测图的选择

轴测图的选择是指在绘制物体轴测图时，根据物体结构形状特点选择所用轴测图的种类、物体摆放状态及投射方向。选择的原则是：①物体结构、形状表达清晰、明了；②立体感强，表现效果好；③作图简便。

一般可根据以下几点来考虑：

(1) 所选的轴测图对物体能反映得比较完整，从图上能比较清楚地看到物体的各个主要部分，减少前后遮挡。如图 7-20 和图 7-21 中，斜二测图的效果优于正等测图。

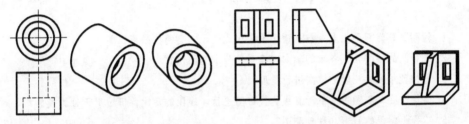

(a)多面正投影图 (b)正等测图 (c)斜二测图　　(a)多面正投影图 (b)正等测图 (c)斜二测图

图 7-20　要求减少遮挡　　　　**图 7-21　要求反映物体的主要形状**

(2) 轴测图要富有立体感，但不同形状特征的物体采用不同轴测投影法产生的效果是不一样的。例如四方形体一类的物体，用正等轴测法绘制的图形，常是立体感欠佳的，而且显得呆板(见图 7-22(b))，宜选用其他轴测图，如斜二测(见图 7-22(c))。

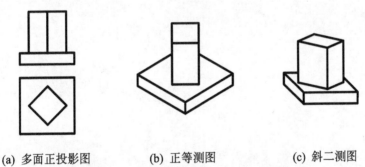

(a) 多面正投影图　　　　(b) 正等测图　　　　(c) 斜二测图

图 7-22　要求避免物体上表面投影成直线

(3) 当需要对物体某个面重点表达，或需反映实形时，可选用正面斜轴测法或水平斜轴测法。

(4) 尽量选用作图方便的轴测投影法。制图工具是丁字尺、三角板、圆规等，利用这些现成工具作图，正等轴测法、斜轴测法是比较方便的，其中正面斜轴测法尤为方便。

在作物体的轴测图时，应根据立体的具体特征、具体情况选用不同的轴测投影法。当立体上只有一个方向的面较为复杂，比如有多个圆，则常使这个面平行于轴测投影面(如 V 面)，画斜二测轴测图，这时圆的投影仍为圆，可用圆规直接绘制，对于复杂的图形也可直接按实形绘制；若在多个侧面上有圆或形状较复杂，则应选用正等测图。

思 考 题

1. 轴测图分为哪两大类？与多面正投影相比较，它有何优缺点？

2. 正等侧的轴间角、各轴的轴向伸缩系数分别为何值？

3. 怎样理解沿轴测轴的方向进行量度？

4. 为什么在轴测图中两平行直线的投影仍平行，线段的定比性仍适用于轴测投影？

5. 工程上常见的有哪几种轴测图？

6. 绘制各种轴测图的基本方法有哪几种？

7. 试述平行于坐标面的圆的正等测有几种画法，这类椭圆的长、短轴有什么特点？

8. 什么是斜轴测图？斜轴测图有什么优点？

9. 如果物体上具有两个或三个坐标面上的圆时，选哪种轴测图较适宜？

10. 当物体上有一个侧面的形状较复杂或具有较多的圆，选用哪种轴测图作图较方便？

8 组合体平面图的阅读

　　读图是画图的逆过程，在读图时将运用各种读图方法和多种思维方法(如
形象思维法、联想法、原型联想法、想象法、倒逆式思维法及分析综合法等)，
在遵循投影规律的前提下，由组合体的平面图构思、想象出组合体的空间形
状。因此，读图的过程表现为由图到物的投影对应的升维过程(二维到三维)
和多种思维方法的联合应用过程。由于每个视图只反映该形体一个侧面的形
象特征，因此读图时要求将形体的几个视图联系起来综合阅读想象，即不断
改变视角观察同一对象。通过读图的训练，可强化形象思维能力，在读图中
通过图与物之间的反复联想、想象，不仅可促进空间想象能力和投影分析能
力的提高和发展，还能充分调动读图者的潜思维而挖掘自身潜在的能力，对
培养综合能力有重要的意义。

【原型联想法思维原理】

　　原型联想思维法是通过原型的启发而有所发现、有所创造的一种思维方法。

所谓原型，是指对新事物的发现创造或对问题的解决具有启迪作用的事物。任何事物都可能被联想启迪而成为发现创造新事物或解决新问题的原型。如自然景物、生活用品、机器部件、模型图案、文字描写，甚至人的动作行为及技能技巧等。

【想象法思维原理】

想象法是人脑在原有形象的基础上加工、改造形成新形象的思维过程和思维方法。严格意义上的想象，指的是一种形象思维的方法和过程，它的形象性使它与其他形象思维活动区别开来。同时，想象也不是一般的形象活动，而是一种对原有形象进行加工、改造形成新形象的活动。它具有鲜明的创造性和新颖性，这个特点又使它与其他的形象思维活动区别开来。

【图形思维法思维提示】

思维科学认为，形象的整体显示对于科学思维具有独特的作用。正如美国数学家斯蒂恩所说："如果一个特定的问题可以转化为一个图形，那么思想就整体地把握了问题，并且能创造性地思索问题的解法。"故图形思维是一种有效的创造性思维方法。

人脑对图形的识别主要有三种，一是简单直觉识别，二是复杂直觉识别，三是带有情感的审美识别。第一种识别是表面形态的相似复合，必须先储存形象，然后才能识别形象；第二种识别是由表及里、由此及彼的复杂识别，必须经过有关概念和形象的联想、想象才能识别；第三种审美识别与人的个体情感、爱好有关，有较多心理因素。

8.1　读图的基本方法和要点

8.1.1　形体分析法

形体分析法不仅是画图过程中基本的分析方法，也是读图过程中基本的分析方法。所不同的是，画图时的形体分析是对立体的假想分解，读图则是将视图假想分解，即根据视图的特点，把视图按封闭的线框[①]分解为若干部分，然后，一部分一部分地按线框的投影关系，分离出组合体各组成部分的投影，再想象出这些线框所表示的基本几何体的结构形状以及各基本体之间的组合关系，最后，综合、归纳、想象出物体的整体形状。

在学习本节时，常通过对各种基本体的形象感受、形象储存来进行形象判断，通过形象的记忆活动，在脑中产生新的形象。本章的读图训练即要运用联想法，由给定视图与相关的基本体产生联想，并根据它们之间的各种联系与差异，不断

---

① 线框是指由轮廓线围成的封闭图形，即组合体表面上所有的几何元素投影在线框所限定的封闭区域上。

将想象中的组合体与给定视图进行对照及修正，直至想象出组合体的空间形状。

由此可见，熟悉基本体的投影特征，是掌握形体分析法读图的基础，而在读图分析中结合运用各种思维方法能达到提高思维能力的目的。

【形象思维法思维提示】

形象思维是人们经常地、大量地使用着的思维活动，是人类思维不可缺少的组成部分，在认识世界和改造世界中起着重要作用。

形象思维具有三个特点：

(1) 形象性。形象性又称直观性，它说明形象思维是借助于具体的形象与理想的形象来展开思维的，不同于借助概念、理论、数字进行思维的情况。例如用图形或图像表达形象既直接清晰，又易于理解而起到事半功倍的效果。

(2) 概括性。形象思维活动过程本身是概括的，通过对形象的概括，撇开它们的个别属性，抽出共性，并抓住事物之间的内部联系，发现它们的共同本质。譬如，我们观察各种球——篮球、排球、足球、棒球、网球等，尽管它们给我们感性认识是它们的大小、颜色、质地、用途都不一样，但经过概括可发现它们具有共同的本质特性：是一个球体，球面上的所有点与球心等距。

(3) 运动性。形象思维是多角度、多侧面的观察对象和思考问题，形象思维的这种运动性可提高思维活动的速度、广度和深度、灵活迁移的程度及创造的程度。

【联想法思维提示】

联想不是想入非非，而是在已有知识和经验的基础上产生的，是对输入到头脑中的各种信息进行编码、加工与换取和输出的活动，其中包含着积极的创造性想象的成分。

联想法的具体形式主要有接近联想、类似联想、对比联想、因果联想和自由联想等。

接近联想是指时间上或空间上接近的事物，容易在人的思维中形成联系，由一种事物联想到另一种事物。例如，由江河想到桥梁，由天安门想到天安门广场和人民大会堂的空间联想。又如，由日落联想到黄昏，由"八一"南昌起义想到"秋收起义"、"广州起义"的时间联想。

类比联想也叫相似联想，指由一件事物引起对与该事物在性质或形态上相似的事物的联想。这是基于具有相似特征的事物之间形成的联系，由一事物联想到另一事物。例如，由春天想到新生，由冬天想到冷酷，由攀登高峰想到向科学现代化进军。文学作品中的比喻，仿生学中的类比，都是借助于类比联想。

对比联想由具有相反特征的事物之间的联系引起，由一种事物联想到另一种事物。例如，由寒冷想到温暖，由黑暗想到光明，由旧社会的悲惨遭遇想到新社会的幸福生活。

因果联想基于事物之间的因果关系，由一种事物联想到另一种事物。例如，由努力学习想到获得好成绩，由不讲卫生想到生病等。

自由联想是对事物不受限制的联想。例如，由宇宙飞船在太空航行想到建立空中城市，想到在其他星球上安家落户。

【想象法思维提示】

联想的能力是与一个人想象力密切联系的，人们在知识和经验充分积累的条件下，通过联想，能够克服两个概念在意义上的差距，而把它们连接，联想能力越强，越能把意义上差距很大的两个概念连接起来。

想象是在旧的表象的基础上进行的，它虽依赖于记忆。但又不同于记忆，记忆是储存与提取，通过形象的记忆活动，在脑中重复或再现过去的形象；而想象则是通过形象的记忆活动，对表象进行加工改造而在脑中产生新的形象。因此，在想象思维的初级阶段，表象(形象)是想象的基本要素。随着人类抽象能力的提高和想象力的发展，想象将不再受具体形象的束缚，具有更广泛的意义。

例8-1 应用形体分析法阅读图8-1所示组合体的三视图。

读图分析 由图8-1所示的组合体主视图的实线框，可将其分割为上、下两部分。由主视图上部的圆和半圆，可联想到该立体可能有回转体。而由俯、左视图则可确定：上部为半圆柱板且被切了一个圆柱而形成一个圆孔(见图 8-2(a))；同样由俯视图也可分析出下半部为一四棱柱，前部两边角各被切去1/4圆柱面，并左右对称地各切了一个圆孔(见图 8-2(b))。综合起来，可想象出整体形状如图8-2(c)所示。

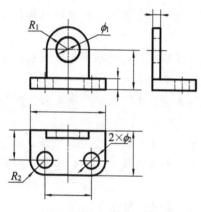

图8-1　例8-1图1(三视图)

读图小结 用形体分析法读图的立足点在"体"。在对视图的各线框进行分解分析时，应先考虑到分离出基本体的各种可能性，然后通过各视图之间的投影关系，确定视图中各基本体的形状和相对位置，最后想象出其整体形状。

【分析综合法思维提示】

分析对事物的分解，并不是机械地割裂事物，而是要通过对事物的分解来分别进行研究，进而从事物的诸方面去抓住事物的本质。运用分析法必须首先了解事物各部分和各因素，即把事物总体分割开来，在思维中把被认识的方面抽出来，撇开其他方面加以孤立的考察和研究。

综合是从分析结束的地方开始的。但综合绝不是任意地把各种要素拉扯在一起组成一个整体事物，而是正确地把握对象的固有联系，按照事物的原有面目去进行思维连接的思维方法。

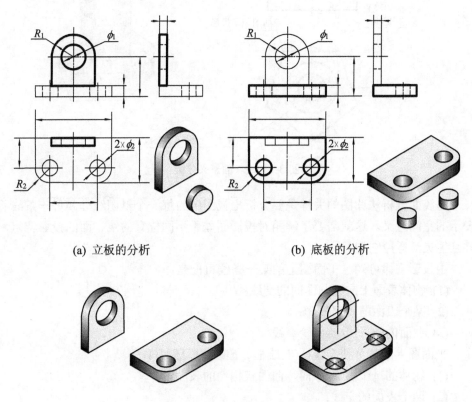

(a) 立板的分析　　　　　　　　　　(b) 底板的分析

(c) 综合分析，想象出组合体

图 8-2　例 8-1 图 2(读图过程)

8.1.2　线面分析法

对每个视图——平面图形中还可从"线"和"面"的角度去分析物体的形成。这种从投影图中根据物体表面的线(棱线)和面的形状和相对位置，来分析物体形状特点的方法，称为线面分析法，如图 8-3 所示。

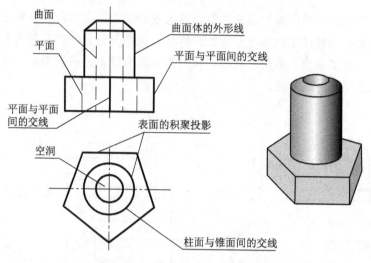

图 8-3 线、面意义分析

用线面分析法读图的关键是要分析出视图中的每一个封闭线框和每一条线所表示的空间意义。这就需要了解相对投影面处于不同位置的线、面的投影特点，并且能灵活运用它们。

由投影规律可知，平面图上的某一条线可能是：

(1) 物体表面上的面与面间的交线；

(2) 某个表面的积聚投影；

(3) 曲面的外形线(转向轮廓线)。

平面图上的某个独立线框(实线框、虚线框)可能是：

(1) 物体的一个表面(平面、曲面或相切的表面)；

(2) 两个表面的交线；

(3) 空洞(通孔、通槽)。

在应用线面分析法时常要用到原型联想法，即想象出未被截之前的原始形状，根据原型与新事物之间的共同点，想象事物的变化过程及结果。

【原型联想法思维提示】

原型之所以有启发作用，主要是由于它是发明创造新事物的基础。通过进一步的联想思考，利用原型与新事物的共同点找出创造新事物、解决新问题的新方法。分析以上事例可以看出，原型联想法是有效地进行创造活动的重要的因素和条件。但是，一个事物能否起原型启发作用，不仅决定于这一事物本身的特点，还与思考者的主观状态有很大关系，如思考者的创造空间等。

例8-2 应用线面分析法阅读图 8-4(a) 所示立体的三视图。

读图分析 (1) 由于形体的三个视图轮廓基本上表示的都是长方框，可联想出它的原型是长方体。

(2) 观察主视图中的斜线 p'，根据三等原则可知该线为一正垂面，其类似形为 p、p''，

(3) 观察俯视图中的斜线 q，可知该线为一铅垂面，其类似形为 q'、q''，

综合起来，该立体分别被一正垂面和一铅垂面截切(见图 8-4(b)、(c))，立体的形状如图 8-5(d)所示。

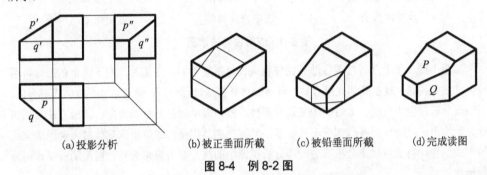

(a)投影分析　　(b)被正垂面所截　(c)被铅垂面所截　(d)完成读图

图 8-4　例 8-2 图

读图小结 用线面分析法读图立足点在线和面。在对视图的各线框进行分解分析时，应先考虑到分离出形体上各类表面的各种可能性，然后通过各视图之间的投影关系，确定视图中各表面的性质、形状和相对位置，最后将这些面组合，想象出形体的整体形状。在分析时也可由组合体的原型，根据各面的形成过程来认识、想象出该组合体的整体形状。

8.1.3 拉伸法

对于在单一方向有积聚性的柱状体，可从其一个特征视图(端面)沿一定方向(如斜投射方向)拉伸出来，通过拉伸，将某一视图中点、线、线框升维立体化，进而想象立体形状，这种读图的方法称为拉伸法。在应用拉伸法读图时，不但可对整体进行拉伸，也可对立体的某一局部进行拉伸或分层拉伸及分向拉伸。拉伸法对初学者看图、培养空间想象力能起开窍的作用。

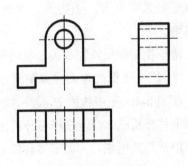

例8-3 应用拉伸法阅读图 8-5 所示立体的三视图。

读图过程 由俯、左视图可知，图 8-5 所示的形体仅沿宽度方向有所变化，因此，可设想将特征视图选为主视图，并可将其沿图

图 8-5　例 8-3 图

8-6(a)、(b)、(c)所示的方向拉伸一段距离，来想象其空间形状。

(a) 选定特征视图　　　　(b) 将特征视图沿　　　　(c) 完成立体的
　　及拉伸方向　　　　　　选定方向拉伸　　　　　　读图想象

图 8-6　应用拉伸法读图

读图小结　以上几种读图方法是相辅相成、紧密联系的。读图时，对于简单的形体可用拉伸法进行构思，对于叠加式组合体，可用形体分析法进行分析、阅读；对于截切式组合体，用线面分析法较为合适；而对于较复杂的形体，则一般以形体分析法为主、其他方法为辅进行分析构思。当物体的某些部分不易看懂，尤其在立体相交构成中出现交线时，要弄清交线的产生过程，再运用线面分析法进一步分析视图中的线、面的投影关系，以帮助看懂该部分的形状。

8.2　阅读组合体平面图须知

8.2.1　读图注意事项

(1) 要找出特征视图，并将几个视图联系起来看(以防视图不定性)。

一个视图只反映组合体一个方向的形状，所以一个或两个视图通常不能唯一确定其形状(单面投影具有不可逆性)。读图时，不能孤立地只看一个视图，必须抓住重点，从最能反映物体形状特征的视图着手，并以该视图为中心，把几个视图联系起来看，正确地、快速地确定物体的结构形状。这是读图的一个基本准则。

特征视图能反映物体的形状特征，如图 8-7 所示的左视图。

(2) 同一线框的含义因读图的方式不同而结论也不同。

如图 8-8(a)正中线框 P，若用线面分析法，则该线框为一侧垂面(见图 8-8(b))，若用形体分析法，则该线框可分离出一基本体(见图 8-8(c))，它们在组合体中的位置要根据与其他线、面、基本体的相互位置来判断。

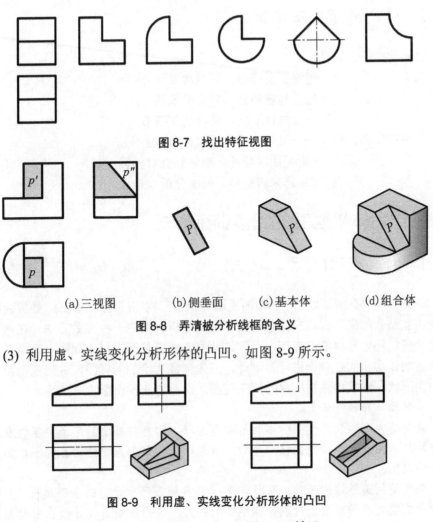

图 8-7　找出特征视图

(a)三视图　　(b)侧垂面　　(c)基本体　　(d)组合体

图 8-8　弄清被分析线框的含义

(3) 利用虚、实线变化分析形体的凸凹。如图 8-9 所示。

图 8-9　利用虚、实线变化分析形体的凸凹

(4) 注意基本体之间的表面连接关系，如图 8-10 所示。

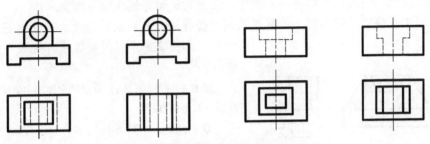

图 8-10　注意形体之间的表面连接关系

8.2.2   读图的顺序及步骤

读图的顺序一般是：

先看主要部分，后看次要部分；

先看易懂部分，后看难懂部分；

先看整体形状，后看局部细节。

读图的步骤：粗读——形体分析，精读——线面分析。

分析视图找特征，形体分析对投影，

综合起来想整体，线面分析攻难点。

8.3   组合体平面图的阅读训练形式

8.3.1   补画视图(简称二求三)

画图与看图有密切联系，已知两视图补画第三视图(简称二求三)，是将读图与画图相互结合起来，提高空间想象力和空间分析能力的一种有效方法。在两视图能完全确定物体形状的前提下，若已知两视图要求补画出第三视图，必须在看懂所表达物体形状的基础上进行。因此，应先读懂所给的两视图，并想象出组合体的空间形状，然后再画出所求的第三视图，最后验证各投影的一致性。

【联想法思维提示】

联想是由一事物想到另一事物的心理过程。由当前事物回忆过去事物或展望未来事物，由此一事物想到彼一事物，都是联想。每个人都经常自觉不自觉地展开各种联想。

联想是创造思维的基础。奥斯本说："研究问题产生设想的全部过程，主要是要求我们有对各种想法进行联想和组合的能力。"联想在创造设计过程中起着催化剂和导火索的作用，许多奇妙的新的观念和主意，常常由联想的火花首先点燃。事实上，任何创造活动都离不开联想，联想又是孕育创造幼芽的温床。

建立在联想思维基础上的联想系列创造技法，是其他创造设计技法的基础。因此，掌握联想系列创造技法，是极为重要的。

例 8-4   根据图 8-11 所示组合体的主视图和左视图，补画俯视图。

读图分析   从图 8-11 可知，该组合体特点为左右对称、上下叠加式组合。应用形体分析法，先把组合体分成上、下两大部分，下部实线框所表示

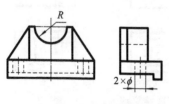

图 8-11   例 8-4 图 1(已知条件)

对象的原型为一四棱柱(底板)，底板后下部被截去一四棱柱，左右各被对称截去一圆柱孔(见图 8-12(a))；由主视图的实线框可分析出上部分为左、中、右三部分，正中为一被截去半圆柱槽的半圆槽四棱柱(见图 8-12 (b))；上部两边为左右对称各一块三角形肋板(见图 8-12 (c))，由以上几个部分叠加组合成如图 8-12 (d)所示的立体形状。

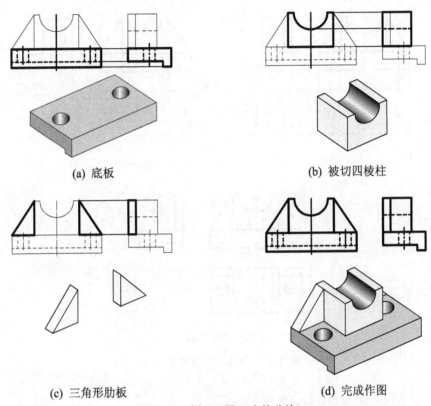

(a) 底板 (b) 被切四棱柱

(c) 三角形肋板 (d) 完成作图

图 8-12   例 8-4 图 2(立体分块)

补图过程   (1) 按投影关系画俯视图。根据想象出的形状，分部分按投影关系画出俯视图，按从大到小的原则先画底板的俯视(见图 8-13(a))，再画正中半圆槽四棱柱和上部两边对称的三角形肋板(见图 8-13(b))，要注意各种表面连接处在画法上的特点，这是初学者易忽略的。

(2) 检查全图。检查投影关系是否正确，想象出的物体与视图表达是否一致，并用线面分析法验证投影，看是否有遗漏或多余的图线，最后描深全图(见图 8-13(c))。

例题小结   在完成二求三的练习中注意读、画结合，在读图的基础上画图，在画图的过程中完善读图。

注意 (1) 按读图的顺序和作图步骤进行，切忌作图过程的盲目性。

(2) 注意各基本体之间的组成方式及表面的连接关系。

(3) 严格遵守各视图间的"三等"关系和"方位"对应关系，并正确判断各视图中线、线框的可见性。

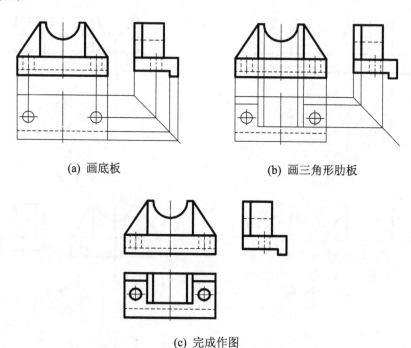

(a) 画底板　　　　　　　　　　　(b) 画三角形肋板

(c) 完成作图

图 8-13　例 8-4 图 3(作图过程)

8.3.2　补画视图上的漏线

表达形体时，视图必须完整，准确，不允许漏线，也不允许有多余的线。补画视图上的漏线，是培养看图能力、学习审查图样方法的又一手段。

常见的图上漏线有两种情况：一种是漏画平面有积聚性的投影(或称分界面的投影)，另一种是漏画面与面的交线(包含平面与平面的交线，平面与曲面的交线)。

例 8-5　补画图 8-14(a)中俯视图和左视图上的漏线。

读图分析　(1)根据给出的视图分析，可判断该立体为截切式组合体，由原型联想法可想象出该组合体的原型为一四棱柱(见图 8-14(b))；右下部位被截去一四棱柱(见图 8-14(c))；前上部位被截去一三棱柱(见图 8-14(d))；左后上部位被截去一四棱柱(见图 8-14(e))，形状如图 8-14(f)所示。

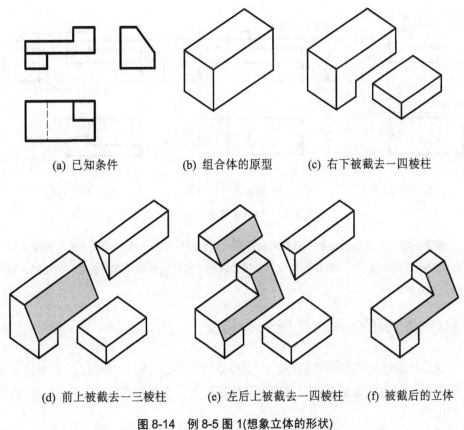

(a) 已知条件　　　　　　(b) 组合体的原型　　　　　(c) 右下被截去一四棱柱

(d) 前上被截去一三棱柱　　　(e) 左后上被截去一四棱柱　　(f) 被截后的立体

图 8-14　例 8-5 图 1(想象立体的形状)

补线过程　(1) 分析漏线的性质，补画视图上的投影(见图 8-15(a)、(b))。

当右下部位被切去一四棱柱后将出现一 H 面的平行面和 W 面的平行面，这两个面分别在 H、W 面上有显实性投影，H 面的平行面在 V、W 面上有积聚性投影，W 面的平行面在 V、H 面上有积聚性投影，由此分析，H 面平行面缺 W 面投影——一条直线(积聚性投影)。

当前上部位被切去一三棱柱后将出现一 W 面的垂直面，这个面在 W 面上有积聚性投影，在 V、H 面上有类似性投影，而该面在 H 面上缺少类似性的投影。

当左后上部位被切去一四棱柱后将出现一 H 面的平行面和 W 面的平行面，这两个面分别在 H、W 面上有显实性投影，H 面的平行面在 V、W 面上有积聚性投影，W 面的平行面在 V、H 面上有积聚性投影。H 面平行面缺 W 面积聚性投影。

(2) 检查图线是否补全，投影是否正确，完整的三视图与所设想的物体是否符合。补全后的视图如图 8-15(c)所示。

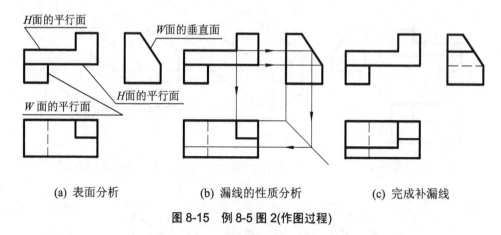

(a) 表面分析　　　　　(b) 漏线的性质分析　　　　(c) 完成补漏线

图 8-15　例 8-5 图 2(作图过程)

例题小结　补画漏线实际上是补画漏掉的具有积聚性平面(一般为平行面) 的投影或补全垂直面的原型类似形。一个视图如果有一条图线漏掉，将使相邻的线框失去它们的实形，如本题的几条漏线。

8.3.3　根据组合体的视图制作模型

这是比较生动有趣的读图方法。它与前面所述的读图方法相似，不同的是要求把根据投影图想象出来的立体形象制作出模型，再对照投影图验证想象的形体是否正确。

根据组合体三视图制作模型，这对于掌握空间物体与平面图形的投影对应规律，培养空间想象力、实践技能是非常有效的。

制作工具包括普通小刀、锯、锉、画线工具、粘接材料等。

制作材料包括加工泡沫塑料、木料、硬纸板、黏土以及家常蔬菜土豆、萝卜等。

例 8-6　读图 8-16 所示的三视图，将该物体用某一材料制作成模型。

制作　制作方法如图 8-17 所示。

制作时注意：在物体上画的线应与画图时的作图基准线一致。

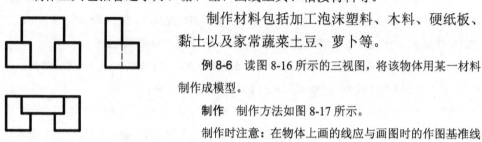

图 8-16　例 8-6 图 1(投影图)

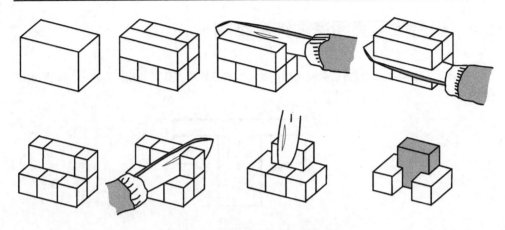

图 8-17 例 8-6 图 2(制作立体模型)

8.3.4 根据组合体已知的视图画立体图

这个方法与模型法类似，不同的是把制作模型改为画立体图(轴测图)来练习读图。所画的立体图要求画轴测图草图，画法基本技能如 5.3.3 节所述。

例 8-7 如图 8-18 (a)所示，徒手绘制组合体的正等测图。

作图 作图过程如图 8-18 (b)、(c)所示。

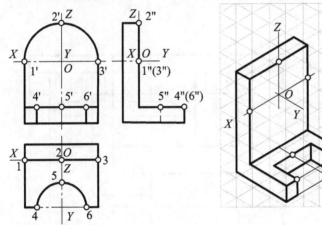

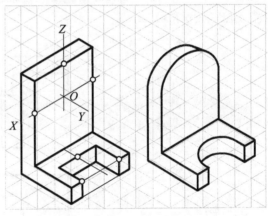

(a)轴的原点选在竖立半圆柱板的圆心，并确定立体上圆的若干控制点(切点)Ⅰ～Ⅵ

(b)用叠加法画出组合体的基本轮廓后，确定控制点Ⅰ～Ⅵ的轴测位置

(c)用四心圆法作图：过控制点(切点)找圆心并画圆

图 8-18 例 8-7 图

8.4 组合体平面图读图综合举例

例 8-8 读懂梁板柱接头的两视图后，补画其第三投影并作其仰视正等测图，如图 8-19 所示。

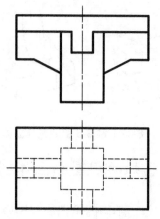

图 8-19 例 8-8 图 1(已知投影)

读图分析 该形体左右、前后对称且上下叠加，为一综合方式组合的组合体。它们分别由六个基本体或简单体通过叠加或切割而成，在叠加组合过程中，其表面有共面和不共面两种连接，如图 8-20(a) 所示。

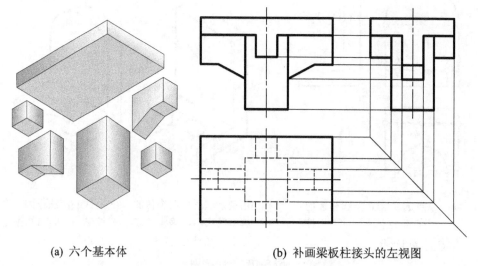

(a) 六个基本体   (b) 补画梁板柱接头的左视图

图 8-20 例 8-8 图 2(读图分析与二求三)

作图 (1) 完成二求三。根据梁板柱接头的形体分析，由基本体各自的投影特点及在组合体中所在的位置，按"长对正、高平齐、宽相等"的投影规律，作出梁板柱接头的左视图，如图 8-20(b) 所示。

(2) 作梁板柱接头仰视正等测图。选取从左、前、下方向右、后、上方投射的方向，画出楼板的正等测图，其作图步骤如图 8-21 所示。

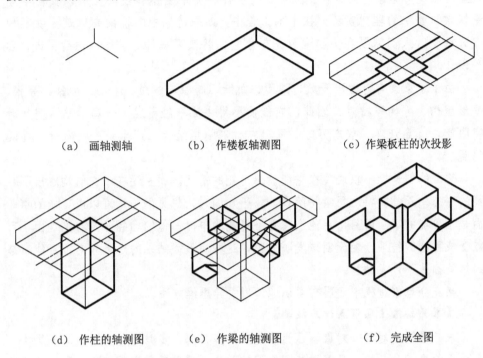

（a）画轴测轴	（b）作楼板轴测图	（c）作梁板柱的次投影
（d）作柱的轴测图	（e）作梁的轴测图	（f）完成全图

图 8-21 例 8-7 图 3(正等测图(仰视))

8.5 组合体的构形思考

组合体的构形思考是根据形体的功能要求，对一些不确定的因素进行想象、构思或设计出一种形体，并用一组视图完整地表达出来。进行构形方面的训练，不但能提高发散思维的流畅度、灵活度，而且能激发构思者的潜思维，充分挖掘构思者的创造潜能，培养综合思维能力，是有独特功效的训练方式。

一个科学家必须具备丰富的想象力，只有这样才能理解肉眼观察不到的事物如何发生，如何作用，才能构想出解释性假说。贝弗里奇认为："在发现假说不能令人满意时，想象力丰富的科学家比想象力贫乏的科学家更容易放弃它。"

【想象法思维提示】

　　想象具有生动形象的特点，这是众所用知的事实。想象的生动形象性不仅使想象具有隐喻功能、类比功能、启发和暗示功能，而且还使想象具有快捷、经济、有效的特点，使人们能够方便、迅速地把握事态的总体特征，理解复杂的关系。这些特点使得想象尤其适合于土木工程设计、艺术创作和技术发明以及科学理论探索过程中的理想实验。在土木工程中，如果计划中的桥梁或建筑要以某种方式改变，人们需要在头脑中首先想象它们将改变成什么样子，然后再进行各种设计。

　　由于想象具有自由、开放、浪漫、跳跃、跨越、多向、生动、形象、夸张、变形虚构、异构等特点。因此，它能使思维之流一触即发，一泻千里，超越时空限制、恣意汪洋，仪态万方。同时它也能随意组合，产生众多的新奇、怪诞的观念。

　　想象的创造性不仅表现在它能设想可能的情况，而且还在于它能构想出不可能的事态。正如卡特·司考特所说，不平凡的人，想见的不是可以或可能的事，而是不可能的事。而且，在他们想见不可能的事时，他们已经开始看见这由不可能变成可能的结果。对于创造发明来说，这种对最终结果的想象和对不可能事态的想象都是不可或缺的。

　　在充分想象过程中还要有意识地运用求异思维方法。

【求异思维法思维原理与提示】

　　求异思维法对某一对象，通过多起点、多方向、多角度、多原则、多层次、多结局的思考和分析，暴露知与不知间的矛盾，揭示现象本质间的差别，从而选择富有创造性的最能有效表达自己思想的一种思维方法。

　　求异思维不落俗套，独辟蹊径，善于标新立异，想他人所未想，求他人所未求，做他人未做过的事情，富有独创性；它思路辐射宽阔，不拘一格，不盲从权威，多方求索，富于探索性；它思想活泼，善于推导，随机多变，富于灵活性。这种思维方法包括按时间先后顺序进行推移的纵向求异，从不同角度和侧面去观察、分析、理解某一现象或事物的横向求异，以某一现象或事物设想特点与之相关的其他现象或其他事物的多向求异，从某一现象或事物的对立面出发进行反向思维的逆向求异，等等。要进行这四种方式的求异思维，必须积极调动大脑生理机制和长期积累的社会感受，给人们带来新颖的、独创的、具有社会价值的思维成果。

8.5.1　构形思考注意事项

1. 构思对象摆放时的对称、均衡与稳定

(1) 对称　图形或立体对某个中心点、中心线、对称面，在形状、大小或排列上具有一一对应的关系。如房屋、机器、船、飞机的左右两边，在外观或视觉上都是对称的。

(2) 均衡　不对称的形态上的一种平衡，具有良好的视觉平衡。

(3) 稳定　实用时的稳定性和视觉上的安全感。使组合体的重心落在支承面之内，给人以稳定和平衡感，尤其对于非对称形体，首先应考虑符合均衡的要求，以获得力学和视觉上的稳定和平衡感，保证造型的稳定，如图 8-22 所示。

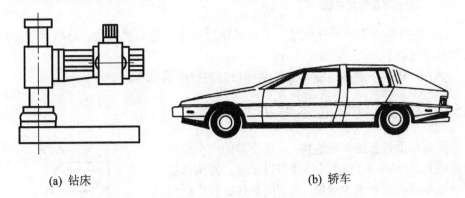

(a) 钻床　　　　　　　　　　　　　　(b) 轿车

图 8-22　形体的均衡与稳定

2. 构思的对象应符合实际，便于制作成形

(1) 两形体之间结合处，不能出现点连接、线连接和面连接，如图 8-23 所示。

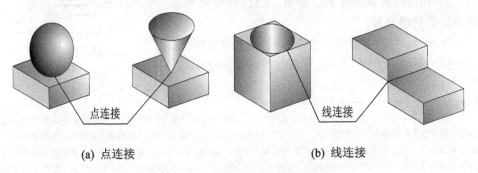

点连接　　　　　　　　　　　　　　线连接

(a) 点连接　　　　　　　　　　　　　(b) 线连接

图 8-23　形体组合中的不当连接

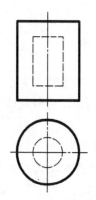

图 8-24　形体组合的连接中不
允许出现封闭内腔

（2）封闭的内腔不便于成形，一般不要采用，如图 8-24 所示。

3. 应熟悉形体的构成方式

（1）不同的基本体通过不同方式的叠加可组合成不同的组合体；

（2）同一基本体通过不同方式的截切可组合成不同的组合体；

（3）不同的基本体通过不同方式的相交可组合成不同的组合体。

4. 多种方法的灵活运用

（1）熟练应用形体分析法、线面分析法、拉伸法等看图方法；

（2）利用图与物间对应关系，灵活运用联想法、逆向思维法、原型联想思维法等思维方法。

另外，还应注意多用徒手画轴测图帮助进行构形思考。

8.5.2　构形思考的基本方法

根据单面投影的不可逆性，由组合体的一个视图构思组合体(见图 8-25)，其结果可以多变。而构形思考是以不离开原题意为前提，对空间形体进行广泛构思和彼此联想。因此在形体构思的过程及构思出的结果中，可反映出构思者发散思维能力的水平[①]。

在构形思考训练中可从以下几方面进行构思：

1. 利用形体表面正斜、平曲、凹凸的差异构思联想出各种组合体

构形时，可根据视图中的线、线框与相邻线框，通过正斜的不同、凸凹的不同、平曲的不同等各种形式的

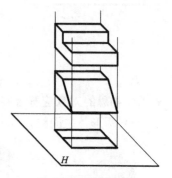

图 8-25　由单一视
图的联想

---

① 从思维科学的角度，评价思维的发散水平有三个特征指标：思维的流畅度、思维的变通度和思维的独创度。思维的流畅度是发散思维的量度。思维能力强的人思维活跃，能在短时间内构思出多种不同形状的对象，如图 8-25 所示。思维的变通度是发散思维的灵活度的量度。思维能力强的人，思路变化多端，能迅速转移思维方向和思维轨迹，在同样时间内不但能构思出多种不同形状的对象，而且类型也不相同，如在简单的叠加组合体的基础上，想象出切割体或相贯体，如图 8-28、图 8-29、图 8-30 所示。思维的独创度是发散思维的新奇性的量度，即新异度。思维能力强的人，思路常与众不同，能超尘拔俗，独辟蹊径，跳出陈规陋习。独创度越高，思维就越别出心裁，新奇妙绝，创造能力就越强。

投影特点及与空间形体的对应联系(事物与事物间的联系), 构思形成不同的形体。

【**连环思维法思维原理与提示**】

连环思维法指对事物之间的循环联系关系进行追踪考察。从而产生新设想的一种思维方法。

连环思维法的基础在于世界上万事万物之间是相互联系、相互制约、相互影响和相互作用的, 每一事物内部诸要素之间以及与周围其他事物都发生这样或那样、纵向或横向的联系。对事物之间的循环联系进行追踪考察, 是连环思维法的根本要旨。

例8-9 如图8-26所示, 根据形体的主视图, 设计各种物体形状, 并画出其俯、左视图。

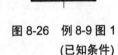

图 8-26　例 8-9 图 1
(已知条件)

构形思考 因主视图均为矩形线框, 因此每个矩形线框都可设想为平面或圆柱面以及平面与柱面相切的组合面等情况, 并由相邻线框表示表面的空间位置不同而构思设计成凸、凹、正、斜、平、曲等形状, 如图8-27所示。

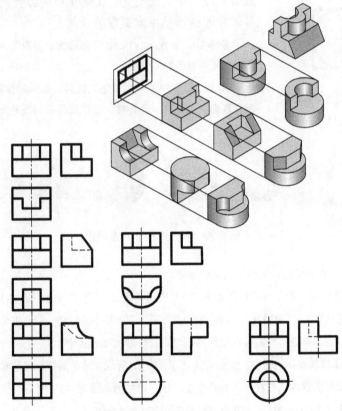

图 8-27　例 8-9 图 2(组合体的构形)

例题小结　　(1) 由本题主视图构思出的不同的立体还有很多，读者还可在此基础上继续构思；

(2) 本题训练的是发散思维的流畅度，即在一定时间内构思出形状各异的对象，是发散水平的初级阶段。

2. 通过组合体组合方式的综合性与复杂性的特点联想构思出不同组合体

根据叠加、截切、相交或综合等组合方式的空间与投影的对应，进行综合分析、联想、想象，构思出不同形状的组合体。

【多维思维法思维原理与提示】

多维思维法指对事物进行多角度、多方面、多因素、多层次、多变量的系统考察的一种开放性思维方法。多维思维属全面性思维。

多维思维法要求人们不拘泥于某一方面、某一角度去孤立地、封闭地观察和分析事物，不能只考虑事物的某一方面而不顾及这一方面与其他方面的关系，而要通过多种思维活动的并存与联结，多层次地揭示事物联系的多样性和复杂性，从而克服思维的固定化、直线性和片面性，形成多种思路，在创造活动中发挥重要作用。

图 8-28　例 8-10 图 1
(已知条件)

例 8-10　　如图 8-28 所示，根据形体的主视图进行形体构思，并画出其俯视图和左视图。

由单一视图中的圆可联想成回转体或回转体的截切体，方形可联想成三棱柱、四棱柱、立放或卧放的圆柱等，如图 8-29 所示。

图 8-29　例 8-9 图 2(形象联想)

构形思考　　在思考时可从以下几方面考虑：

(1) 基本体的简单叠加或挖切。如图 8-30 所示，图(a) 所示立体是四棱柱(后)与半球(前)叠加，图(b) 所示立体是四棱柱(后)与圆柱(前)叠加后，在圆柱中间挖切一空心圆锥，图(c) 所示立体是四棱柱(后)、半圆柱与四棱柱相切(中)和圆柱(前)叠加的组合体。

(2) 基本体与基本体的相交。如图 8-31 所示，图(a) 所示立体是两等径圆柱垂直相交而成；图(b) 所示立体可想象成横圆柱与三棱柱相交，该三棱柱的斜面为 45° 侧垂面；图(c) 所示立体是圆柱与等径半圆柱(前)相交，并与四棱柱(后)叠加的组合体。

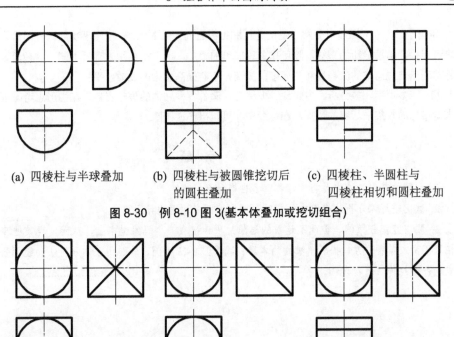

(a) 四棱柱与半球叠加　　(b) 四棱柱与被圆锥挖切后　　(c) 四棱柱、半圆柱与
　　　　　　　　　　　　　　　的圆柱叠加　　　　　　　　　四棱柱相切和圆柱叠加

图 8-30　例 8-10 图 3(基本体叠加或挖切组合)

(a) 两等径圆柱垂直相交　　(b) 横圆柱与三棱柱相交　　(c) 圆柱与等径半圆柱相交
　　　　　　　　　　　　　　　　　　　　　　　　　　　　并与四棱柱叠加

图 8-31　例 8-10 图 4(基本体的相交组合)

(3) 叠加与截切的综合。形体的截切，主要指对几何形体的截切，截切方式有平面截切、曲面截切等。如图 8-32 所示，图(a) 所示立体是半球被五个投影面的平行面所截后，与四棱柱叠加而形成的；图(b) 所示立体是圆柱(前)与四棱柱(右后)及半圆柱(左后)通过叠加、相交、截切后形成的；图(c) 所示立体是圆台被四个投影面的平行面所截后形成的。

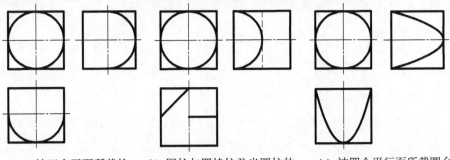

(a) 被五个平面所截的　　　(b) 圆柱与四棱柱及半圆柱的　　(c) 被四个平行面所截圆台
　　半球与四棱柱叠加　　　　　叠加、相交、相切

图 8-32　例 8-10 图 5(基本体切割或叠加的综合组合)

例题小结　　(1) 通过对分解事物的分析和把握它们之间的联系，按照事物的原有面目去进行思维连接，构思出新的事物，除可作各种简单的叠加，也可在类别上有所不同，这种思维过程将有利于促进思维的流畅度和变通度的提高，不断提高思维的发散水平；

(2) 应多观察、多分析、多想象、多练习，储备各种立体的信息资料，在构形思考时则可从大量信息的收集中从容的选择，在综合中才可作出多种决断。

思　考　题

1. 读图的基本方法主要有哪几种？各自有什么特点？

2. 试比较形体分析法在组合体视图画图和读图中运用的异同点。

3. 联想能把分散的、彼此不连贯的思想片段连接在一个思维链条上，从而发现某些事物的相同因素或某种联系，揭示出事物的本质。试以图 8-11 为例，分别用形体分析法和线面分析法或局部用拉伸法进行读图。

9 复杂组合体的表达方法

本 章 要 点

● **图学知识**　在掌握了用形体分析法分析和绘制组合体图的基础上，学会用剖面图、断面图表达看不见的内部结构以及更合理地表达物体复杂的外部形状。

● **思维能力**　通过形体升维和降维的反复表达过程，使思维能力在反复锤炼中得到较快提高。学习本章时，不仅要注重学到图学知识，还要注重学到将复杂的形体简单、巧妙地表达出来的一种"化繁为简"的思维方法和处事能力。

● **教学提示**　提示学生在学习理论知识的过程中，还要注意培养实践技能。

9.1　复杂组合体的表达方法

　　工程形体多种多样，在实际生产中，当物体的形状和结构比较复杂时，用三视图难以表达清楚。为此，国家标准《技术制图》(GB/T 17451—1998)和《机械制图》(GB/T 4458.1—2002、GB/T 4458.6—2002)中的"图样画法"规定了各种表达方法。

9.1.1　六个基本视图

　　表达形状比较复杂的物体时，可根据国标规定，在原有 V、H、W 三个基本投影面的基础上，再增设三个与之对应平行的投影面构成正六面体方箱，这六面体的六个面均为基本投影面，将形体置于六面体方箱中并分别向六个投影面作正投射，即可得到六个基本视图。然后再按图 9-1 所示的方法把六个投影面展开到 V 平面上，展开后的视图配置如图 9-2 所示。在同一张图纸内按图 9-2 所示配置视图时，一律不注写视图的名称。除了前面介绍的主、俯、左三个视图外，另外三

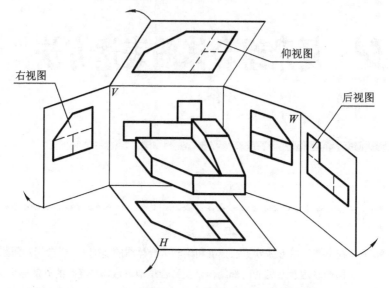

图 9-1　六个基本投影面的展开

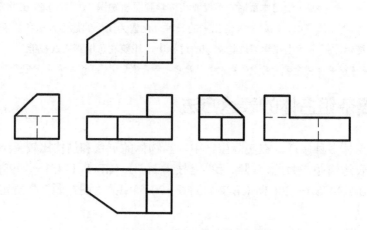

图 9-2　六个基本视图的配置

个视图分别为：

从右向左投射所得的视图——右视图；

从下向上投射所得的视图——仰视图；

从后向前投射所得的视图——后视图。

六个基本视图之间仍符合"长对正、高平齐、宽相等"的投影规律，即：

主、俯、仰、后四个视图保持长对正关系；

主、左、右、后四个视图保持高平齐关系；

俯、仰、左、右四个视图保持宽相等关系。

在形体投影画图时，一般不需要画出六个基本视图，选用那几个视图，应根据形体的形状和结构特点选定。选用基本视图时一般优先选用主、俯、左三个基本视图。

9.1.2　向视图

向视图是可以自由配置的基本视图。

向视图不受视图配置的限制，只要主视图确定，其他视图位置可自由摆放。这样可以灵活地利用图纸幅面进行图形布局。向视图有两种表达方法。

(1) 在向视图的上方标出大写英文字母，在相应的视图附近用箭头指明投射方向，并注写上同样的字母，如图 9-3 所示。这种表达方法用在机械制图中。

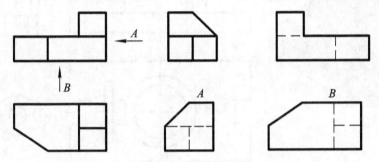

图 9-3　向视图及其标注方法一

(2) 在视图的下方(或上方)注写出图名。这些标有图名的视图，其摆放位置应根据需要和按相应的规则布置，如图 9-4 所示。这种表达方法用在建筑制图中。

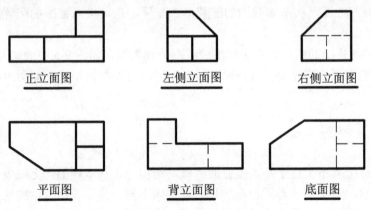

图 9-4　向视图及其标注方法二

9.1.3　局部视图

当采用一定数量的基本视图后，该物体上仍有部分结构形状尚未表达清楚，但又没有必要再画出完整的基本视图，可将这一部分的结构形状向基本投影面投射，所得的视图是一个不完整的基本视图，称为局部视图。

如图 9-5 所示，物体的主要结构已在主、俯视图上表达清楚，只有左边的凸台和右边的连接板的形状尚未表示清楚，这时采用两个局部视图就可完全表达清楚了。

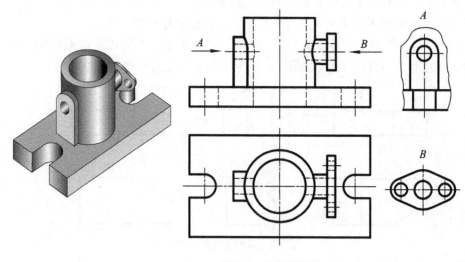

图 9-5　局部视图

画局部视图时应注意：

(1) 局部视图可按基本视图的配置形式配置，也可按向视图的配置形式配置并标注。

(2) 局部视图的断裂边界用波浪线或双折线表示，如图 9-5 中的局部视图 *A*；当所表示的局部结构完整，且外轮廓线封闭时，可不画波浪线，如图 9-5 中的局部视图 *B*。

9.1.4　斜视图

当物体上有不平行于基本投影面的倾斜结构时，基本视图均无法表达这部分的真实形状，给画图、看图和标注尺寸都带来不便。为了表达该结构的实形，可选取一个与倾斜结构的主要平面平行的辅助投影面，将这部分向此辅助投影面投射，便得到了倾斜部分的实形。这种将物体向不平行于基本投影面的平面投射所得的视图称为斜视图，如图 9-6 所示。

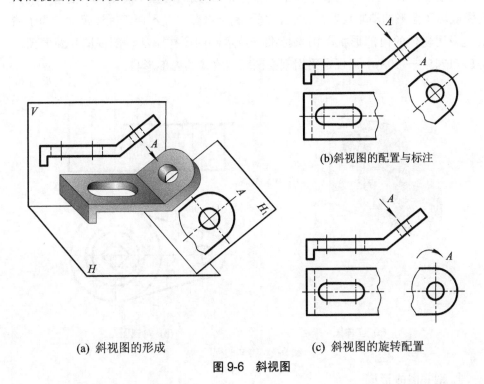

(a) 斜视图的形成

(b)斜视图的配置与标注

(c) 斜视图的旋转配置

图 9-6　斜视图

画斜视图时应注意：

(1) 斜视图主要用来表达物体上倾斜部分的实形，所以其余部分不必全部画出，而采用波浪线或双折线断开。当所表示的物体的倾斜结构是完整的、且外轮廓线封闭时，可不画波浪线。

(2) 斜视图通常按向视图的配置形式配置并标注，如图 9-6(b)所示。

(3) 斜视图一般按投影关系配置，必要时可平移。有时为了图形布局美观、图幅的有效利用或方便作图，在不至于引起误解时，也允许将斜视图旋转配置，如图 9-6(c)所示。旋转后的斜视图上方除了要标注相应的大写字母外，还要加上旋转符号，字母应靠近旋转符号的箭头端。

9.2　剖视图的基本概念

剖视图主要用来表达物体的内部结构形状。

用基本视图表达物体时，规定用粗实线表达可见轮廓线，不可见的轮廓画成细虚线，如图 9-7 所示。但当物体上看不见的面形状结构比较复杂时，视图上就会出现很多虚线(内部的与看不见的外部的)，造成图面虚实线交错，混淆不清，这样破坏了图形的清晰性和层次性，既不利于看图，又不便于标注尺寸。为了清晰地表达物体的内部形状，国家标准《技术制图图样画法、剖视图和断面图》(GB/T17452—1998)中，规定采用剖视图表达物体的内部形状。

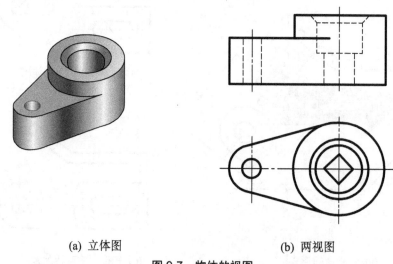

(a) 立体图　　　　　　　　(b) 两视图

图 9-7　物体的视图

1. 剖视图的形成

用假想剖切面将形体剖开，将剖切平面与观察者之间的部分移走，使原来看不见的部分变为可见，再向投影面投射所得到的图形称为剖视图，如图 9-8 所示。剖视图简称为剖视。

在剖视图中，对物体的剖切是假想的，当形体一个方向的投影图画剖视图后，其他方向的投影图仍按完整物体投射画出，如图 9-8 中的俯视图。

剖切平面与物体接触的部分称为剖面区域(剖切断面)。国家标准 GB/T 17453—1998 规定在剖面区域内要画出剖面符号(通常简称为剖面线)，表 9-1 摘录了部分剖面符号。剖面符号常分为"通用剖面线"和"特定材料的剖面符号"，通用剖面线用与水平方向或主要轮廓、对称线成 45°、间隔均匀的细实线画出，方向向左或向右倾斜均可，如图 9-9(a)所示。当图形的主要轮廓与水平成 45°时，剖面线可画成 30°或 60°的平行线，如图 9-9(b)所示。

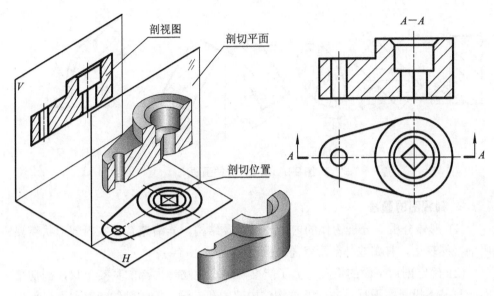

(a) 立体图　　　　　　　　　　　　　　　　(b) 剖视图

图 9-8　物体剖视图的形成

表 9-1　部分剖面符号　　　(摘自 GB/T17453—1998)

	材料名称	剖面符号		材料名称	剖面符号
机械图中	金属材料（已有规定符号的除外）		建筑图中	砖	
	砖 非金属材料、固体			金属材料	
	非金属材料（已有规定符号的除外）			多孔材料	
	线圈绕组元件			木材纵剖面	
	玻璃及观察用的其他透明材料			木材横剖面	
	转子、电枢、变压器和电抗器等的叠钢片			钢筋混凝土	

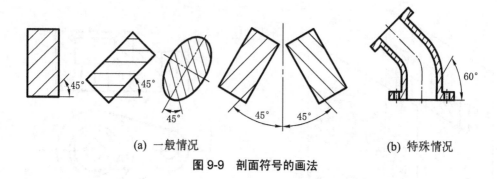

(a) 一般情况   (b) 特殊情况

图 9-9　剖面符号的画法

2. 剖视图的画法

(1) 形体分析　分析物体的内、外形状及结构，弄清楚有哪些内部形状需要用剖视图表达，有哪些外部形状需要保留。

(2) 确定剖切平面的位置　为了能准确地表达物体内部的真实形状，剖切平面应与基本投影面平行，并应通过物体内部的孔、洞、槽的轴线或对称面。剖切平面可以是平面或圆柱面，常用的是平面。图 9-8 中选取正平面且通过对称中心线作剖切平面。

(3) 画剖视图　在作图时要思考并想清楚剖切后的情况(立体交合思维法)。哪些部分移走了？哪些部分留下了？哪些部分切着了？剖切部分的截断面形状是什么样的？然后按形体分析法画出每一部分在剖切平面上的外形轮廓及内孔形状，并画出剖切面后方的可见部分的投影，即可得到所需的剖视图。

(4) 画剖面线　在断面上画上剖面线。清楚物体材料时，按材料规定的剖面符号画剖面线；不清楚物体材料时，画成通用剖面线。

3. 剖视图的标注

为了方便看图，剖视图一般需要标注，标注内容如下：

(1) 剖切符号　表示剖切面的位置。在剖切面的起、讫与转折处画上短的粗实线，注意不要与图形的轮廓线相交。

(2) 剖视图的投射方向　机械图用细实线和箭头与剖切位置线垂直相交表示剖切后的投射方向；建筑图用长度为 4～6 mm 的短粗实线与剖切位置线垂直相交表示剖切后的投射方向。

(3) 剖视图的名称　机械图在剖视图的上方采用拉丁字母标注出剖视图的名称，并在剖切符号的起、讫和转折处标注出相同的字母。如果在同一张图上，同时有几个剖视图，则其名称应按字母顺序排列，不得重复。

建筑图在剖视图的下方采用阿拉伯数字加横线标注出剖视图的名称。并在剖切符号的起、讫的端部和转折处标注出相同的数字，如果在同一张图上，同时有几个剖视图，则其名称应按数字顺序排列，不得重复。

(4) 省略标注 当剖视图处于主、俯、左等基本视图的位置，且剖视图按投影关系配置，中间没有其他图形隔开时，可省略箭头(如图 9-10 中的 $A—A$ 剖视)；当单一剖切平面通过对称平面或基本对称平面，且剖视图按投影关系配置，中间没有其他图形隔开时，可不加任何标注，如图 9-10 中的主视剖视，而图 9-8(b)所示的标注则可以全部省略。

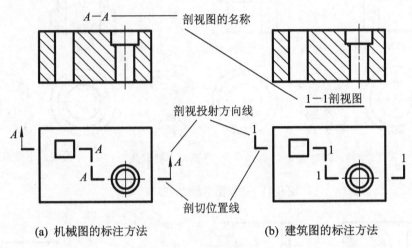

(a) 机械图的标注方法   (b) 建筑图的标注方法

图 9-10 剖视图的标注

4. 画剖视图应注意的问题

(1) 因为剖切是假想的，实际物体并没有被切开，所以当物体的一个视图画成剖视图后，其他视图不受影响，仍按完整物体画图。

(2) 画剖视图的目的在于清楚的表达内部结构的实形，因此剖切平面应通过物体的对称平面或回转中心，并平行于某一投影面。

(3) 位于剖切平面后方的可见部分应全部画出，避免漏线；位于剖切平面后方的不可见部分不必画出，避免多线，如图 9-11 所示。

(4) 在某一剖视图中已表达清楚的物体内部结构形状，在其他视图上就不必再画出它的内部结构的虚线，如图 9-12 所示。但当画少量的虚线可以减少某个视图，而又不影响剖视图的清晰时，也可以画这种虚线，如图 9-13 所示，主视图中的虚线确定了这个物体左边阶梯板的高度，因此不必画出左视图。

(5) 根据表达形体的需要，既可在一个视图上采用剖视，也可同时在几个视图上采用剖视，它们之间相互独立不受影响。但同一形体的各剖视图的断面区域，其剖面线倾斜方向、倾斜角度和间隔均应相同，如图 9-12 所示。

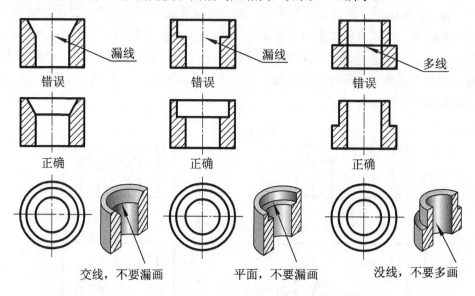

图 9-11　剖视图中漏线、多线示例

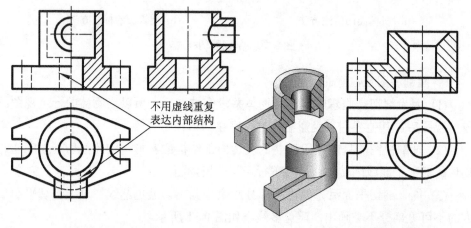

图 9-12　不可重复表达内部结构　　　　图 9-13　可画必要的虚线

9.3　剖视图的种类

由于物体内部和外部的形状各不相同，在画剖视图时，应根据形体的特点和表达要求，选用不同种类的剖视图。

9.3.1   全剖视图

用剖切平面完全地剖开物体所得到的剖视图称为全剖视图。

全剖视图主要用于内形需要表达，而外形简单或外形在其他的视图中已表达清楚的不对称物体。

如图 9-14 所示的形体，因外形简单而内形需要表达，故假想用剖切平面沿图示剖切位置将形体完全剖开，便得到全剖的主视图和左视图。由于 $A-A$ 剖切平面不是对称面，所以应标注。

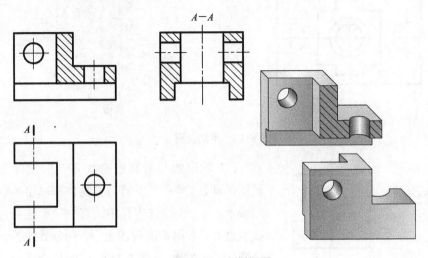

图 9-14   全剖视图

9.3.2   半剖视图

当物体形状对称，而内、外部形状都比较复杂时，在垂直于物体对称平面的投影面上投射所得的图形，可以对称中心线(点画线)为分界线，一半画成剖视图表达物体内形，另一半画成视图表达物体外形。这种组合图形称为半剖视图。

图 9-15 所示的物体前后对称，左右也对称，所以主、左视图都采用了一个平行于相应投影面的剖切平面剖开物体，并画成半剖视图，同时表达了物体的内、外形状。

画半剖视图时应注意：

(1) 半个剖视图与半个视图的分界线是细点画线，不能画成粗实线。

(2) 半个剖视图一般画在视图的右部或前部。由于图形对称，物体的内部结构已在半剖视图中表示清楚，所以在表达外部形状的半个视图中，注意不要再用虚线表达内部结构，但应画出孔、洞等的轴线，如图 9-15 所示。

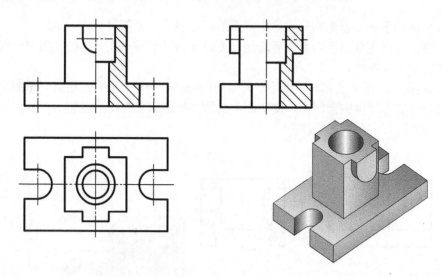

图 9-15　半剖视图

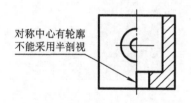

图 9-16　错误的半剖视图

（3）轮廓线与对称中心线重合的物体不能采用半剖视。并不是所有对称物体都可用半剖视图表示，当一个物体内孔中间有一轮廓线与对称线重合时，若用半剖视图表示，则分界线的一部分就成了粗实线(见图 9-16)，因此该物体应采用局部剖视图。

（4）半剖视图的标注按剖视图的规定标注。

9.3.3　局部剖视图

用剖切平面局部地剖开物体所得的剖视图称为局部剖视图,如图 9-17(a)所示。

局部剖视图是由一部分外形视图和一部分剖视图组合而成的图形，其分界处以波浪线或双折线表示。作局部剖视图时，剖切面的位置与范围可根据物体的需要而决定。

应该注意的是波浪线是物体断裂处的投影，因此波浪线应画在物体的实体部分，而孔、槽处无波浪线，如图 9-17(b)的俯视图上箭头所指处是不应画波浪线的。

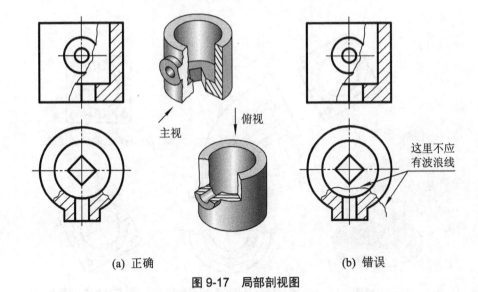

(a) 正确   (b) 错误

图 9-17 局部剖视图

当被剖切的局部结构为回转体时，允许将结构的轴线作为局部剖视图与视图的分界线，如图 9-18 所示。

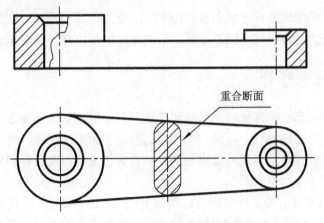

图 9-18 被剖切结构为回转体的局部剖视图

9.3.4 斜剖视图

用不平行于任何基本投影面的单一剖切平面剖切所得的剖视图，称斜剖视图。斜剖视图用于表达物体上倾斜部分的内部结构形状。如图 9-19 中的 $A-A$ 剖视即为斜剖视所得的全剖视图。

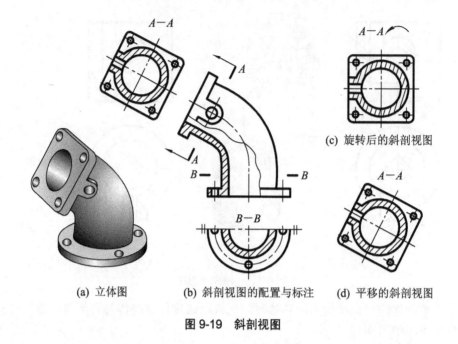

图 9-19　斜剖视图

(a) 立体图　　　　(b) 斜剖视图的配置与标注　　　　(d) 平移的斜剖视图

(c) 旋转后的斜剖视图

斜剖视图的配置和标注如图 9-19(b)所示，必要时允许平移，见图 9-19(d)。在不至于引起误解时，也可将图形旋转，但应加注旋转符号，见图 9-19(c)。

9.3.5　旋转剖视图

当物体的内部结构形状用一个剖切平面剖切不能将其表达完全，且这个物体在整体上又具有回转轴时，可用两个相交的剖切平面剖切物体，再将由倾斜剖切平面剖开的部分旋转到与基本投影面平行的位置再进行投射所得到的剖视图，称为旋转剖视图(也是全剖视图)。

如图 9-20 所示，为了同时出表达物体上三个孔的内形结构，用两个相交的剖切平面(使上边一个与 W 面平行)剖切物体后，将左下方的倾斜剖面绕轴旋转到与 W 面平行的位置，再向 W 面投射即得到物体的旋转剖视图。

画旋转剖视图时应注意：

(1) 旋转剖视图必须标注，在剖视图上方用字母表明剖视图名称，在剖切面的起、讫和转折处用粗短线标出剖切位置，箭头指明投射方向，并注写相同的字母，如图 9-20 所示；

(2) 旋转剖视图运用于表达具有回转轴的形体，因此，画图时两剖切平面的

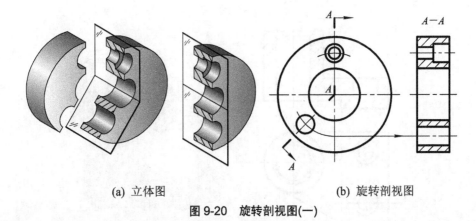

(a) 立体图　　　　　　　　　　　　(b) 旋转剖视图

图 9-20　旋转剖视图(一)

交线应与形体上的回转轴线重合，但在旋转剖视图上，不画两个剖切平面的交线；

（3）位于剖切平面后其他结构要素，一般仍按原来的位置投射，如图 9-21 所示小孔在俯视图上的投影。

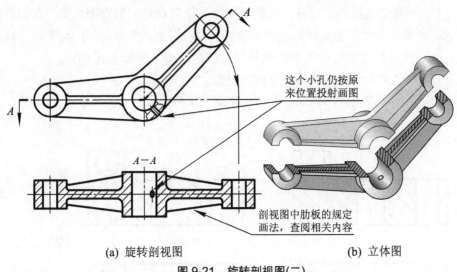

这个小孔仍按原来位置投射画图

剖视图中肋板的规定画法，查阅相关内容

(a) 旋转剖视图　　　　　　　　　　(b) 立体图

图 9-21　旋转剖视图(二)

9.3.6　阶梯剖视图

当物体有较多的内部结构需要表达，而它们的轴线又不在同一平面内时，可用几个相互平行的平面剖开物体，这种剖切方法称为阶梯剖，用阶梯剖所得的视图叫做阶梯剖视图(也是全剖视图)，如图 9-22 所示。

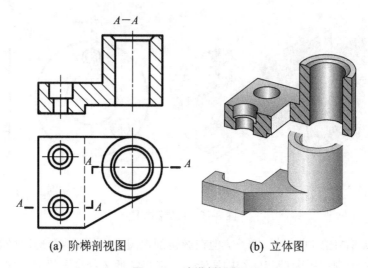

(a) 阶梯剖视图　　　　　　　　(b) 立体图

图 9-22　阶梯剖视图(一)

画阶梯剖视图时应注意：

(1) 阶梯剖视图必须标注，在剖视图上方用字母表明剖视图名称，在剖切面的起、止和转折处用粗短线标出剖切位置，箭头指明投射方向(图 9-22 可省略箭头，省略原因请读者自行思考)，并注写相同的字母，如图 9-16 所示；

(2) 两个剖切平面的转折处不画分界线；

(3) 在图形内不能因剖切而产生不完整的结构要素；

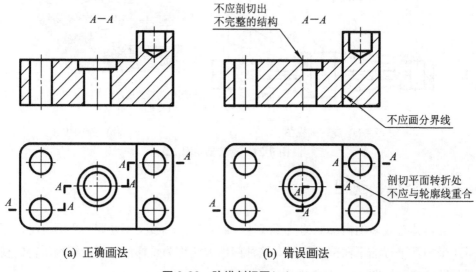

(a) 正确画法　　　　　　　　　(b) 错误画法

图 9-23　阶梯剖视图(二)

(4) 两个剖切平面的转折处不能与图形中的轮廓线重合。

9.4　剖视图的绘制

　　学习用剖视图表达形体的内部构造和外部形状，实际上是在前面学习组合体的绘制和阅读方法的基础上，对培养空间思维，丰富空间想象力的进一步发展。因此，在学习绘制和阅读剖视图的过程中，一定要注意在思维方式上的发展和创新。

　　前面介绍了不同类型剖视图的特点及画法，但由于工程物体的形态各异。因此在绘制剖视图时，必须根据物体的形状特点，采用恰当的表达方案，将物体的内、外形状正确、完整、清晰地表达出来。

　　下面以图 9-24 所示阀体的投影图为例，说明如何将物体的正投影图改为剖视图。

1. 弄清立体的形状

　　这一过程需要运用升维法、想象法、迁移思维法由平面图形想象出空间形状。

　　(1) 看懂外形。根据所给视图，按前面几章所介绍的形体分析法，对图面上的实线线框进行分析可以知道，物体外形的主要结构是由上、下两个矩形板和圆柱体组成，如图 9-25(a)所示。

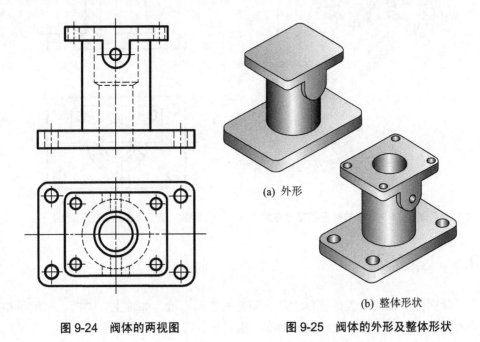

(a) 外形

(b) 整体形状

图 9-24　阀体的两视图　　　　图 9-25　阀体的外形及整体形状

由俯视图中的圆形线框，结合主视图上的虚线可以想象出，上、下矩形板四周有圆柱孔，中间圆柱体内有大、小圆柱孔，大、小圆柱孔之间采用圆锥过渡。再结合阀体的外形，想象出阀体的整体形状如图 9-25(b)所示。

(2) 弄清内形结构，想象出整体形状。

2. 根据阀体的形状特点选择适当的剖视图

这一过程就是构思表达方案。阀体形状左右对称、前后对称，主、俯视图均采用半剖视图，这样既表达了阀体的内形，也表达了阀体的外形。上下矩形板中四周的孔可采用局部剖视图，表达方案如图 9-26 所示。

3. 画出阀体的剖视图

这一过程就是运用降维法，由空间形体回到投影平面。按照剖视图的特点及画法，画出剖视图，如图 9-27 所示。对于俯视图，因为剖切平面不与对称平面重合，所以在图上需要标注出剖切位置和剖视图的名称，但是箭头可以省略。

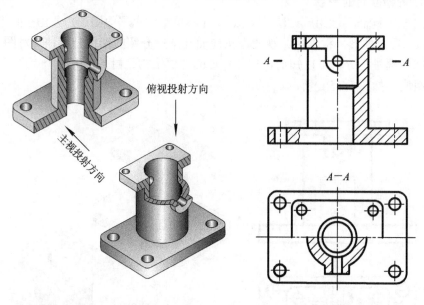

图 9-26　阀体的剖视图表达方案　　　　图 9-27　画出阀体的剖视图

9.5　断面图

断面图主要用来表达物体上某一局部的断面形状。如轴上有键槽、凹坑等结构的断面，肋板、轮辐、型材的断面，梁、板、柱等结构的断面。

9.5.1 断面图的概念

假想用剖切平面将物体的某处剖断，仅画出断面的图形，称为断面图。

断面图与剖视图的区别在于：

(1) 断面图只画出物体被剖开后断面的图形，如图 9-28(b)所示，而剖视图不仅要画出断面的图形，还要画出断面后所有的可见部分的图形，如图 9-28(a)所示。

(2) 剖视图是被剖开的物体的投影，是"体"的投影，而断面图只是一个截断面的投影，是"面"的投影。被剖开的物体必有一个截断面，所以剖视图必然包含断面图在内，而断面图则是属于剖视图中的一部分，一般均单独画出。

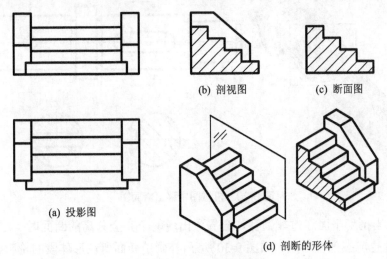

(b) 剖视图　　　　　(c) 断面图

(a) 投影图　　　　　(d) 剖断的形体

图 9-28　剖视图与断面图

9.5.2 断面图的种类

根据断面图布置的位置不同，断面图可分为移出断面图、重合断面图和中断断面图。

9.5.2.1 移出断面图

画在视图之外的断面图，称为移出断面图。

1. 移出断面图的画法

(1) 移出断面图的轮廓线用粗实线画出，如图 9-29 所示。

(2) 当剖切平面通过回转面形成的孔或凹坑的轴线时，这些结构的断面处应按剖视绘制，即补画断面所在形体段的轮廓线(机械图中补画粗实线，建筑图中补画细实线)。

　　图 9-29 中，用轴的正面投影和两个断面图清楚地表达出了轴的形状。在 A—A 断面处，剖切平面通过了轴上的圆锥孔和圆柱孔的轴线，故 A—A 断面图按剖视绘制(补画了断面所在轴段的轮廓线)。

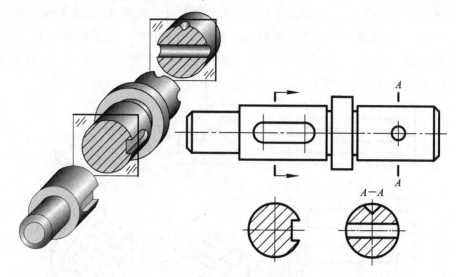

图 9-29　机械图中移出断面图

　　(3) 当剖切平面通过非圆孔，会导致出现两个完全分离的断面时，这些结构的断面处也应按剖视绘制。如图 9-30 所示(补画了断面所在形体段的轮廓线)。

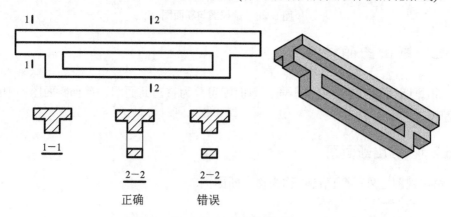

图 9-30　建筑图中移出断面图

2. 移出断面图的配置与标注

为了便于看图,移出断面图应尽量画在剖切位置线的延长线上,必要时,也可配置在其他适当位置,但必须标注,机械图中移出断面图的配置与标注如表 9-2 所示。

表 9-2 机械图中移出断面的配置与标注

断面配置	断面图形对称	断面图形不对称
配置在剖切位置延长线上	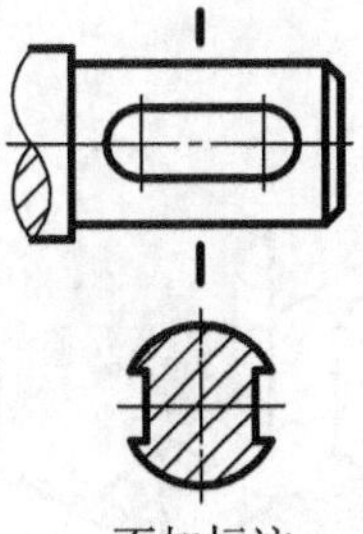 不加标注	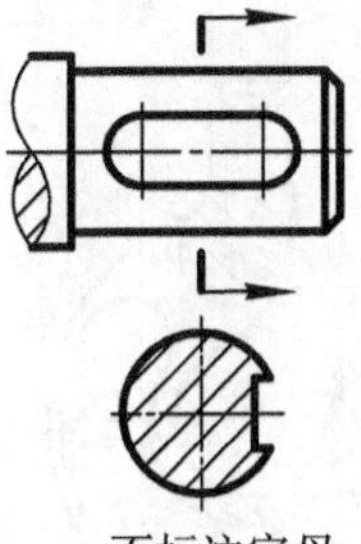 不标注字母
按视图投射关系配置	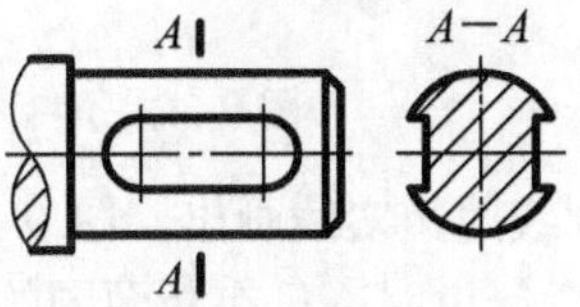 *A-A* 省略箭头	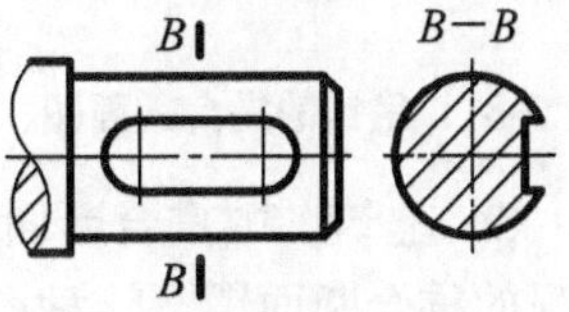 *B-B* 省略箭头
配置在其他地方	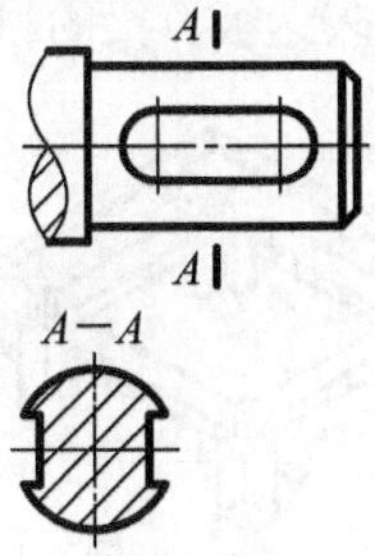 *A-A* 省略箭头	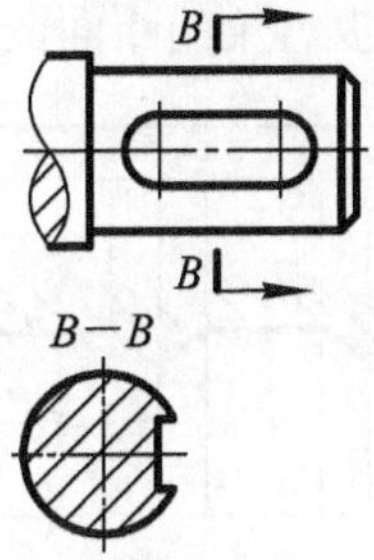 *B-B* 完整标注

建筑图中移出断面图的标注如图 9-30 所示。断面图编号数字在剖切线旁的位置决定其断面图的投射方向,如编号数在剖切线右,则向右投射。

9.5.2.2 重合断面图

画在视图之中的断面图,称为重合断面图。

当视图中图线不多,断面图形较简单,将断面图画在视图内不会影响其清晰程度时,可采用重合断面图。重合断面图是将形体剖切后把断面按形成左视图或俯视图的投射方向(也可按指定的投射方向)，绕剖切平面迹线旋转90°，重合在视图轮廓线之内的断面图。

1. 重合断面的画法

(1) 机械图中重合断面的轮廓线用细实线绘制,当视图中的轮廓线与重合断面的轮廓线重叠时，视图中的轮廓线不得中断，仍应连续画出，如图9-31和图9-32所示。

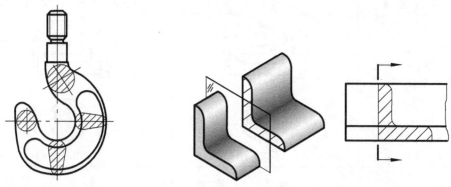

图 9-31　吊钩的重合断面图　　　　图 9-32　角钢的重合断面图

(2) 建筑图中重合断面图的轮廓线用粗实线画出，图9-33表示装饰墙面凹凸状况的重合断面图，这种图可不加任何说明，只在断面图的轮廓线内沿轮廓线的边沿加画45°斜线。图9-34所示为钢筋混凝土楼板和梁的平面图用重合断面的方式画出板、梁的断面图，并将断面涂黑表达板、梁的材料。

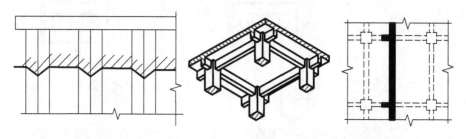

图 9-33　装饰墙的重合断面图　　　　图 9-34　楼面的重合断面图

2. 重合断面的标注

(1) 对称的重合断面不用标注。

(2) 不对称的重合断面可标出剖切位置和投射方向符号，如图9-32所示。

9.5.2.3　中断断面图

画在视图中间中断处的断面图，称为中断断面图。

对于只有单一断面的较长杆件和变化均匀、断面对称的形体，可将断面图画在形体的中断处，这种表达使图形清晰、简洁。

中断断面图的轮廓用粗实线绘制如见图 9-35、图 9-36 所示。

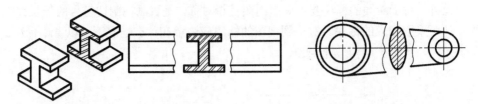

图 9-35　工字钢的中断断面图　　　　　　图 9-36　支架的中断断面图

在图形表达中，还有其他的一些规定画法与简化画法，请读者参阅其他的工程制图教材及相关的技术制图标准。

9.6　综合读图

工程图样作为工程技术界进行技术交流的一种特殊语言——工程技术语言，是工程技术人员运用他们的想象力和创造力将其设计意图与结果用仪器或各种工具运用科学的规律美和多种表达方式，依照一定的原理和规则，完整、真实、详尽地绘制成的图样，然后由加工者按图加工(施工)制作，最终制造出具有实用价值的成品。

在具备设计水平之前，应先具有读图和绘图的能力，在前面所介绍的基础的图学知识中可知：视图主要用于表达物体的外形，剖视图主要表达物体的内部。

在视图中，基本视图主要用于表达平行于基本投影面的外形，局部视图表达平行于基本投影面的局部外形，斜视图表达倾斜结构的外形。

在剖视图中，根据物体的内外形状的特点及复杂程度来选择剖视图的种类和剖切方法。选择剖视图的种类时首先要判断物体是否只需表达内部形状，还是内外形状都需表达，然后再看物体的结构是否对称；而剖切方法是根据物体内部结构的分布情况来选择的。剖视图分为全剖视图、半剖视图和局部剖视图。每种剖视图可以采用不同的剖切方式：单一剖切面、两相交剖切平面(旋转剖视)、几个平行的剖切平面(阶梯剖视)、组合的剖切平面(复合剖视)。

在读图和绘图的过程中，除应熟悉各类视图的使用条件外，还应学会灵活运用这些表达方法，掌握它们的画法、标注方法以及阅读方法，其具体方法与前几章中所介绍的类似，仍然采用形体分析法和线面分析法。在读图和绘图时，首先要透彻分析、充分了解物体的结构特点，进而把物体的结构完整、正确地表达出来或完整地想象出来。

　　读图顺序一般是：从总体到局部，从外形到内部，从主要结构到次要结构，在看清各组成部分的形状后再综合想象出整体形状。

　　此外，对于断面的标注要考虑断面图是否对称，是否画在剖切符号的延长线上等，从而采取相应的标注。对于剖视图的标注应注意在什么情况下可以省略标注。

　　例 9-1　阅读图 9-37 所示剖视图。

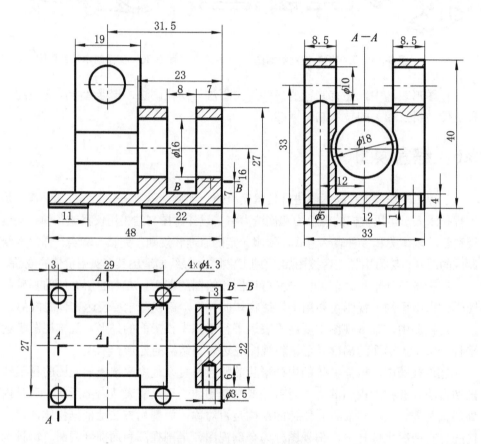

图 9-37　例 9-1 图 1(剖视图)

　　读图分析　(1) 明确每个视图的剖切方式和位置。

　　首先应看各剖视图名称，找出剖视图的剖切位置、确认采用的是何种剖视，明确投影方向，弄清与视图间的投影关系。然后分析各个剖视图和剖面图所表达的重点是什么。

　　如图 9-24 所示，该物体用主、俯、左三个剖视图表示，主视图未加任何标注，表示是沿前后对称(近似对称)平面剖开作的全剖视；俯视图中用了 *B—B* 剖视图名称的标注，由名称标注对应主视图的剖切位置标注可知，表示俯视图作了该部位的局部剖视图；左视图中用了 $A—A$ 剖视图名称的标注，由名称标注对应俯视图的剖切位置标注可知，表示左视图沿剖切位置指示的阶梯剖视图，同时还有一个未标注的局部剖视图，表示是沿该部位左右对称平面或过轴线的侧平面剖开作的局部剖视图。

(2) 初步阅读该物体的整体形状。分析线框，由投影可知该物体在整体上是一个叠加式组合体，其各部分基本体的原型分别由 5 个四棱柱叠加而成(可由俯视图应用局部拉伸法进行构思想象)，如图 9-38 所示。

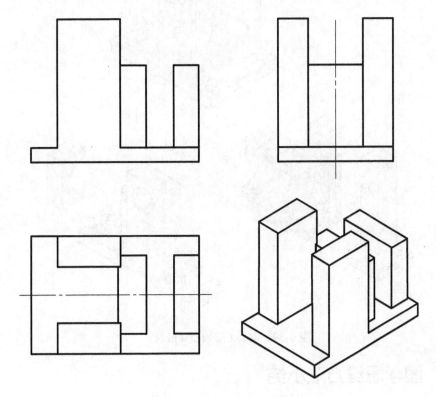

图 9-38 例 9-2 图 2(原型联想)

(3) 结合尺寸标注、各剖视图投影之间的联系，看懂各基本体内部结构及相互位置。

全剖的主视图表示右边两个四棱柱上部分别有一个 $\phi 18$ 的圆柱孔；局部剖的俯视图表示最右边一个四棱柱下部分的前后各有一个 $\phi 3.5$ 的圆柱与圆锥的盲孔(不通的孔)；阶梯剖的左视图表示底板上有 4 个相同的 $\phi 4.3$ 圆柱孔，左后四棱柱上部有一个 $\phi 10$ 的前后圆柱通孔，在 $\phi 10$ 圆柱孔的中部有一个 $\phi 5$ 的上下圆柱通孔，两孔相交出现相贯线。与左后四棱柱外形对称的左前四棱柱，从其上部的局部全剖可知，其上部只有一个 $\phi 10$ 的前后圆柱通孔而没有上下的圆柱通孔，对照主、左视图可知底板底部四角分别有 4 个凸垫板。

(4) 分析细部，构想整体形状。

在分析了由整体到细部的结构及部分相对位置后，可综合构思想象出内外形状，如图 9-39 所示。

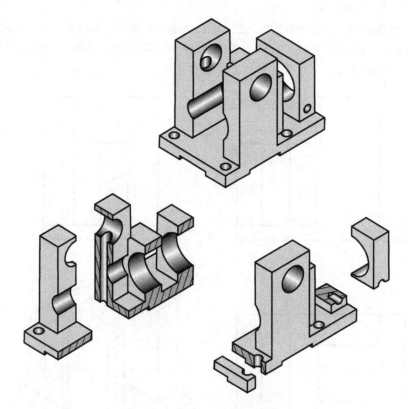

图 9-39　例 9-1 图 3(空间形状)

9.7　图学思维方法小结

科学的思维方法是人们从无数次实践活动的经验和教训中总结出来的智慧结晶。科学的思维方法可分两大类：一类是怎样提高思维能力的思维方法，例如形象记忆法可以提高记忆力，联想法可以提高创造力等等；另一类是怎样科学地观察问题、分析问题和解决问题的思维方法，例如辩证思维法、逻辑思维法、发散思维法、收敛思维法、逆向思维法、分析综合思维法等等。科学的思维方法是思维运动得以顺利发生的起搏器，对思维运动进行自觉的导航，使不利于获得科学认识的思维发展转化为有利于获得科学认识的思维，也是进行科学研究、获得新的认识成果的必备手段和工具。一个人在思考问题时，无论他自己是否意识到，在他的思维过程中都有某种思维方法在起作用。正如众所周知的"曹冲称象"、"司马光砸缸"、"田忌赛马"等例子，在他们解决问题的过程中，都无意识地运用了某种思维方法，这说明任何有成效的思维活动都必然运用一定的思维方法来进行，没有方法的思维活动是不可思议的。因此，熟悉、掌握并使用一种特定的思维方法，乃是思维主体能力中的一种基本能力，也是构成思维主体能力的一个不可缺少的方面。

事实证明，根据不同的实践需要，选择行之有效的科学思维方法来指导自己的思维活动，不但可减少思维的盲目性，提高思维的效率和成功率，还能将有形的思维方法变成无形的智慧本能。然而，人不是一生下来就能掌握科学思维方法的，只有在后天的社会交往中，通过学习和培养并在实践中反复锻炼才能逐渐获得。学习和培养思维方法，不仅只要求能掌握思维方法，而且要能使用思维方法。掌握思维方法本身并不是目的，只有使用思维方法才是培养思维方法的目的。但是，使用思维方法要以掌握思维方法为前提，否则谈不上使用。同时，是否真正掌握思维方法，又完全要看能否使用得当。一般来讲，使用思维方法要抓好三个环节。第一个环节是熟悉思维任务，第二个环节是选择适用的思维方法，第三个环节是能动地应用思维方法。以图学知识为思维对象，所使用的思维方法应从确定图学思维的相关任务开始。图学思维的任务多种多样，如观察现象、解决空间几何问题、绘制图样、阅读图样、构形思考等等，凡是需要经过思维活动才能获得成果的事物，都是思维的任务。思维任务的提出，是由实践活动和思维活动的发展所决定的。一定的思维任务需要一定的思维方法，一定的思维方法只适用于完成一定的思维任务。如解决点、线、面类的几何问题时，常用的是降维法、升维法、逆向思维法、连环思维法、发散思维法、收敛思维法和分析综合法等；完成基本体、组合体的绘制和阅读时，常用的是形象思维法、联想法、猜想法、想象法、立体交合思维法、假想构成法、图形思维法、原型联想法等。为了能较好地运用思维方法，应充分地发挥思维的主观能动性，并处理好三种关系：确定与灵活的关系、规范与创造的关系、部分与整体的关系。这样在实践中才能根据具体情况灵活地、综合地运用各种思维方法。

然而，世界上的事情不是一成不变的，获得科学的思维方法不是一件容易的事。从思维方法来源的三个方面——实践、知识和旧方法——来看，其获得方式各有异同。由实践方法内化为思维方法的过程，是一个不自觉发生的过程，在这个过程中，由于实践方法的内化需要漫长时间的渗入、沉淀、凝聚，人们觉察不到内化过程。以知识转变成为思维方法则是一个自觉应用的过程，是将关于思维方法的知识直接的向思维方法转化。这个过程虽然也经过实践，但在时间上较为快捷。就思维活动而言，知识的应用转变成思维方法是一种内反馈而不是一种外输出。我们知道，知识在参与制定实践决策之后，便向实践外化，成为指导实践的力量。这时，知识转化而成的是实践活动或实践方法，而不是思维方法，只有把知识应用于新的思维活动中作为思维程序和手段时，知识才能转变成思维方法。可见，在知识应用面前有两条道路，一是实践应用，二是思维应用。实践应用是将先前的思维成果——知识实现简单的重复，而思维应用则要将知识置于新的思维活动之中才能完成。在一些自然科学中的基础性学科，其知识带有方法的性质，如数学和物理，因此，它们的知识在其他学科的研究中被作为方法广泛地使用着。图学知识同这些基础知识一样，也可作为学习和培养及掌握思维方法的手段或来源，特别是在与思维科学的学科交叉领域，这种横向相互作用就会更加突出。例如，求一点到一直线间距离。作为知识，主要描述的是两者之间的垂直距离，但若将这两者的距离问题引向空间(升维)，并应用发散、收敛、分析、综合、连环等思维方法向新的思维活动渗透时，则实现了将知识向思维方法的转变。当然，知识的具体形式不同，它们向思维方法的转变形式也不同。如在投影基础部分中解决点、线、面的几何问题，图学知识主要转化成充分发散、有效收敛类等开放性的思维方法，使思路广阔、思维方向多维化。在处理基本体、组合体相关画图与读图的问题，图学知识主要以具体形象为思考对象转化成联想、猜想、想象等具有形象性、跳跃性的思维方法，使思路更加活跃而灵活多变，这样可实现思维的突破，摆脱传统知识的束缚，提出超常或反常的新思路、新形象，使实践活动富有创造性。随着人类思维的发展，由知识应用转变成思维方法的途径将会越来越重要，但不管是何种来源及途径，都必须以实践为基础，在本质上都属于实践的内化。

　　实际中人们常常存在将思维方法学习简单化的弊病，许多人以为只要知道了思维的方法或技巧，就等于有了超人一等的思维能力，其实这是一种误解。虽然掌握正确的思维方法后可以立即大大提高思维能力，但掌握思维方法与将它转化为思维技巧之间还有一段很长的训练过程要走，只有经过长期大量的思维训练，我们才能在思维实践活动中纯熟地运用思维方法指导各种各样问题的解决。这就像一个人要想学会游泳，光知道游泳的技巧和方法还不够，他还必须长时间在水里进行训练才能将所学的游泳技巧和方法转化为游泳技能。如果他想成为游泳冠军，还必须有教练指导，制定适合个人特长的训练计划，付出比别人更多的努力才有可能技压群雄。达·芬奇画蛋的故事，也许能让我们更深刻地领悟到技能训练的重要性。

思　考　题

1. 在视图中，基本视图、局部视图、斜视图分别表达怎样的外形？

2. 什么是剖视图？剖视图哪些特点？

3. 常用的剖视图有哪几种？它们各有什么特点？

4. 剖视图的标注有哪些内容？在什么情况下剖视图上可以不作任何标注？

5. 什么是断面图？断面图与剖视图的区别是什么？

6. 断面图有哪几种？它们各有什么特点？

7. 在读图和绘图的过程中，应注意什么？

8. 读图顺序一般是什么？

9. 科学的思维方法可分几类？它们各有什么特点？

10. 使用思维方法要抓好那三个环节？试根据你的理解适当举例。

11. 为了能较好地运用思维方法，应处理好哪三种关系？

12. 由思维方法来源的三个方面，你认为每一种适合的是什么样的人群？

13. 图学知识与数学知识、物理知识在培养方法上有什么异同？图学思维方法有什么特点？

14. 试分析掌握思维方法与使用思维方法之间的关系和转化过程。

10 工程图样简介

在现代工程设计中，通常按照一定的方法、规律和技术要求，在图纸上正确地表示出机器、设备、零件、仪表、建筑物等物体的结构、形状、大小、材料、规格和性能等内容，这种图纸资料称为工程图样。工程图样常称为工程界的共同技术语言，它是工程技术人员用来设计、表达和交流技术思想的工具。

10.1 机械工程图样

在进行机器设备的设计和改进时，要通过图样来表达设计思想和要求；在制造机器的过程中（如加工、检验、装配等各个环节），要以图样作为依据；在使用机器时，要通过图样来帮助了解机器的结构和性能。因此，图样是设计、制造、使用机器过程中重要的工程技术资料之一。工程制图就是要完成由"物到图"和由"图到物"的转换过程。

在机械工程上常用的图样有零件图、装配图、展开图和焊接图。

10.1.1 零件图的作用与内容

零件是机器部件中不可再拆开的独立部分。表达单个零件结构形状、尺寸大小、加工和检验等方面技术要求的图样称为零件图，它是制造、检验零件的依据。图 10-1

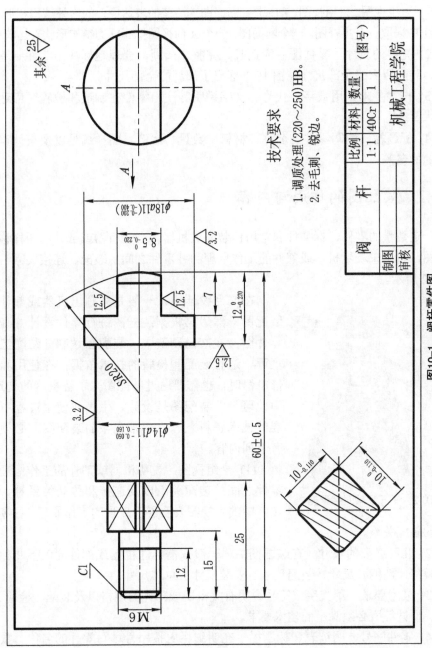

图10-1 阀杆零件图

是图 3-1 所示球阀阀杆的零件图。一张完整的零件图必须包括以下几个方面：

(1) 一组视图。采用视图、剖视图、断面图等清楚的表达零件的内外结构和形状。图 10-1 中采取一个主视图，一个断面图，一个 A 向视图把阀杆的结构形状表达清楚。

(2) 完整的尺寸。零件图中应正确、完整、清晰、合理地标注出零件制造、检验、装配所需的全部尺寸。图 10-1 标出了阀杆的全部尺寸。

(3) 技术要求。用数字、代号、文字说明等注出零件在制造和检验时应达到的技术要求。

(4) 标题栏。注写零件的名称、材料、数量、比例、图样编号以及设计审核人员的姓名等。

10.1.2 装配图的作用与内容

一定数量的零件、标准件和常用件装配成机器。表达机器或部件的图样称为装配图，它用来表示机器或部件的工作原理和各零件之间的装配、连接关系，如图 10-2 所示。

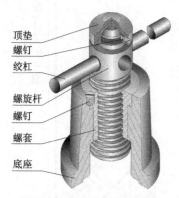

在产品设计中，一般是先画出机器或部件的装配图，然后再根据装配图进行零件设计并画出零件图；在产品制造中，装配图是制订装配工艺规程、进行装配和检验的技术依据；在使用和维修机器时，也需要通过装配图来了解机器的构造。由此可见，装配图是设计、生产和使用过程中重要的技术资料之一。一张完整的装配图，必须具有下列内容。

顶垫
螺钉
绞杠
螺旋杆
螺钉
螺套
底座

图 10-2 千斤顶轴测装配图

(1) 一组视图 说明机器或部件的工作原理、零件之间的装配关系以及连接和传动关系等。图 10-3 中的主视图表明了千斤顶的工作原理，各零件之间的装配关系。

(2) 几种必要的尺寸 在装配图中，一般只需标注机器或部件的以下几种尺寸：规格（性能）尺寸、装配尺寸、安装尺寸、总体尺寸。

(3) 技术要求 用文字或符号说明有关机器或部件的规格以及装配、检验、安装、调试等所必须满足的技术要求。

(4) 零件序号、明细表和标题栏 在明细栏内按序号填写零件的名称、数量和材料等。在标题栏内注写机器或部件的名称、图号、比例以及设计、制图者的姓名等。

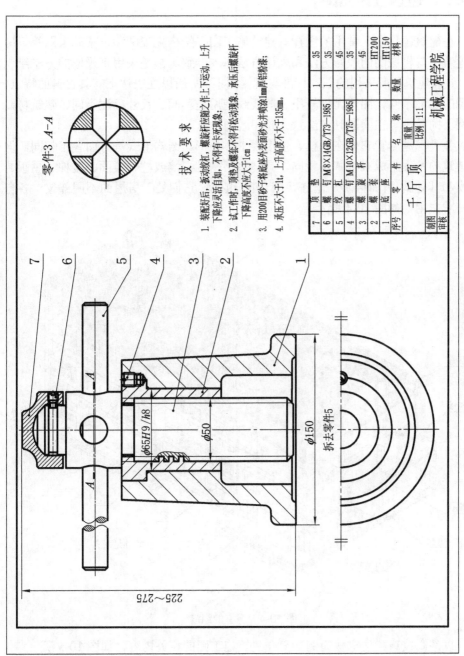

零件3 A—A

技术要求

1. 装配好后, 扳动绞杠, 螺旋杆应随之作上下运动, 上升下降应灵活自如, 不得有卡死现象;

2. 试工作时, 顶垫及螺套不得有松动现象, 承压后螺旋杆下降高度不应大于1cm;

3. 用200目砂子将底座外表面砂光并喷涂1mm厚铝粉漆;

4. 承压不大于1t, 上升高度不大于135mm。

7	顶 垫		1	35
6	螺 钉 M8×14GB/T73—1985		1	35
5	绞 杠		1	45
4	螺 钉 M10×12GB/T75—1985		1	35
3	螺 旋 杆		1	45
2	螺 套		1	HT200
1	底 座		1	HT150
序号	零 件 名 称		数量	材料
千 斤 顶				
制图		重量	比例 1:1	机械工程学院
审核				

拆去零件5

ϕ65H9/h8

ϕ50

ϕ150

225～275

图10-3 千斤顶装配图

10.2   建筑工程图样

在建筑工程中，常用的图样有建筑施工图、结构施工图和设备施工图等。房屋建筑图与机械图的投影方法和表达方法基本一致，都是采用正投影的方法绘制的，但因建筑图所采用的国家标准与机械图不同，所以在表达上有其自身的特点。如图的名称不同、图形比例较小、图线线型用途不同、尺寸标注不同、建筑材料图例不同等等，在读图时应注意比较和区别。

各类房屋尽管它们在规模、使用要求、外形、结构形式等方面各不相同，但就建筑的基本组成来说基本相同，具体包括基础、墙或柱、楼面、楼梯、屋顶、门窗和其他构件(如台阶、雨篷、阳台)等组成，它们处于房屋的不同部位，各自发挥着作用，如图10-4所示。

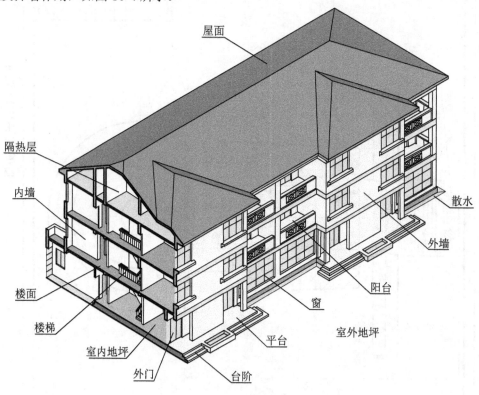

图10-4   房屋的组成

以某高校新建住宅楼为例，简介建筑施工图的相关内容，如图10-5所示。

一套建筑施工图一般包括施工总说明、总平面图、平面图、立面图、剖面图、详图和门窗表等。图10-6为一住宅楼的平、立、剖面图。

图10-5 某高校新建住宅设计图（效果图）

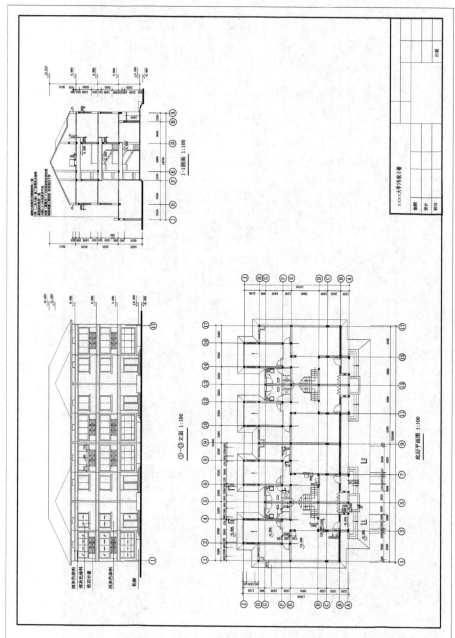

图10-6　住宅建筑施工图

平面图、立面图、剖面图（简称平、立、剖），是建筑施工图中最重要的图样，主要采用正投影方法绘制。在图幅大小允许下，可将平、立、剖面三个图样，按投影关系画在同一张图纸上，以便于阅读，如图10-6所示。如图幅过小，平、立、剖面图可分别单独画在几张图纸上。

10.2.1 建筑平面图

建筑平面图是水平方向的剖视图，主要表达建筑物的平面形状、大小及房间的水平方向各部分布置情况和组合关系。

在施工过程中，平面图是房屋的定位放线、砌墙、安装门窗、预留孔洞、设备的安装、室内装修以及编制概预算、施工备料等工作的重要依据。平面图是施工图中最基本、最重要的图样。

建筑平面图的形成是假想用一个水平的剖切平面沿着窗台以上，在门窗洞口处将房屋剖切开，移走剖切平面以上部分，对剖切面以下部分作直接正投影而获得的水平剖面图，如图10-7所示。

一般来说，多层房屋每一层原则上都应该有平面图，但习惯上将房间布置、形状、大小等没有变化的上、下层用一个平面图来表示，这种平面图称为标准层平面图。

屋顶平面图可适当用较小比例绘制，以表示屋顶情况。比较简单的屋顶可以不绘出平面图。

10.2.2 建筑立面图

建筑立面图是表达建筑物主要立面外形的图样。一座建筑物是否美观，其主要立面上的艺术设计、造型处理与装修至关重要。因此建筑立面图主要反映建筑物的形体和外貌、外墙面的艺术设计、造型处理与装修做法等。

建筑立面图作为建筑施工图的基本图样之一，既是施工的依据，也是后继各工序设计时的参考资料和编制概预算的依据，同时还是评价建筑或向有关部门完成申报手续的重要图样资料。正因为它在这一意义上的作用，所以建筑立面图所呈现出的图面效果是十分重要的。

建筑立面图的形成是用正投影法将房屋的各个立面投影到与之平行的投影面上得到的投影图，如图10-8所示。

建筑立面图应当包括自投影方向上可见的一切形体及构造，如建筑外部轮廓、外部造型、门窗位置及形式，阳台、雨篷、室外台阶、花池、坡道等的位置及形式，外部装修做法和必要的尺寸与标高等。

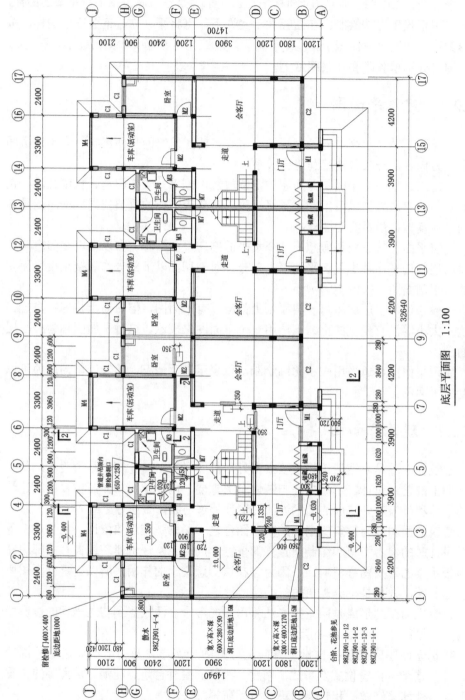

底层平面图　1:100

图10—7　建筑平面图

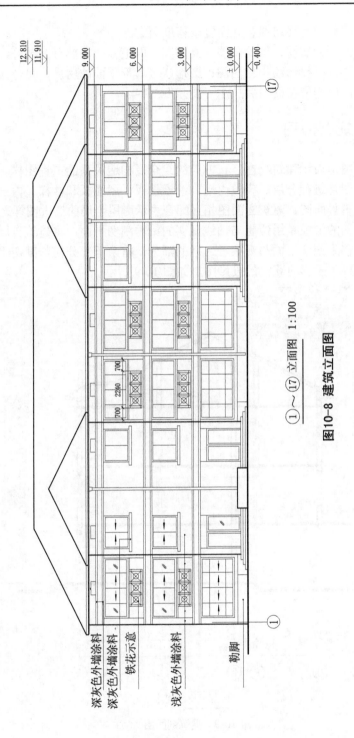

①～⑰ 立面图 1:100

图10-8 建筑立面图

建筑立面图的数量视房屋各立面复杂程度而定。

平面形状曲折的房屋，可绘制展开立面图，即把曲折的部分先展开，使之与投影面平行，再进行投影绘出立面图；圆形或多边形平面的房屋，可分段展开绘制建筑立面图，但均应在图名后加注"展开"二字。

10.2.3　建筑剖面图

建筑剖面图是表示建筑物在竖直方向的组合及构造关系的工程图样。在建筑施工中，剖面图是进行分层、砌筑内墙、铺设楼板、屋面板和楼梯、内部装修的依据，是与建筑平面图、建筑立面图相互配合表示房屋全局的三大图样之一。

建筑剖面图的形成是用假想与轴线正交的铅垂剖切平面，将建筑自屋顶到地面垂直切开，移走剖切平面与观察者之间的部分，将余下部分向与剖切平面平行的投影面作直接正投影而获得的投影图，如图 10-9 所示。

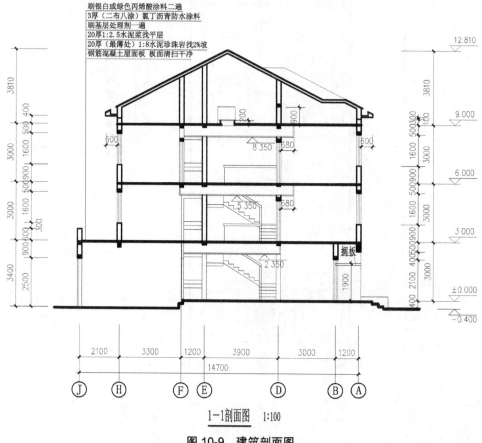

图 10-9　建筑剖面图

建筑剖面图的剖切位置通常选在能显露房屋内部构造或比较复杂和典型的部位，例如通过门、窗洞口及主要入口、楼梯间处，对梯段踏步剖切，或高度有变化的部位等。对于比较复杂的建筑，还应根据建筑的特点，在有代表性的地方或特殊部位作必要的剖切。

剖面图的数量视具体情况而定。

10.2.4 建筑装修施工图

随着社会的发展及人们生活水平的提高，对室内外环境质量的要求也越来越高，建筑装修设计及施工，已成为房屋建筑施工中必不可少的重要内容。

一套房屋的装修施工图，一般应包括装修平面布置图、楼地面装修图、墙柱面装修图、天花板装修图以及细部节点详图等，图 10-10 是一套单元房的平面布置及地面装修图。有时为体现装修效果，还需绘制装修效果图（一般为透视图），图 10-11 是厨房装修效果图。

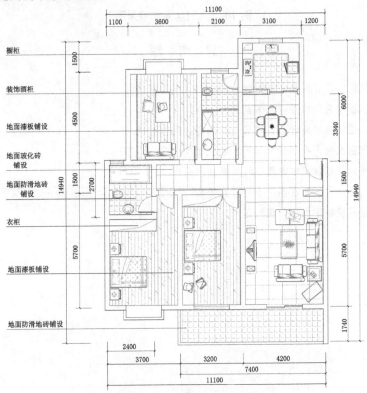

平面布置及地面装修图 1∶100

图 10-10 建筑装修施工图

图 10-11　厨房装修效果图

思 考 题

1. 机械图描述的对象主要是什么？
2. 机械图中常用的图样是哪些图？
3. 零件图的作用是什么？它应该包括哪些内容？
4. 装配图在生产中起什么作用？它应该包括哪些内容？
5. 试述房屋建筑图中常用图样有哪几种图？
6. 建筑平、立、剖面图是怎样形成的？
7. 试比较机械图与建筑图的区别。

工程制图与图学思维方法

练习题

Exercise
Exercise
Exercise

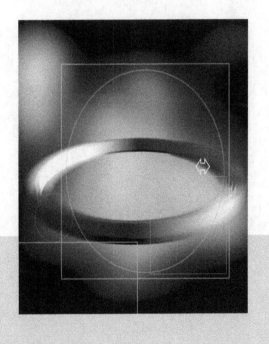

1　绪论

1-1　完成填空题:
(1) 智力集中表现为: _____ _____ _____ 。
简述它们各自的特点:
(2) 从哪几方面考量一个人的聪明智慧:

(3) 智慧——智力与知识、思维能力有什么关系？

(4) 思维是什么？

(5) 思维的概括性是思维活动的速度、广度、深度和灵活度以及创造程度的智力基础，试举例解释思维的概括性。

(6) 借助思维和已有的知识经验，试举例解释思维的间接性，以及预见和推知事物的未来变化。

(7) 试从人们比较熟悉的司马光砸缸的故事，分析司马光处理砸救人事件时所掌握的相关知识与思维过程。

(8) 思维定势与其他任何事物一样也是一分为二的，试举例解释什么时候思维定势能起积极的作用，什么时候思维定势起消极作用。

(9) 影响思维能力强弱程度的主要因素有哪几个？试述如何通过后天的学习训练与思维活动来提高自己的思维能力。

姓名　　　　　班级

2-1　回答下列问题：
(1) 投影法分为哪几类？各有什么特点？
答：
(2) 工程上常用哪几种图示法？
答：
(3) 判断下列各图是分别用什么投影法作的图，将答案填写在括号里。

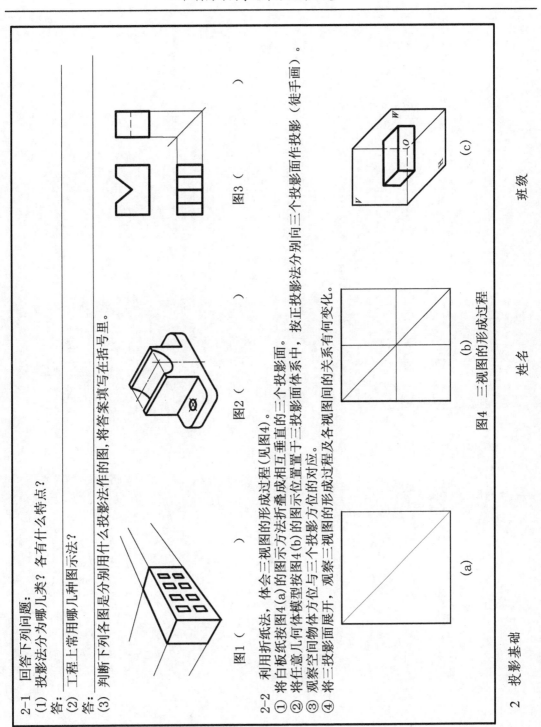

图1 (　　)　　　　图2 (　　)　　　　图3 (　　)

2-2　利用折纸法，体会三视图的形成过程（见图4）。
① 将白板纸按图4(a)的图示方法折叠成相互垂直的三个投影面。
② 将任意几何体模型按图4(b)的图示位置置于三投影面体系中，按正投影法分别向三个投影面作投影（徒手画）。
③ 观察空间物体方位与三个投影方位的对应。
④ 将三投影面展开，观察三视图的形成过程及各视图间的关系有何变化。

图4　三视图的形成过程

2　投影基础　　　　　　　　姓名　　　　　　　　班级

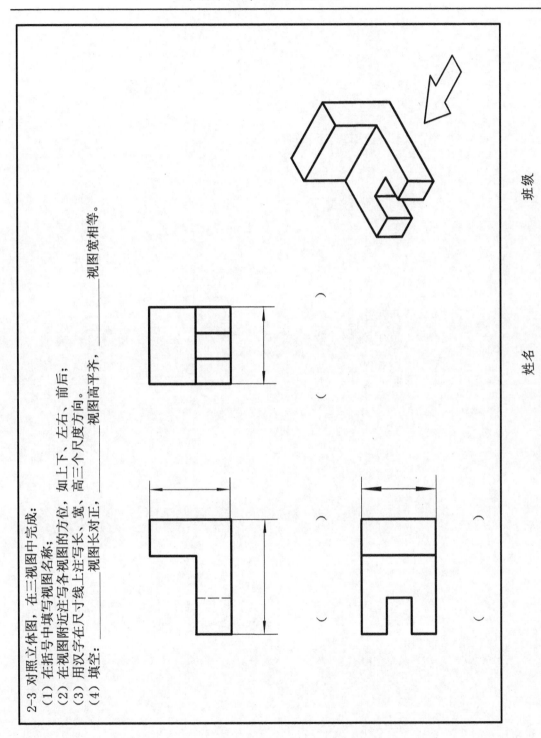

2-3　对照立体图，在三视图中完成：
(1) 在括号中填写视图名称；
(2) 在视图附近注写各视图的方位，如上下、左右、前后；
(3) 用汉字在尺寸线上注写长、宽、高三个尺度方向。
(4) 填空：_____ 视图长对正，_____ 视图高平齐，_____ 视图宽相等。

班级

姓名

2-4　根据立体图，完成下面的练习。

(1)　在三视图中标注指定面在三视图中的位置。

(2)　比较它们的相对位置：A面在立体的 ＿＿ 方，B面在D面之 ＿＿ 方，C面在G面之 ＿＿ ，E面在F面之 ＿＿。

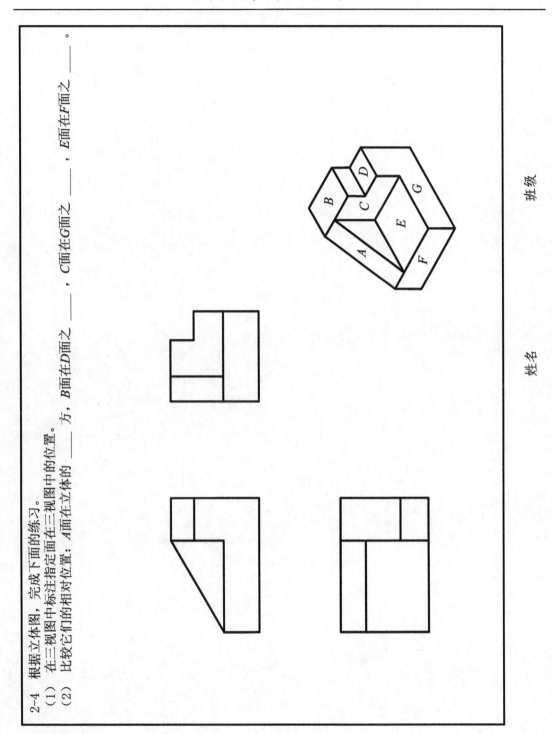

2-5 已知空间点A、B、C，完成各面投影（尺寸在轴测图上取整量取）。

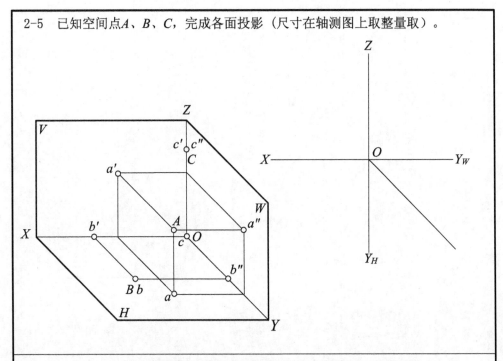

2-6 已知点A、B、C的投影，完成其轴测图（尺寸在轴测图上取整量取）。

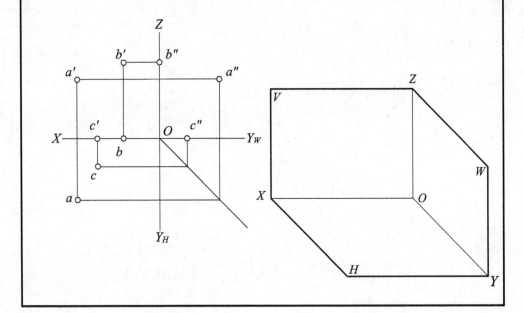

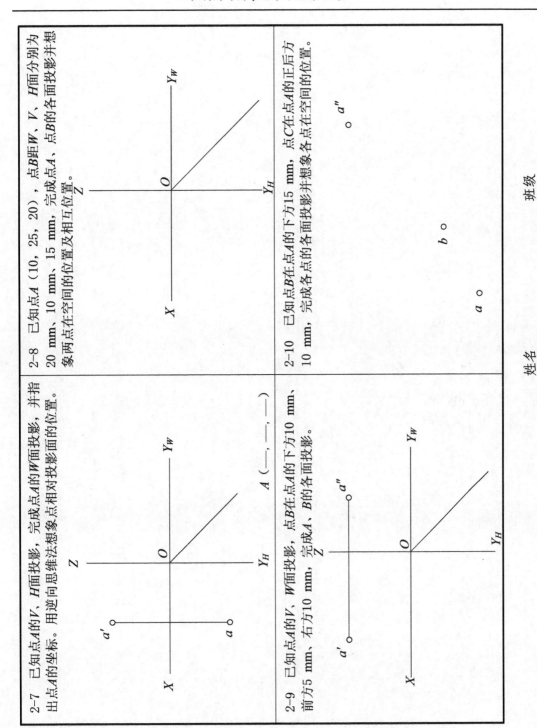

2-7　已知点A的V、H面投影，完成点A的W面投影，并指出点A的坐标。用逆向思维法想象点相对投影面的位置。

2-8　已知点A（10，25，20），点B距W、V、H面分别为20 mm、10 mm、15 mm，完成点A，点B的各面投影并想象两点在空间的位置及相互位置。

2-9　已知点A的V、W面投影，点B在点A的下方10 mm、右方10 mm，完成A、B的各面投影。

2-10　已知点B在点A的下方15 mm，点C在点A的正后方10 mm，完成各点的各面投影并想象各点在空间的位置。

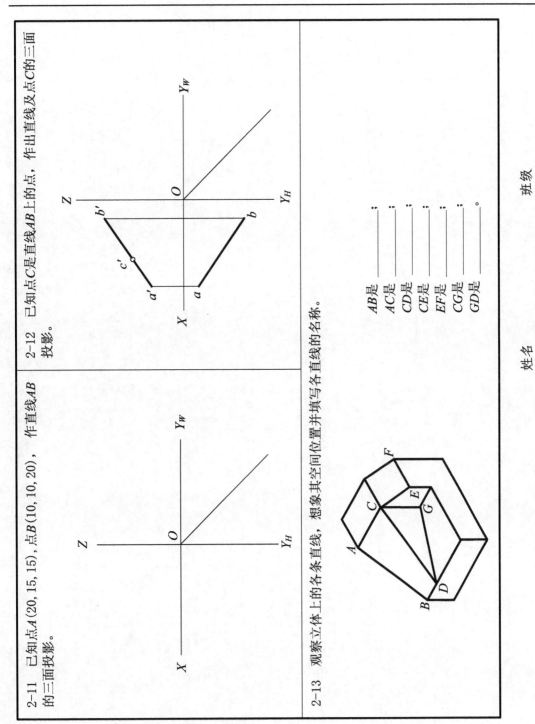

2-11 已知点A(20, 15, 15)，点B(10, 10, 20)，作直线AB的三面投影。

2-12 已知点C是直线AB上的点，作出直线及点C的三面投影。

2-13 观察立体上的各条直线，想象其空间位置并填写各直线的名称。

AB是 _____ ；

AC是 _____ ；

CD是 _____ ；

CE是 _____ ；

EF是 _____ ；

CG是 _____ ；

GD是 _____ 。

班级   姓名

2-14 判别各直线对投影面的相对位置，想象直线的空间位置后作出第三投影，并完成下面的练习。
  (1) 在图下方的指定位置填写直线的名称。
  (2) 试比较它们各自的投影特点：

    *AB*线 _____
    *CD*线 _____
    *EF*线 _____

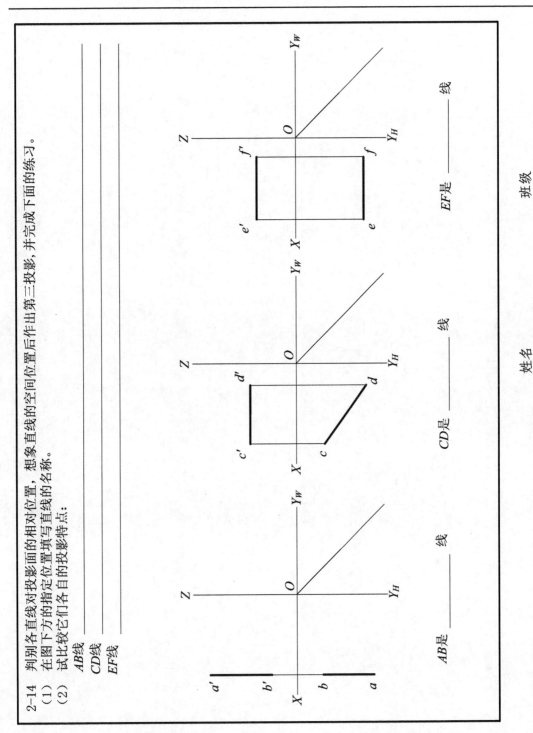

*AB*是 _____ 线   *CD*是 _____ 线   *EF*是 _____ 线

班级   姓名

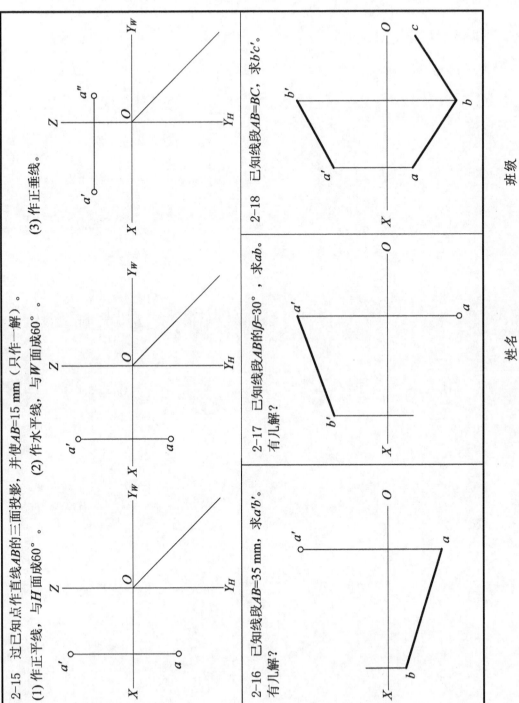

2-15 过已知点作直线AB的三面投影，并使AB=15 mm（只作一解）。
(1) 作正平线，与H面成60°。 (2) 作水平线，与W面成60°。
(3) 作正垂线。

2-16 已知线段AB=35 mm，求a'b'。有几解？

2-17 已知线段AB的β=30°，求ab。有几解？

2-18 已知线段AB=BC，求b'c'。

班级

姓名

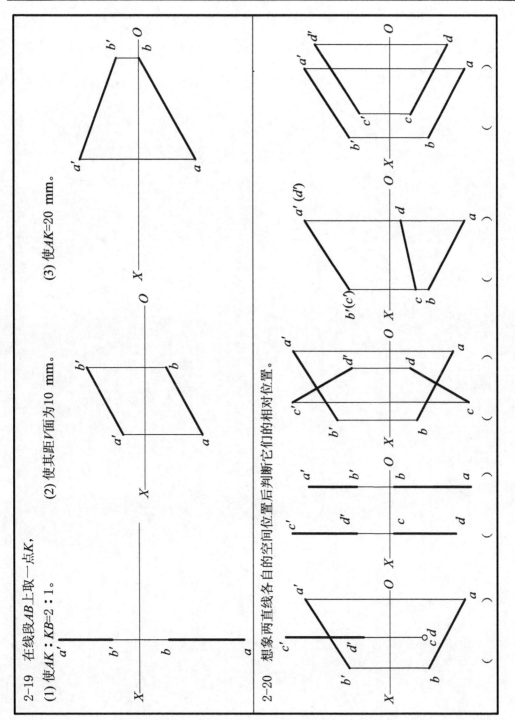

2-19　在线段 *AB* 上取一点 *K*，

(1) 使 *AK* : *KB*=2 : 1。

(2) 使其距 *V* 面为10 mm。

(3) 使 *AK*=20 mm。

2-20　想象两直线各自的空间位置后判断它们的相对位置。

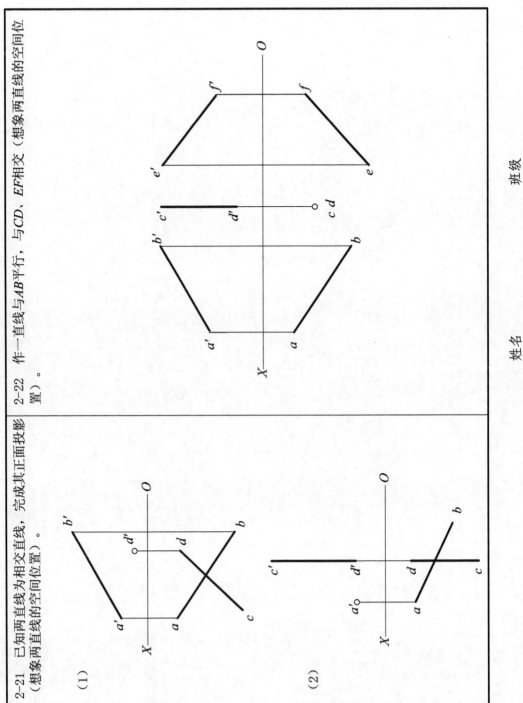

2-21 已知两直线为相交直线，完成其正面投影（想象两直线的空间位置）。

(1)

(2)

2-22 作一直线与AB平行，与CD、EF相交（想象两直线的空间位置）。

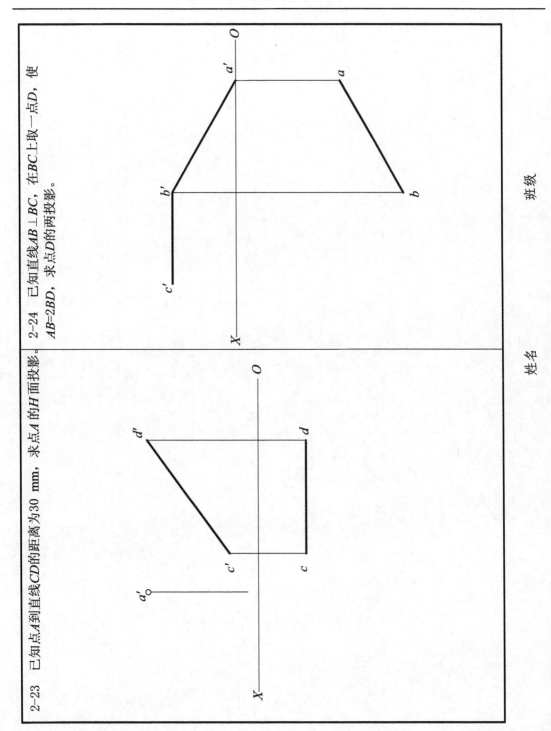

2-23 已知点A到直线CD的距离为30 mm，求点A的H面投影。

2-24 已知直线AB⊥BC，在BC上取一点D，使AB=2BD，求点D的两投影。

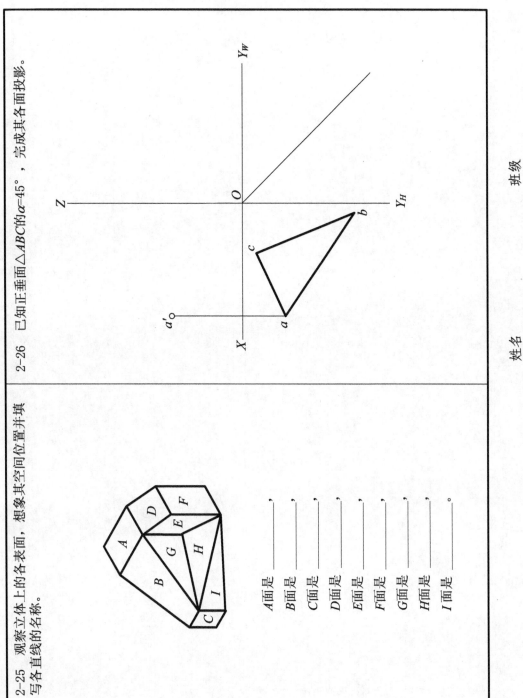

2-25　观察立体上的各表面，想象其空间位置并填写各直线的名称。

A面是_____，

B面是_____，

C面是_____，

D面是_____，

E面是_____，

F面是_____，

G面是_____，

H面是_____，

I面是_____。

2-26　已知正垂面△ABC的α=45°，完成其各面投影。

班级　　　　　　　姓名

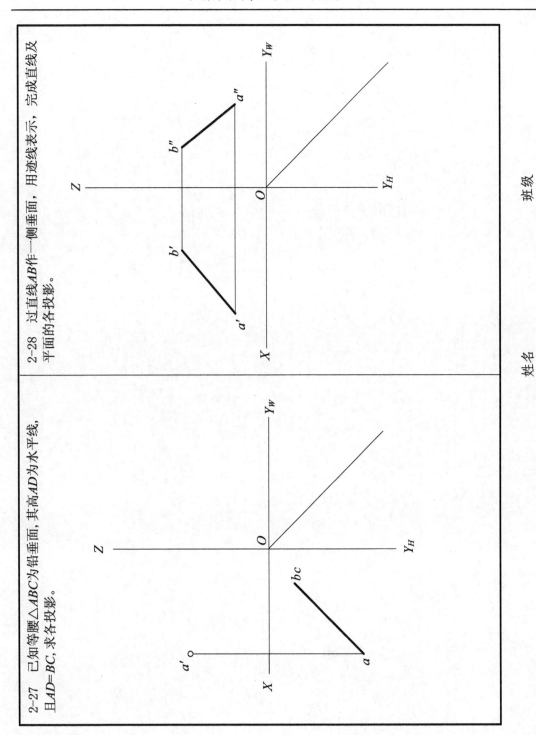

2-28 过直线AB作一侧垂面，用迹线表示，完成直线及平面的各投影。

2-27 已知等腰△ABC为铅垂面，其高AD为水平线，且AD=BC，求各投影。

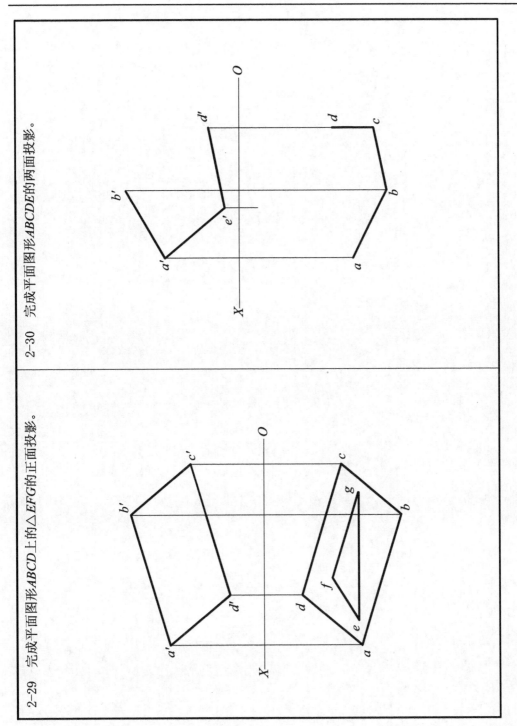

2-30 完成平面图形ABCDE的两面投影。

2-29 完成平面图形ABCD上的△EFG的正面投影。

班级

姓名

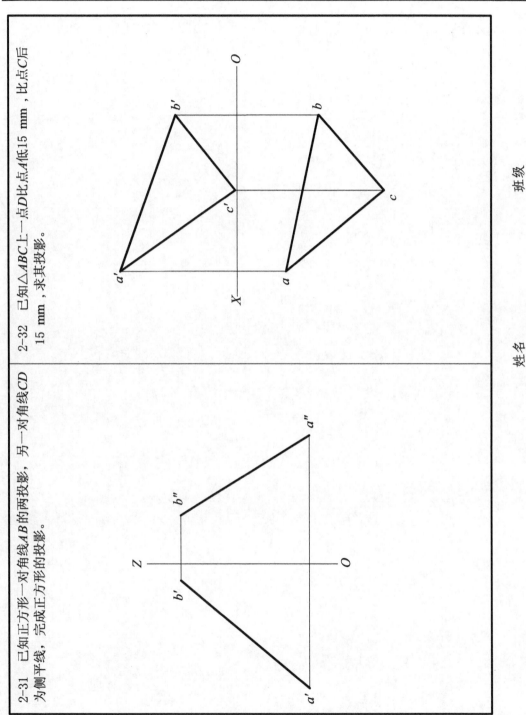

2-31　已知正方形一对角线AB的两投影，另一对角线CD为侧平线，完成正方形的投影。

2-32　已知△ABC上一点D比点A低15 mm，比点C后15 mm，求其投影。

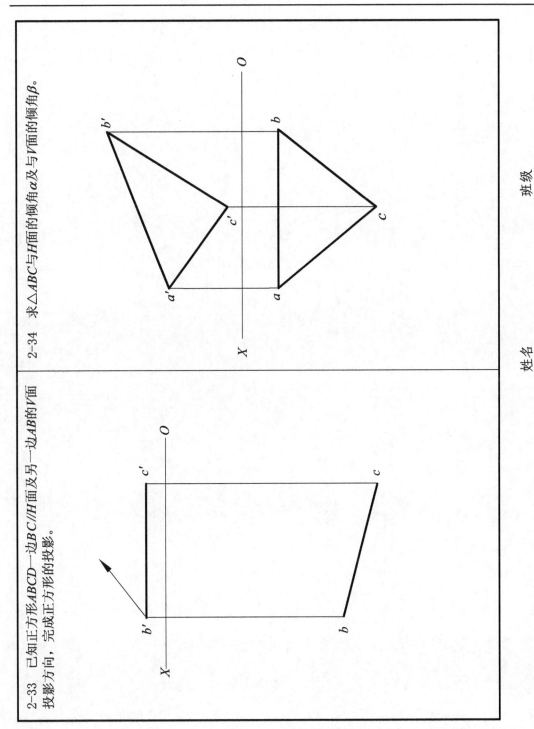

2-34　求△ABC与H面的倾角α及与V面的倾角β。

2-33　已知正方形ABCD一边BC//H面及另一边AB的V面投影方向，完成正方形的投影。

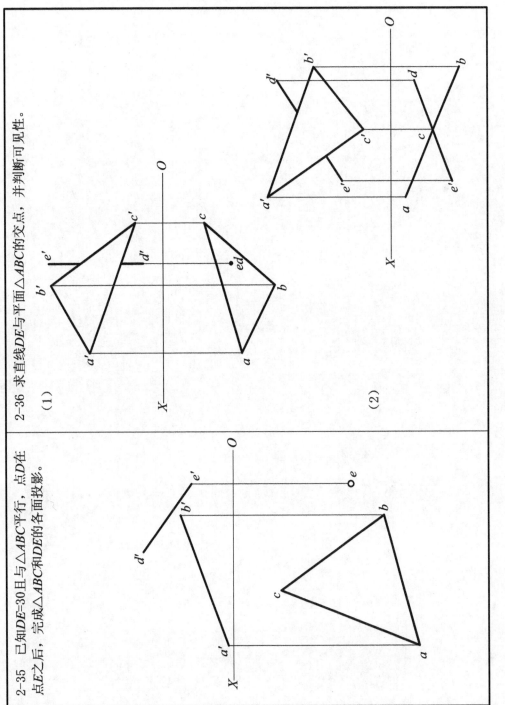

2-36 求直线DE与平面△ABC的交点，并判断可见性。

(1)

(2)

2-35 已知DE=30且与△ABC平行，点D在点E之后，完成△ABC和DE的各面投影。

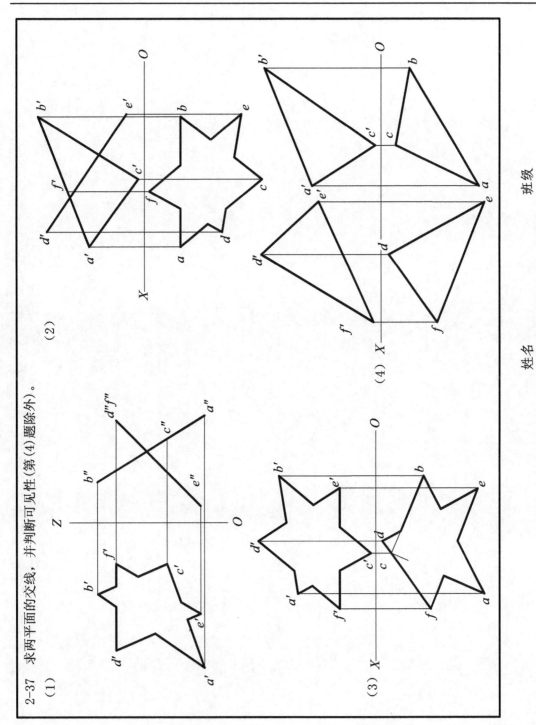

2-37　求两平面的交线, 并判断可见性 (第 (4) 题除外)。

(1)　　　(2)

(3)　　　(4)

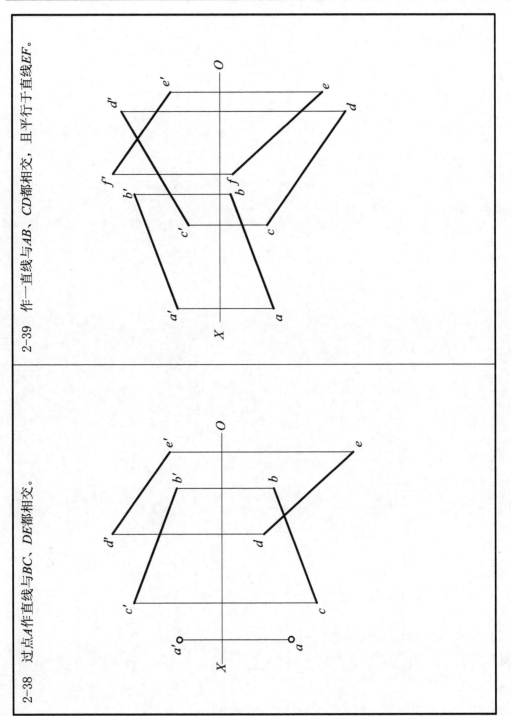

2-39 作一直线与AB、CD都相交，且平行于直线EF。

2-38 过点A作直线与BC、DE都相交。

班级

姓名

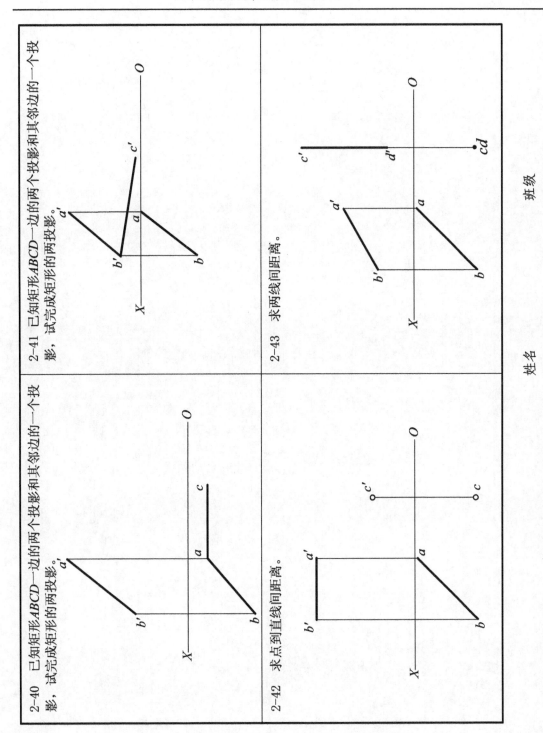

2-40 已知矩形ABCD一边的两个投影和其邻边的一个投影，试完成矩形的两投影。

2-41 已知矩形ABCD一边的两个投影和其邻边的一个投影，试完成矩形的两投影。

2-42 求点到直线间距离。

2-43 求两线间距离。

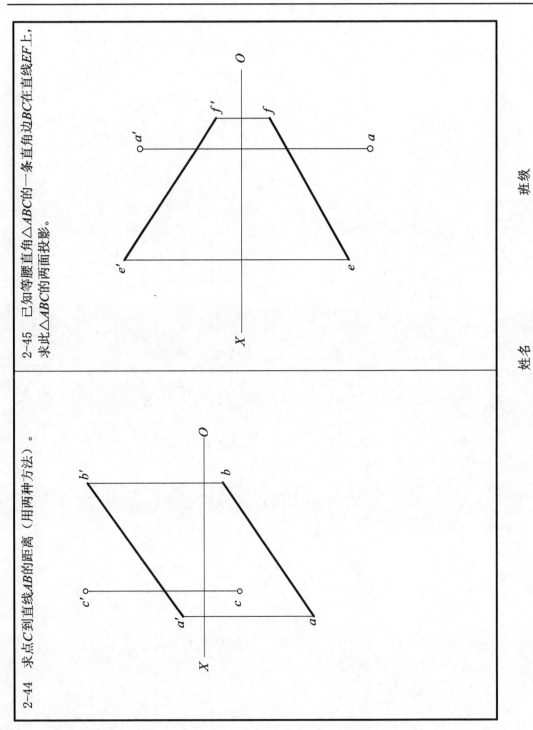

2-45 已知等腰直角△ABC的一条直角边BC在直线EF上，求此△ABC的两面投影。

2-44 求点C到直线AB的距离（用两种方法）。

班级　　　　姓名

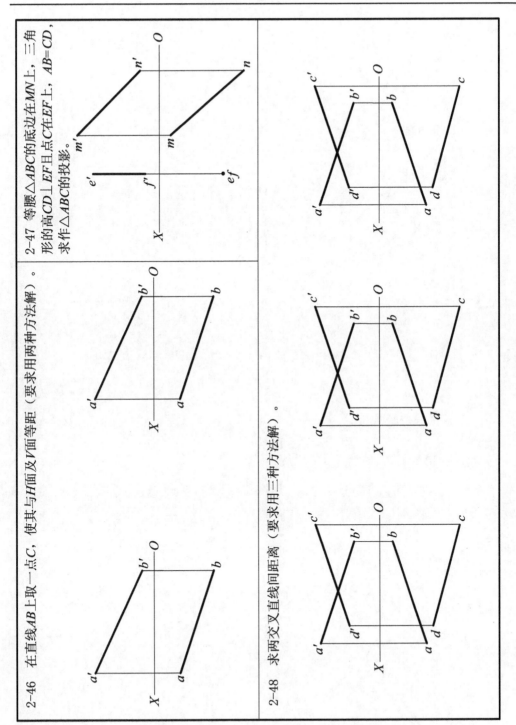

2-46 在直线AB上取一点C，使其与H面及V面等距（要求用两种方法解）。

2-47 等腰△ABC的底边在MN上，三角形的高CD⊥EF且点C在EF上，AB=CD，求作△ABC的投影。

2-48 求两交叉直线间距离（要求用三种方法解）。

班级　　姓名

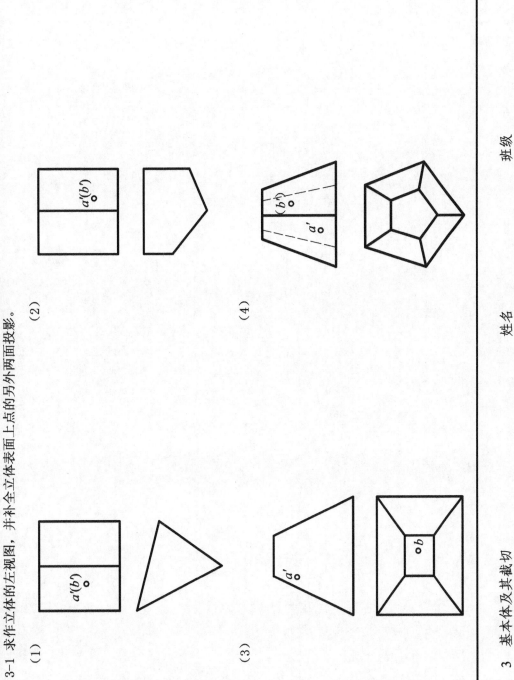

3-1　求作立体的左视图，并补全立体表面上点的另外两面投影。

(1)

(2)

(3)

(4)

3　基本体及其截切　　　　姓名　　　班级

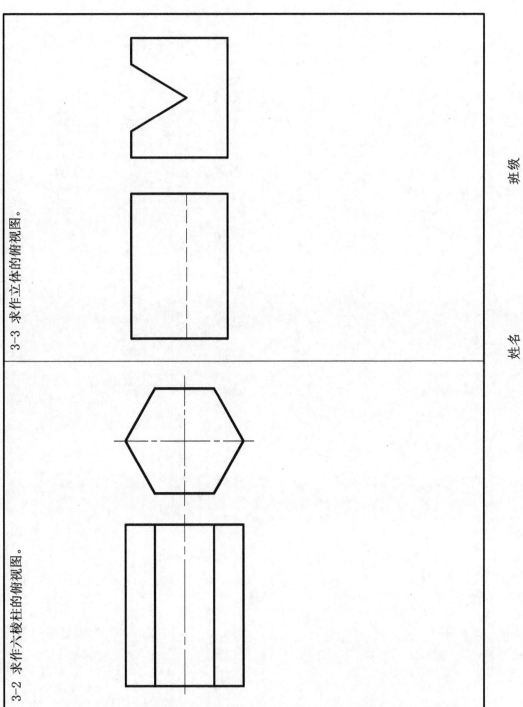

3-3 求作立体的俯视图。

3-2 求作六棱柱的俯视图。

班级　　姓名

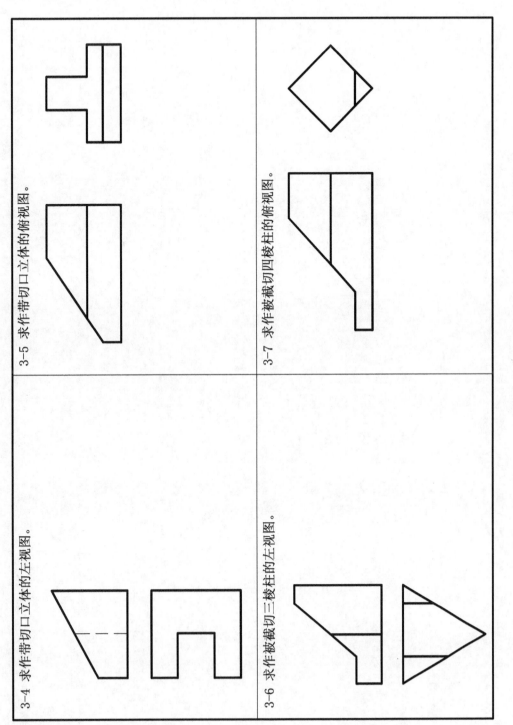

3-5 求作带切口立体的俯视图。

3-7 求作被截切四棱柱的俯视图。

3-4 求作带切口立体的左视图。

3-6 求作被截切三棱柱的左视图。

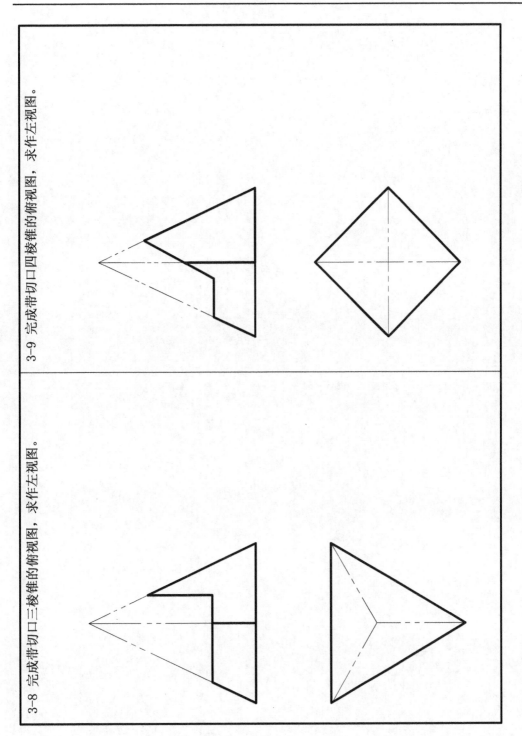

3-9　完成带切口四棱锥的俯视图，求作左视图。

3-8　完成带切口三棱锥的俯视图，求作左视图。

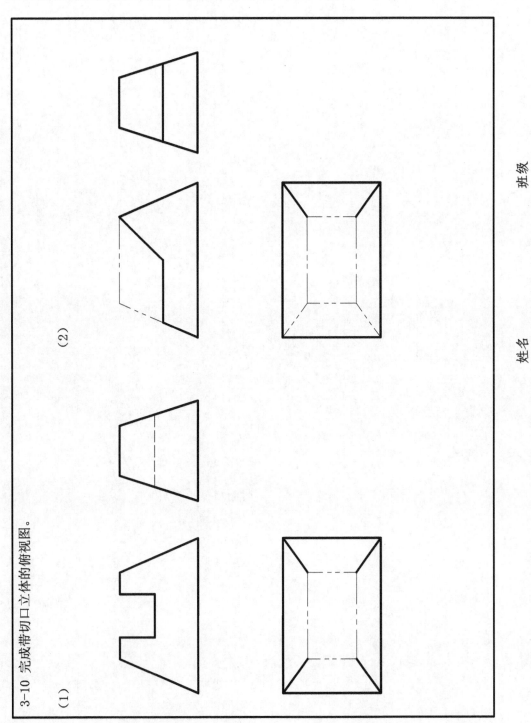

3-10 完成带切口立体的俯视图。

(1)

(2)

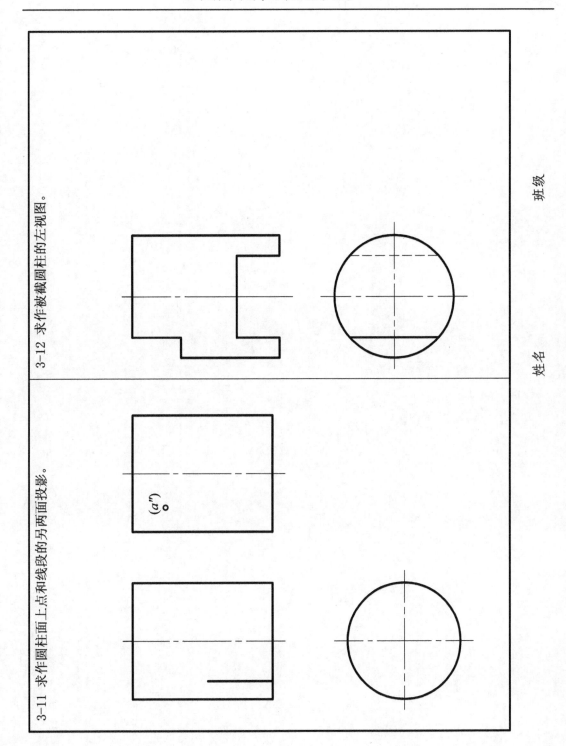

3-12 求作被截圆柱的左视图。

3-11 求作圆柱面上点和线段的另两面投影。

班级　　　　姓名

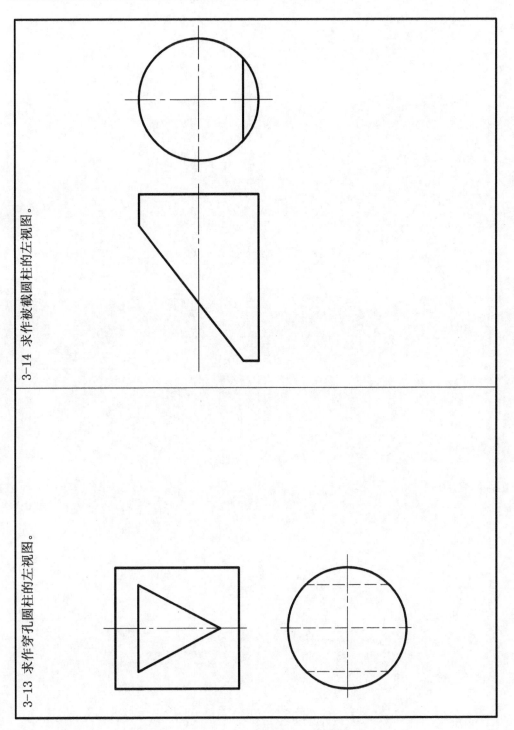

3-14　求作被截圆柱的左视图。

3-13　求作穿孔圆柱的左视图。

班级

姓名

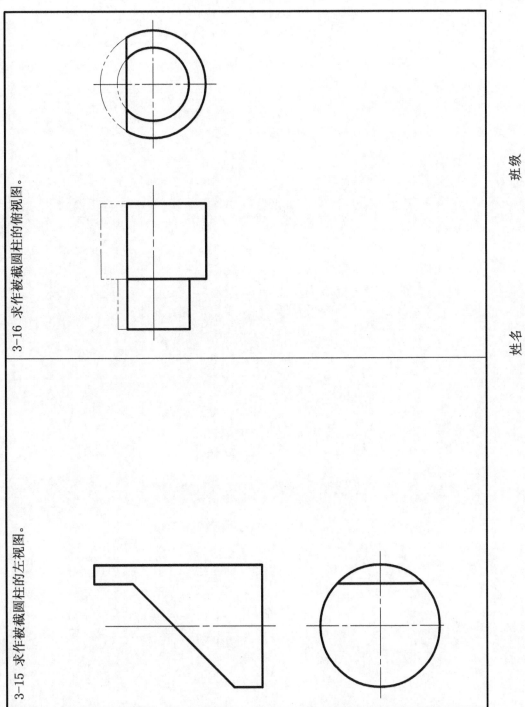

3-16 求作被截圆柱的俯视图。

3-15 求作被截圆柱的左视图。

班级　　姓名

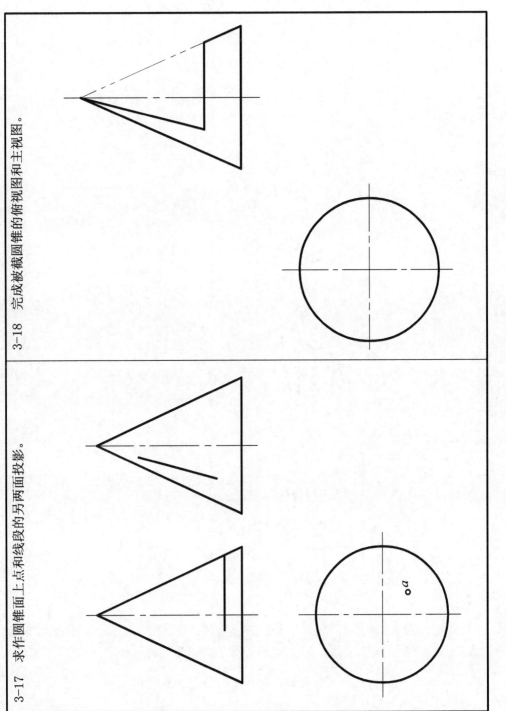

3-18　完成被截圆锥的俯视图和主视图。

3-17　求作圆锥面上点和线段的另两面投影。

班级

姓名

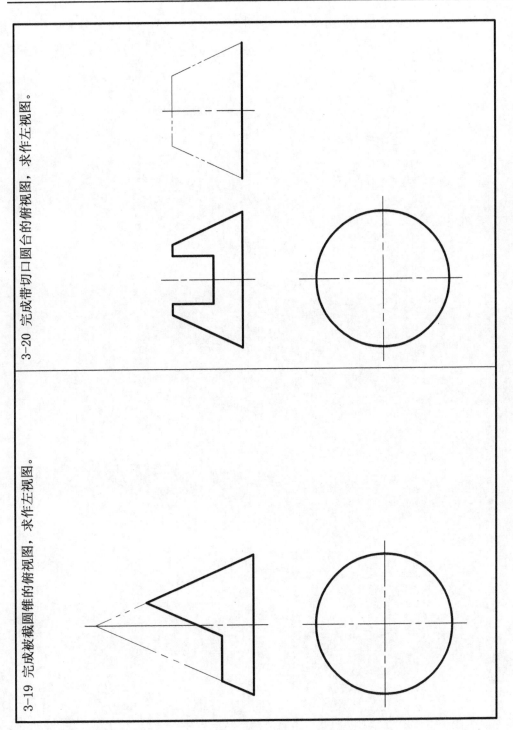

3-20 完成带切口圆台的俯视图，求作左视图。

3-19 完成被截圆锥的俯视图，求作左视图。

班级

姓名

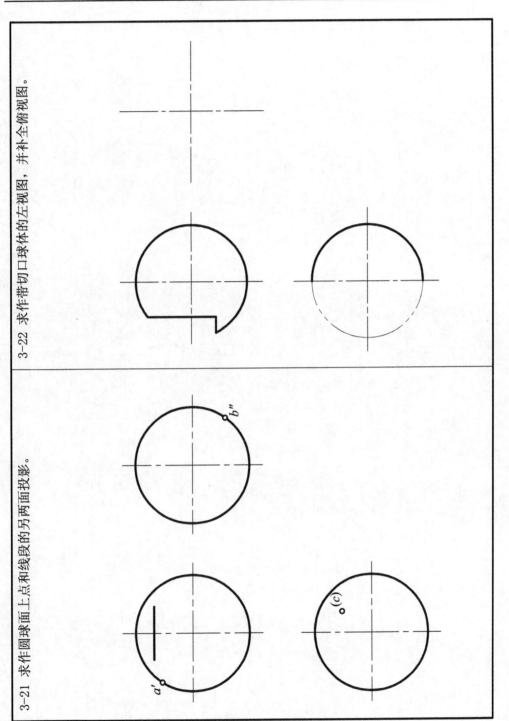

3-22　求作带切口球体的左视图，并补全俯视图。

3-21　求作圆球面上点和线段的另两面投影。

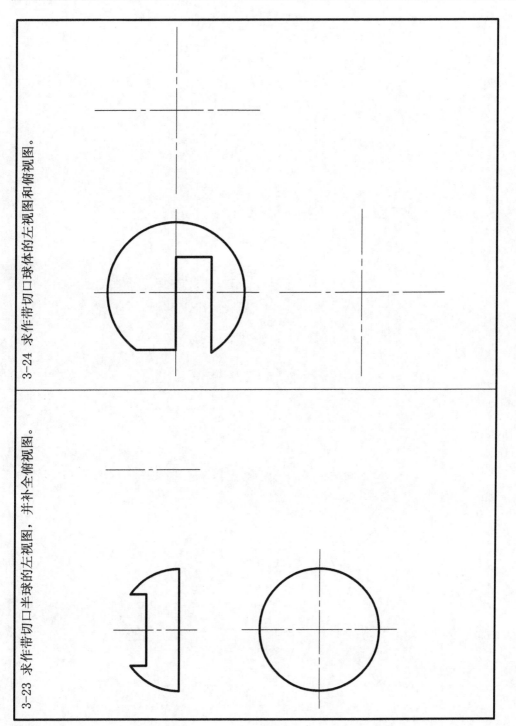

3-24 求作带切口球体的左视图和俯视图。

3-23 求作带切口半球的左视图，并补全俯视图。

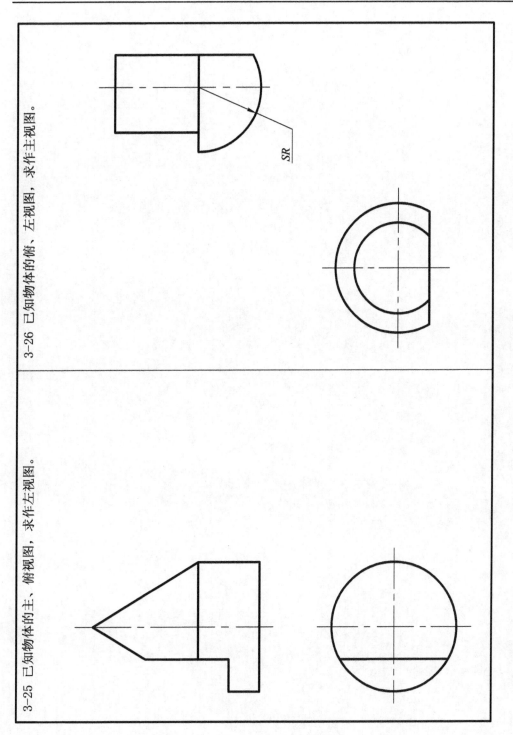

3-26 已知物体的俯、左视图，求作主视图。

3-25 已知物体的主、俯视图，求作左视图。

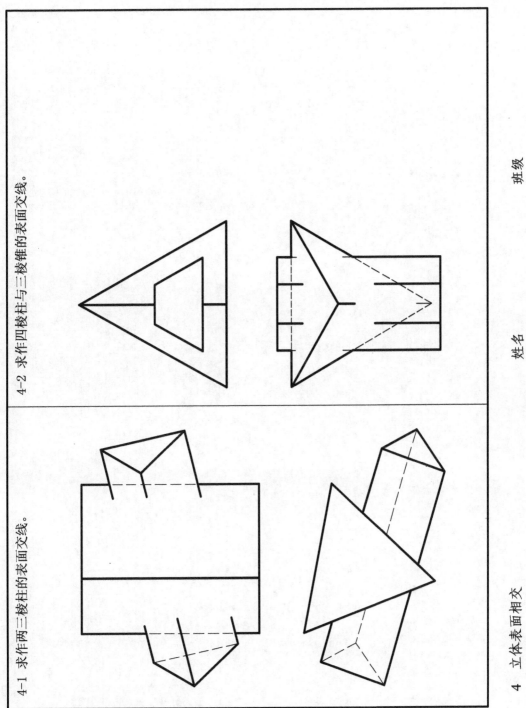

4-2　求作四棱柱与三棱锥的表面交线。

4-1　求作两三棱柱的表面交线。

4　立体表面相交

班级　　　　姓名

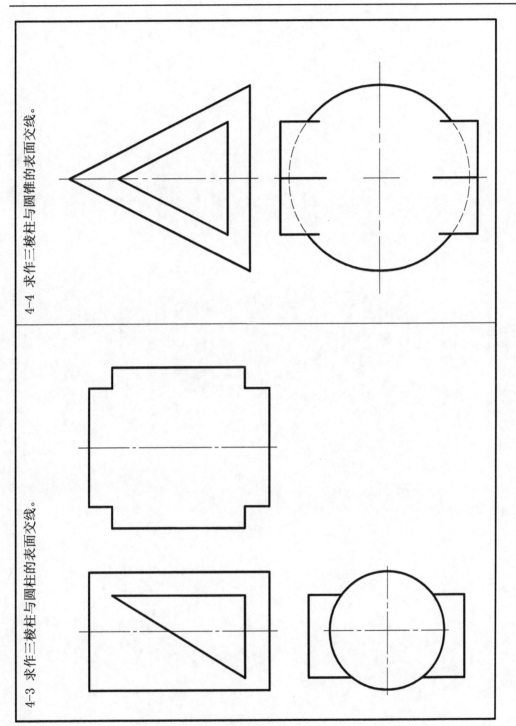

4-4 求作三棱柱与圆锥的表面交线。

4-3 求作三棱柱与圆柱的表面交线。

班级

姓名

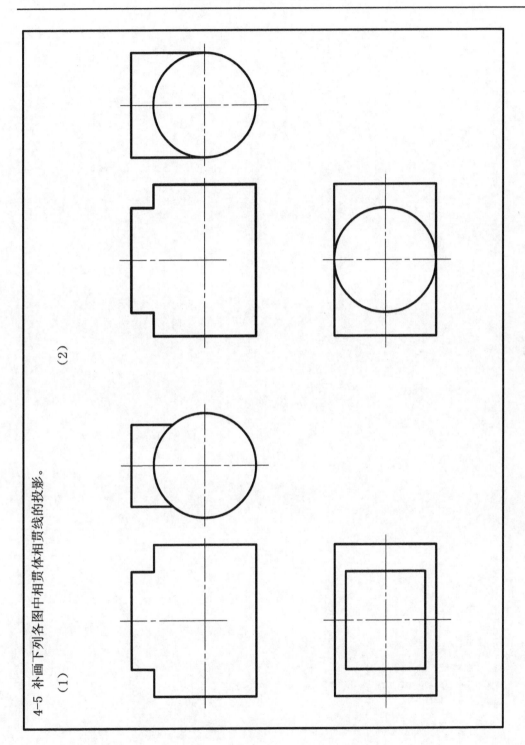

4-5　补画下列各图中相贯体相贯线的投影。

（1）

（2）

班级　　姓名

4-6 补画下列各图中相贯体相贯线的投影。

(1)

(2)

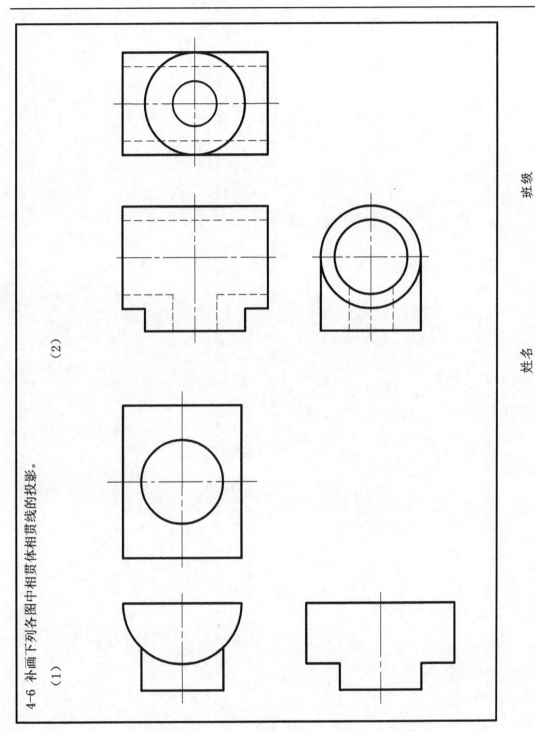

4-7　补画下列各图中相贯体相贯线的投影。

(1)

(2)

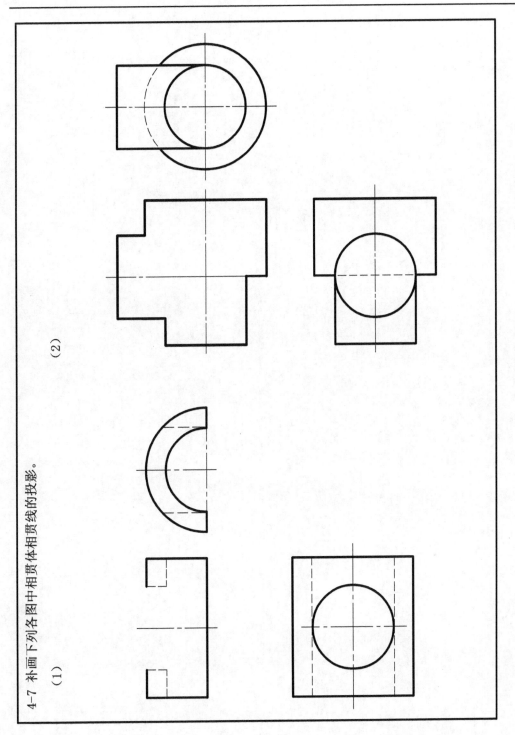

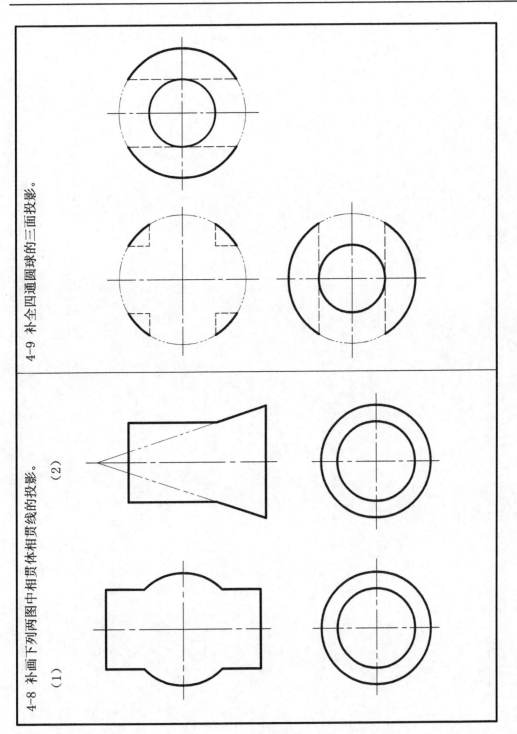

4-9 补全四通圆球的三面投影。

4-8 补画下列两图中相贯体相贯线的投影。

(2)

(1)

班级　　姓名

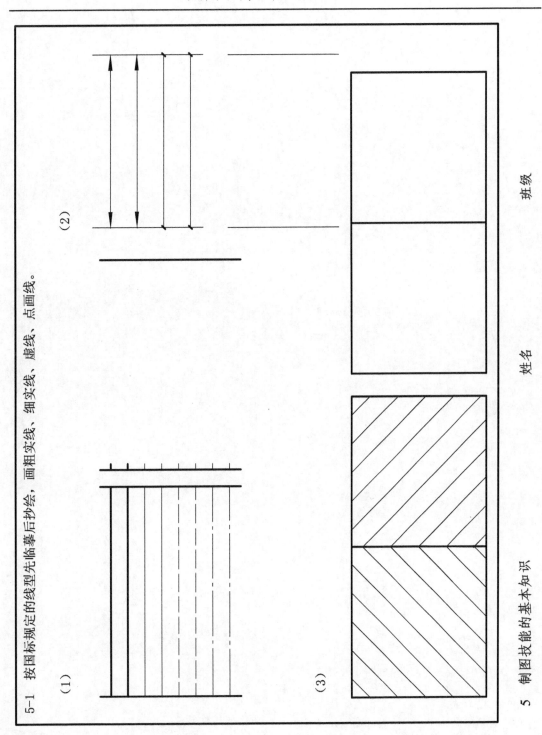

5-1　按国标规定的线型先临摹后抄绘，画粗实线、细实线、虚线、点画线。

（1）　　　　（2）　　　　（3）

班级　　　姓名

5　制图技能的基本知识

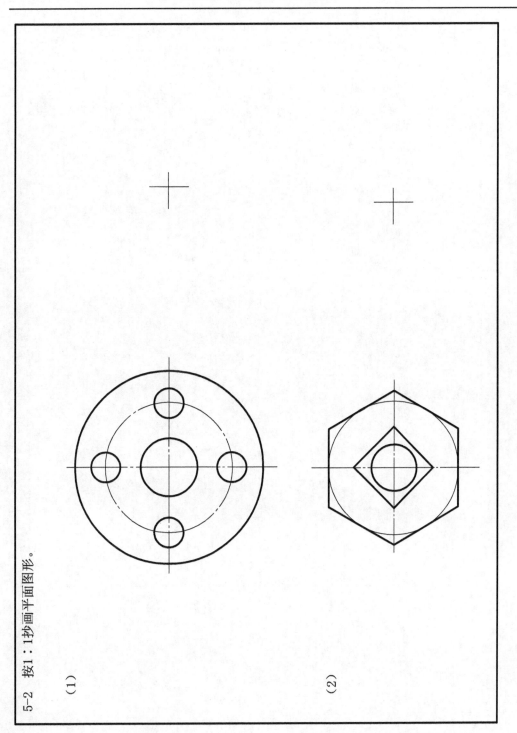

5-2 按1:1抄画平面图形。

(1)

(2)

班级

姓名

5-3　对照下面字例进行文字的书写练习。

(1) 汉字。

长仿宋字横平竖直注意起落结构匀称填满方格

图样和文字数字一样是人类用来表达交流思想和分析的基本工具之一

(2) 字母、数字。

ABCDEFGHIJKLMNOPQRSTUVWXYZ

ABCDEFGHIJKLMNOPQRSTUVWXYZ

1234567890

1234567890

班级　　　　　姓名

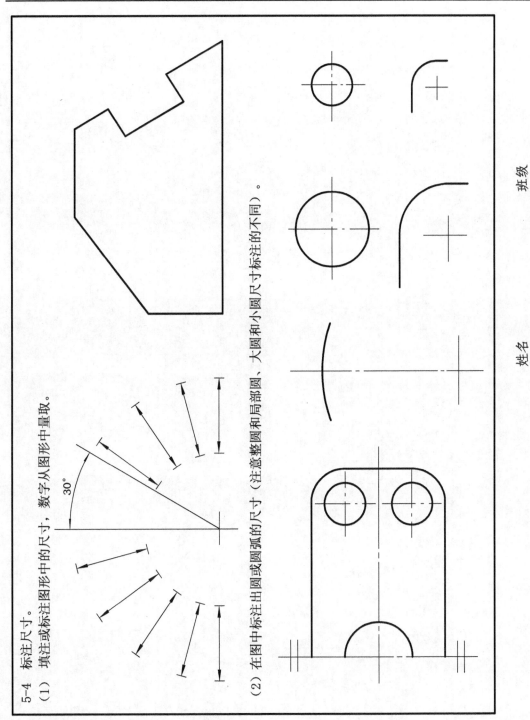

5-4 标注尺寸。

（1） 填注或标注图形中的尺寸，数字从图形中量取。

（2） 在图中标注出圆或圆弧的尺寸（注意整圆和局部圆、大圆和小圆尺寸标注的不同）。

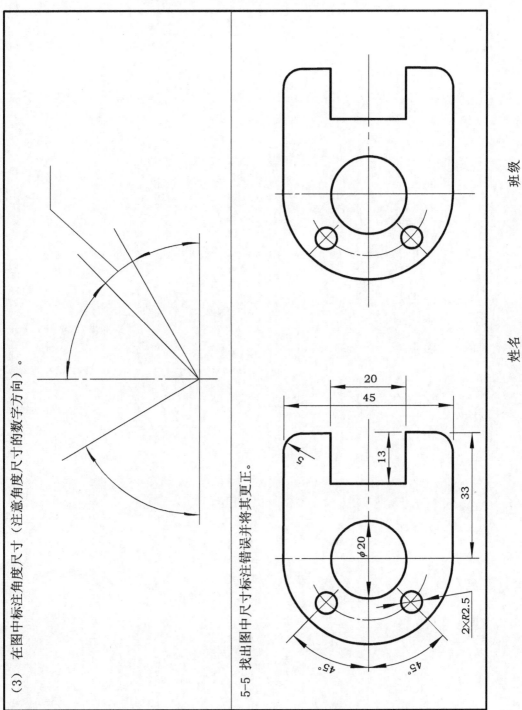

（3）在图中标注角度尺寸（注意角度尺寸的数字方向）。

5-5　找出图中尺寸标注错误并将其更正。

班级

姓名

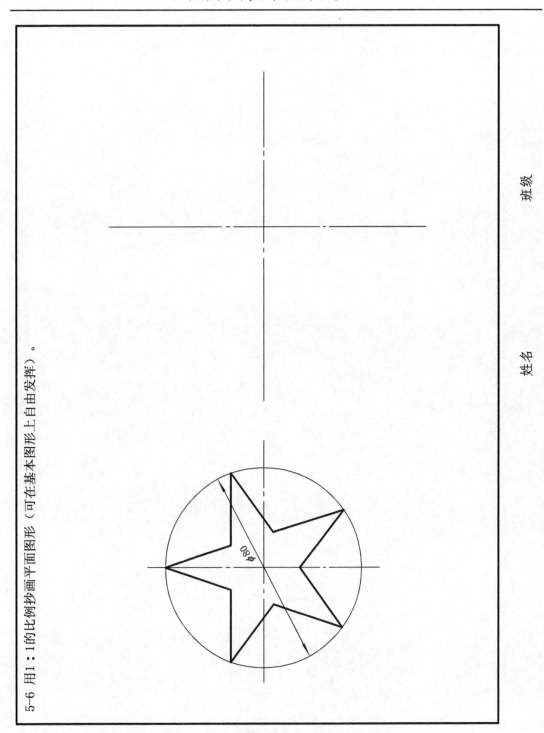

5-6　用1：1的比例抄画平面图形（可在基本图形上自由发挥）。

$\phi 80$

班级

姓名

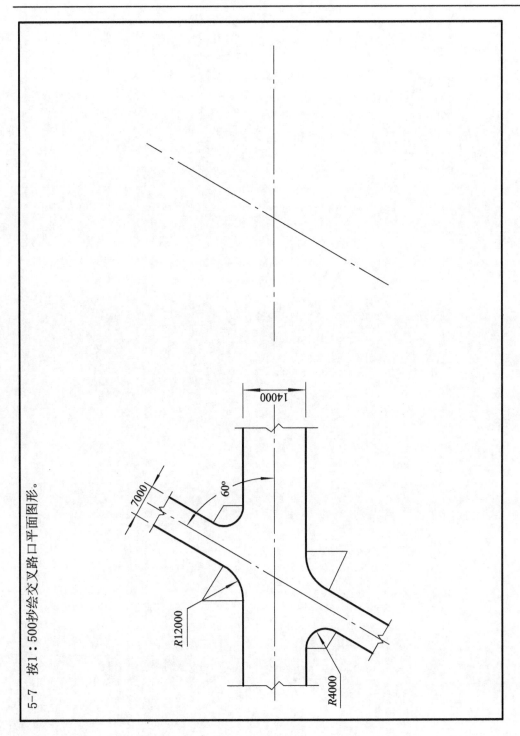

5-7 按1：500抄绘交叉路口平面图形。

姓名

班级

5-8 根据所给轴测图，目测图样大小后，徒手临摹。

(1) 台阶（放大两倍画）。

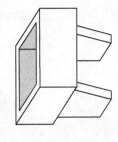

(2) 水池（放大一倍画）。

班级

姓名

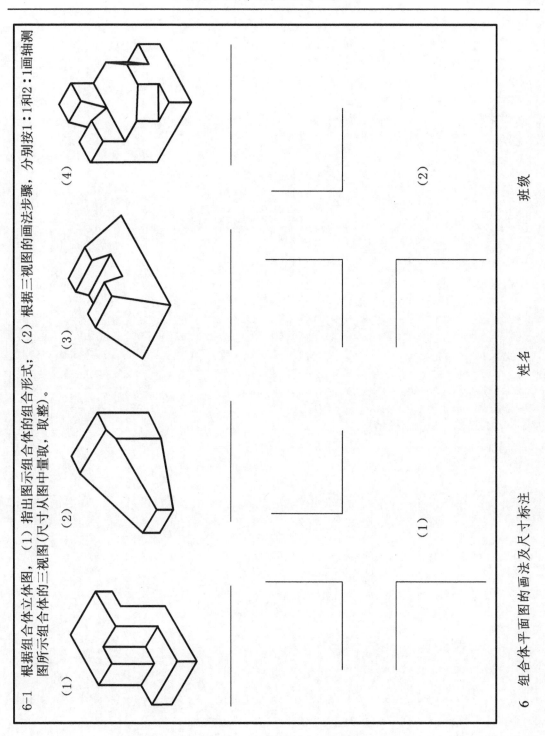

6-1　根据组合体立体图，（1）指出图示组合体的组合形式；（2）根据三视图的画法步骤，分别按1：1和2：1画轴测图所示组合体的三视图（尺寸从图中量取，取整）。

（1）

（2）

（3）

（4）

6　组合体平面图的画法及尺寸标注

（1）

（2）

班级　　　　　　姓名

续题

（3）

（4）

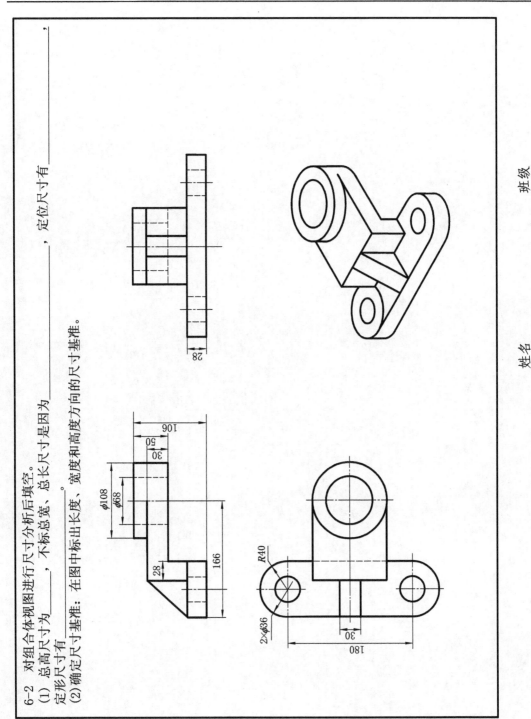

6-2　对组合体视图进行尺寸分析后填空。

(1) 总高尺寸为　　　　，不标总宽、总长尺寸是因为　　　　，定位尺寸有　　　　，定形尺寸有　　　　。

(2)确定尺寸基准：在图中标出长度、宽度和高度方向的尺寸基准。

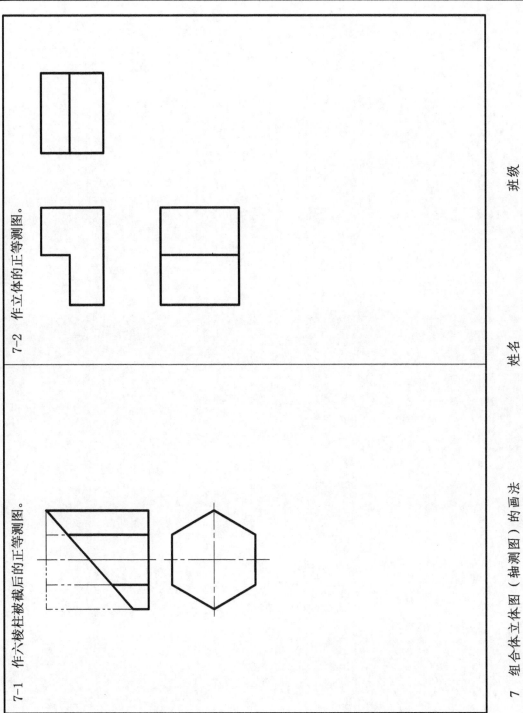

7-2 作立体的正等测图。

7-1 作六棱柱被截后的正等测图。

7 组合体立体图（轴测图）的画法

班级

姓名

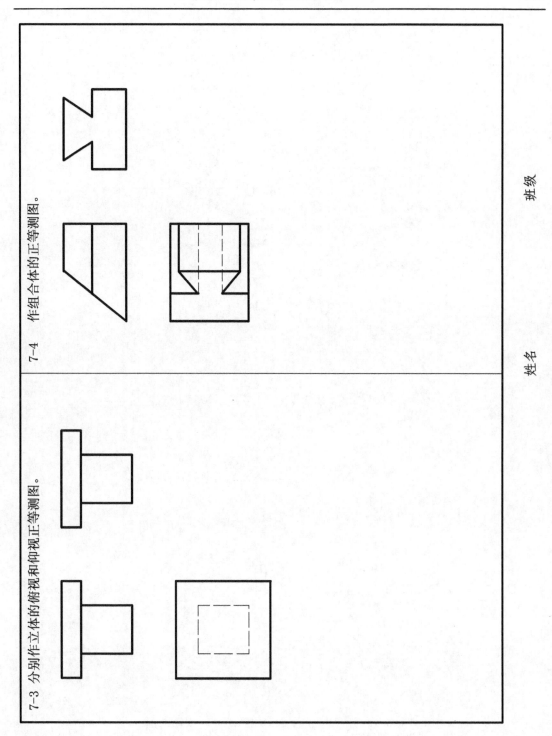

7-4 作组合体的正等测图。

7-3 分别作立体的俯视和仰视正等测图。

班级　　　　　　姓名

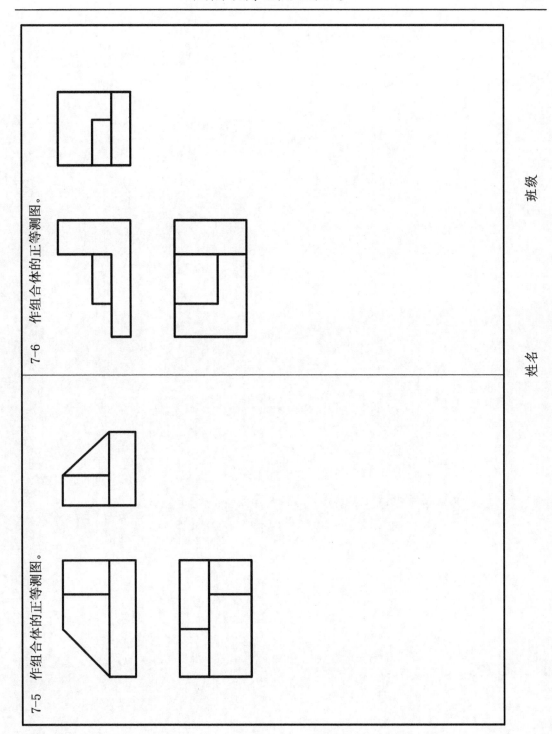

7-6　作组合体的正等测图。

7-5　作组合体的正等测图。

班级

姓名

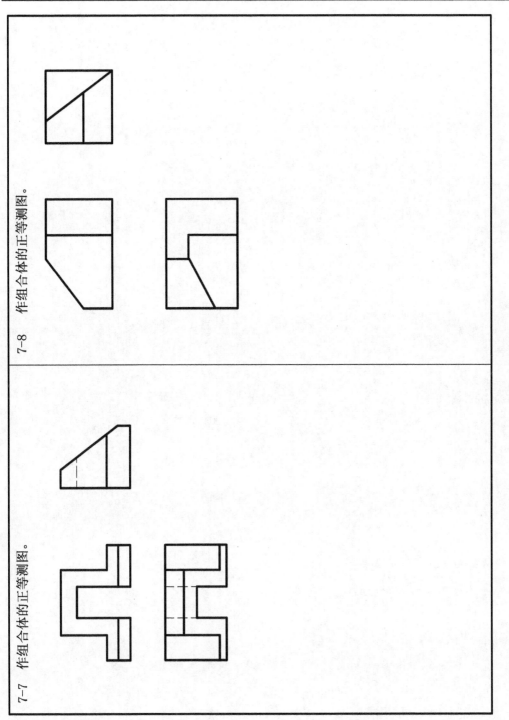

7-8　作组合体的正等测图。

7-7　作组合体的正等测图。

班级

姓名

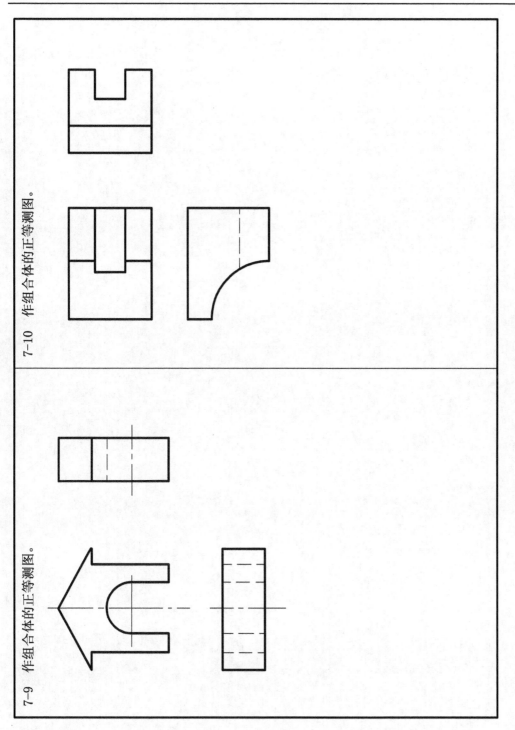

7-10　作组合体的正等测图。

7-9　作组合体的正等测图。

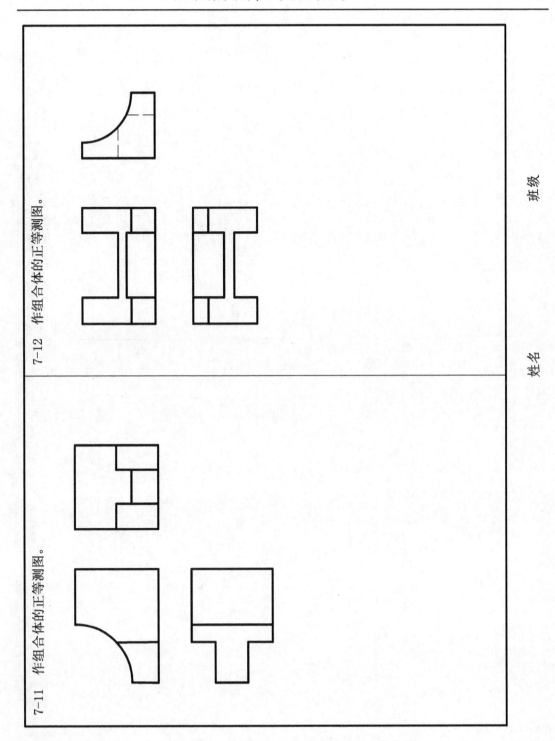

7-12　作组合体的正等测图。

7-11　作组合体的正等测图。

班级

姓名

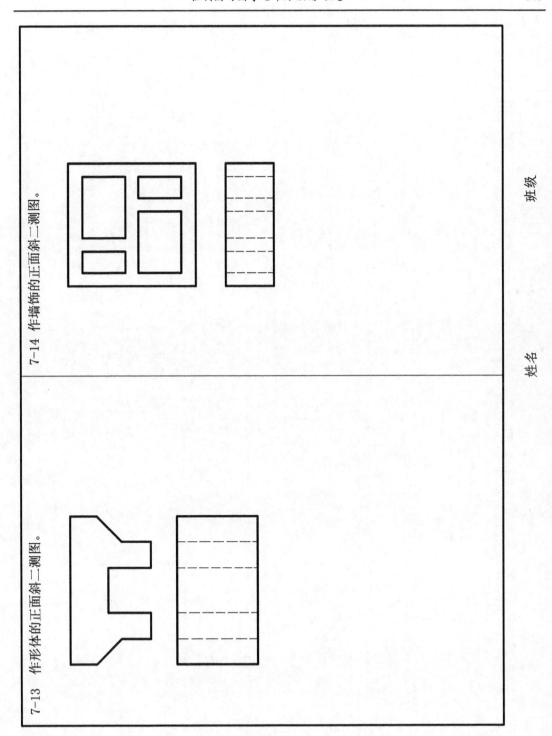

7-14 作墙饰的正面斜二测图。

7-13 作形体的正面斜二测图。

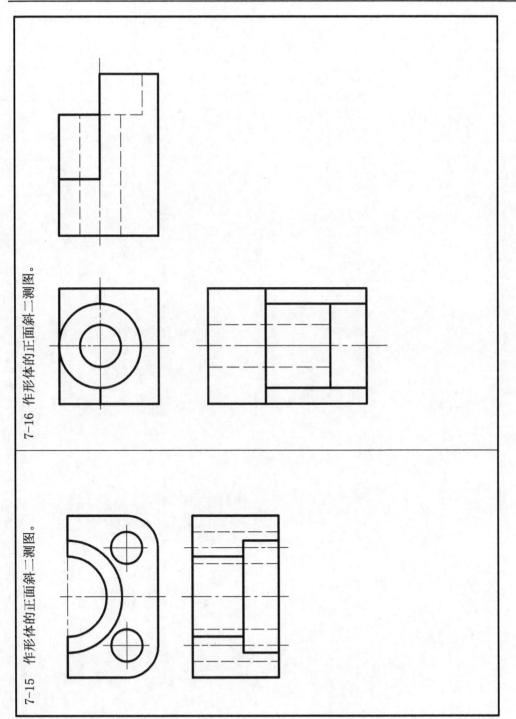

7-16 作形体的正面斜二测图。

7-15 作形体的正面斜二测图。

班级

姓名

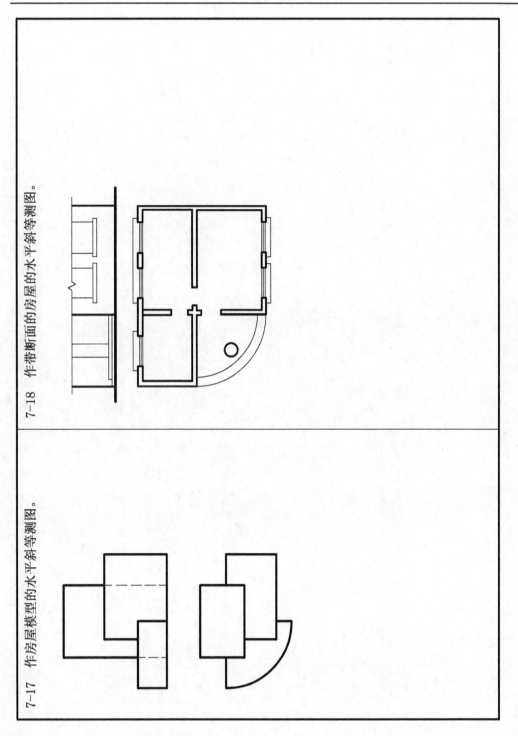

7-18　作带断面的房屋的水平斜等测图。

7-17　作房屋模型的水平斜等测图。

7-19　根据已知的视图，徒手画出其轴测图（轴测类型自选）。

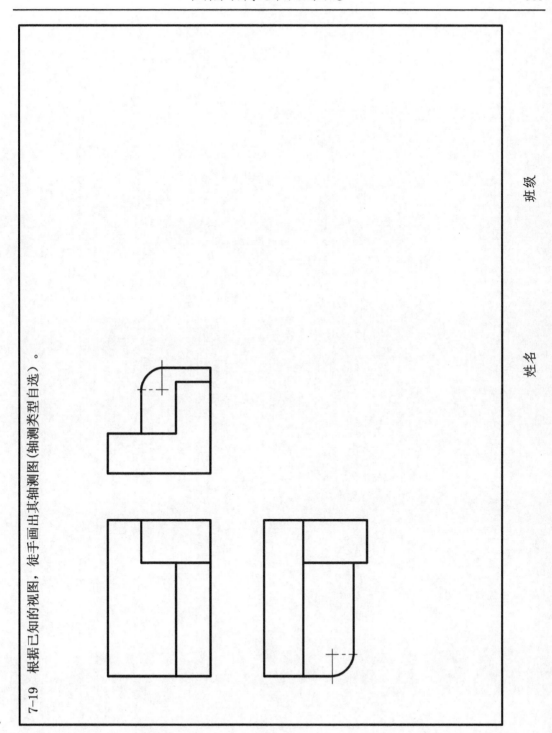

班级

姓名

7-20 根据视图（1）在A4图纸上放大一倍，画出其轴测图 (轴测类型、观察方向自选)，并模仿视图（2）进行细部设计后在原轴测图的基础上补绘轴测图。

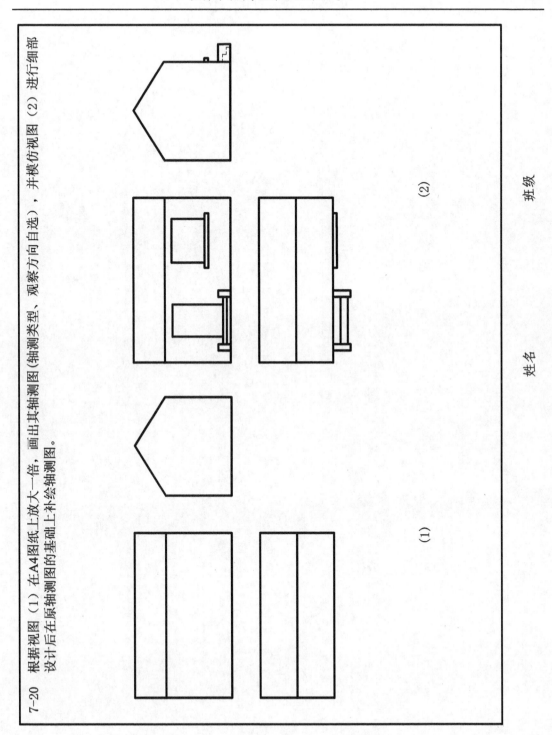

(2)

(1)

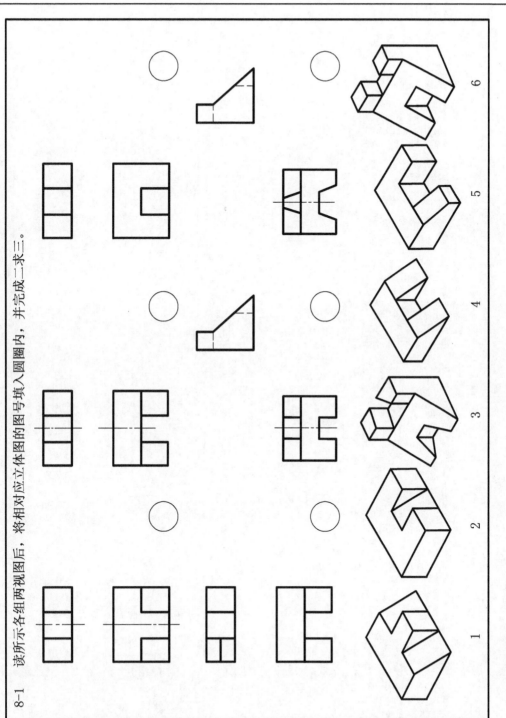

8-1　读所示各组两视图后，将相对应立体图的图号填入圆圈内，并完成二求三。

8　组合体平面图的阅读　　　姓名　　　班级

8-2　读所示三视图后完成：（1）用颜色笔涂出垂直面类似形的投影。（2）想象立体空间形状，并徒手画出轴测图。

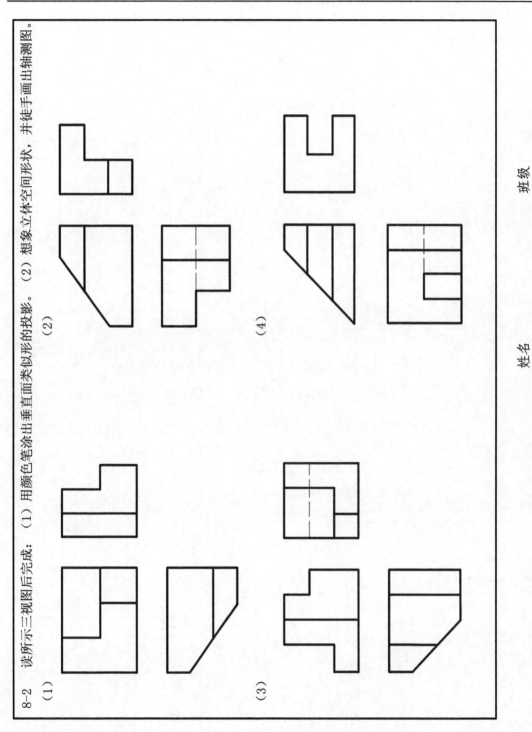

(1)

(2)

(3)

(4)

班级　　　　姓名

8-3   完成二求三。

（1）

（2）

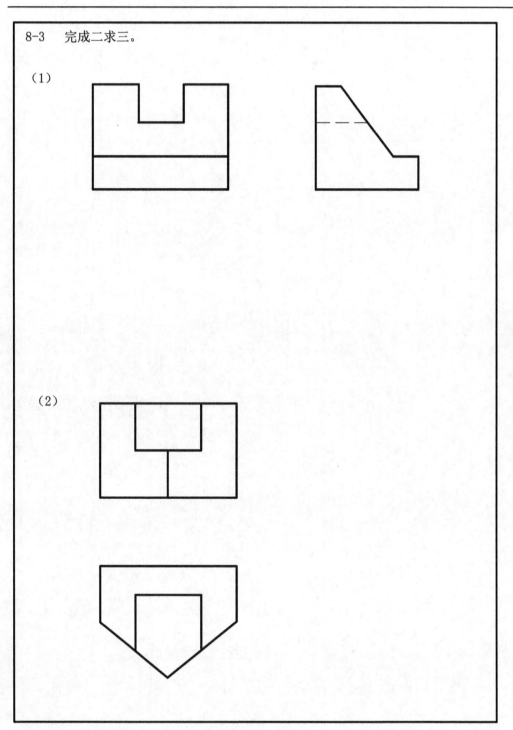

续题
（3）

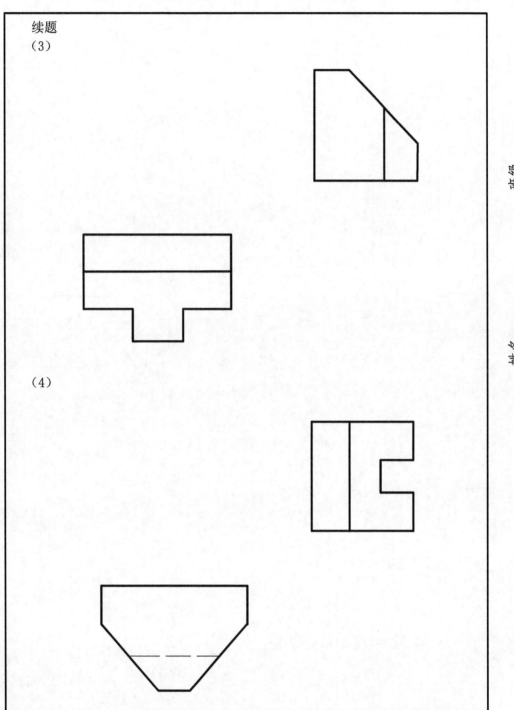

（4）

8-4　完成二求三。

（1）

（2）

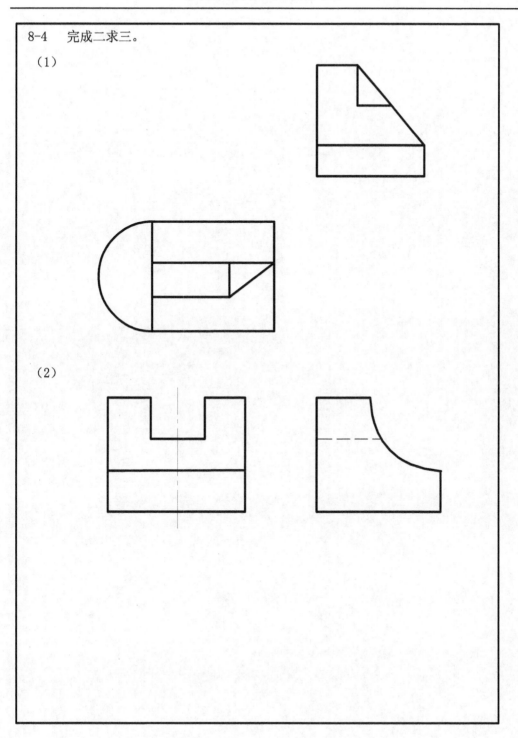

续题

（3）

（4）

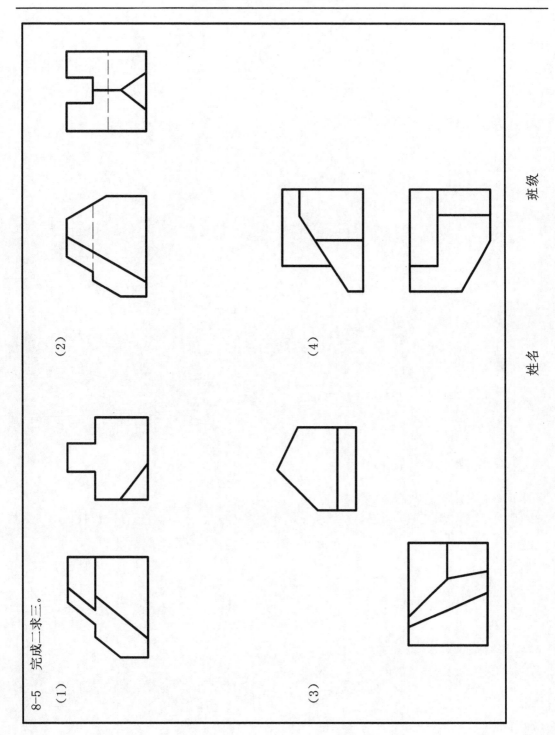

8-5 完成二求三。

(1)

(2)

(3)

(4)

姓名　班级

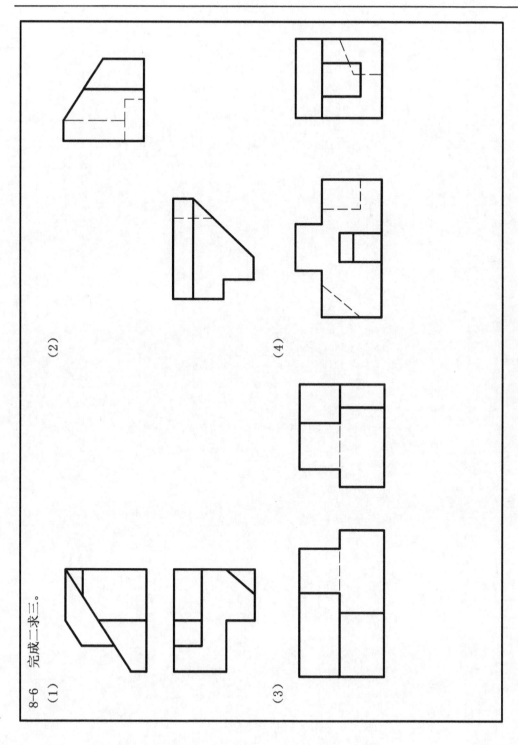

8-6 完成三求三。

(1)

(2)

(3)

(4)

班级　　　姓名

8-7　补全视图中漏画的图线。

（1）

（2）

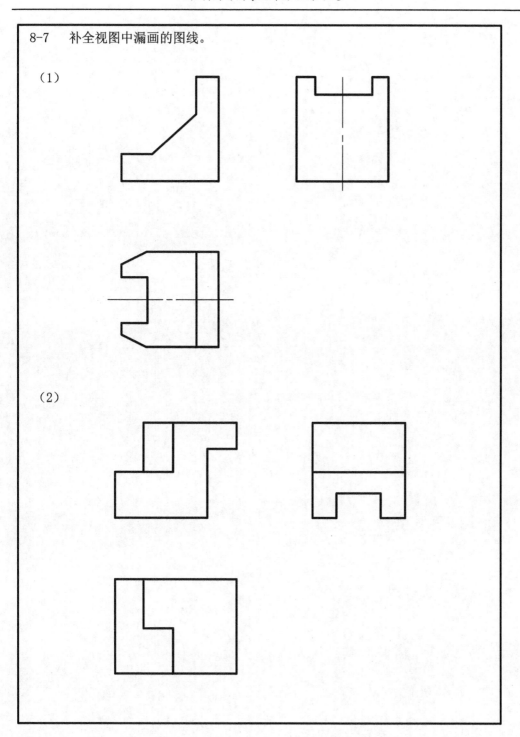

续题
（3）

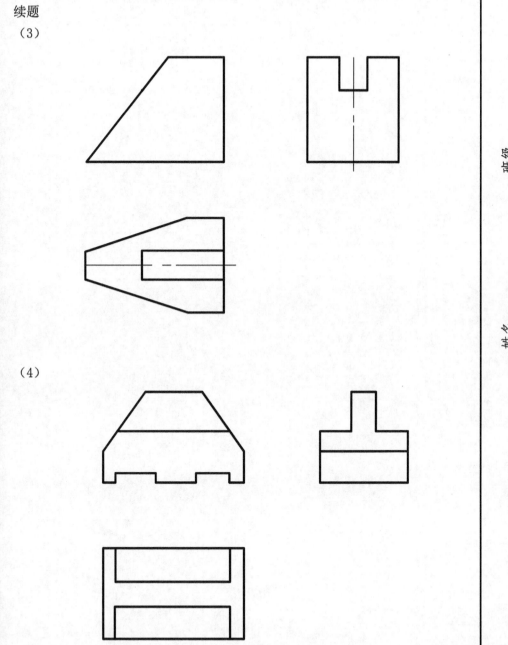

（4）

8-8 补全视图中漏画的图线。

（1）

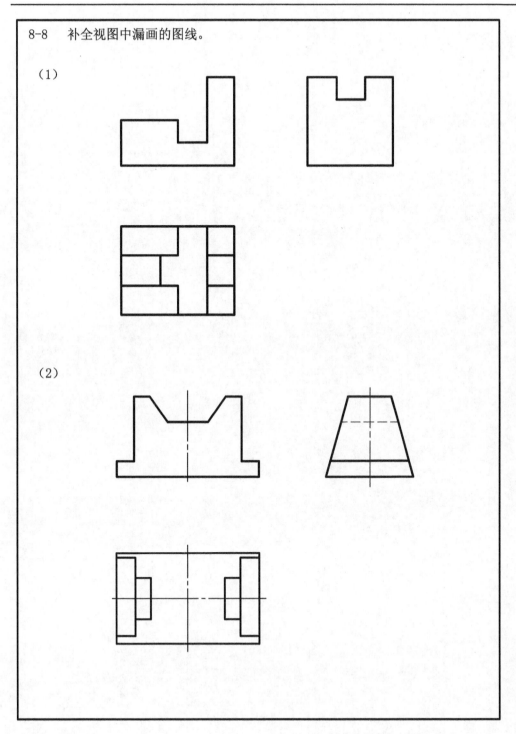

（2）

续题

（3）

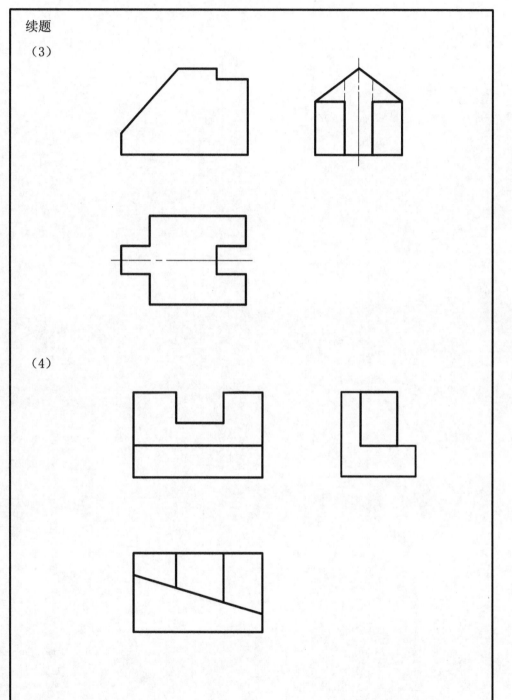

（4）

8-9　读所示三视图后想象立体空间形状，完成：（1）测量尺寸；（2）徒手画
　　　轴测图；（3）制作模型（材料自选）。

（1）

（2）

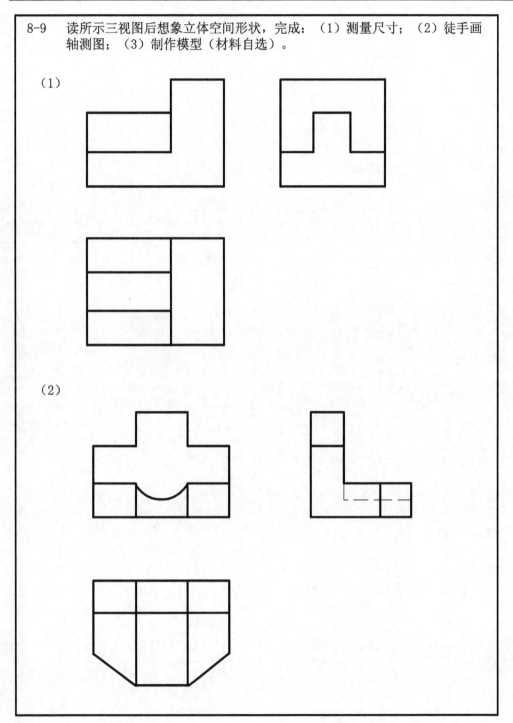

班级

姓名

8-10　分析视图，想象出立体空间形状，完成：（1）二求三；（2）徒手画轴
　　　测图。

（1）

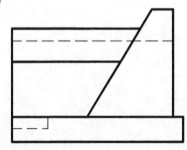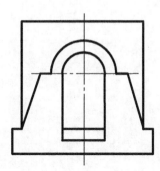

（2）

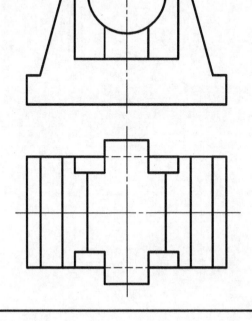

班级

姓名

8-11 分析视图，想象出立体空间形状，完成：（1）二求三；（2）制作模型（材料自选）。

（1）

（2）

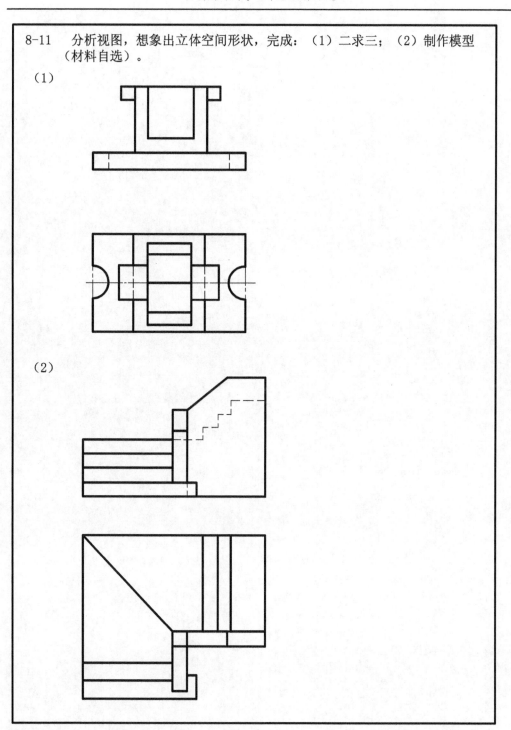

8-12 模仿右图切割四棱柱的方法，由主视图构思出不同的组合体，并补绘其他
两个视图。

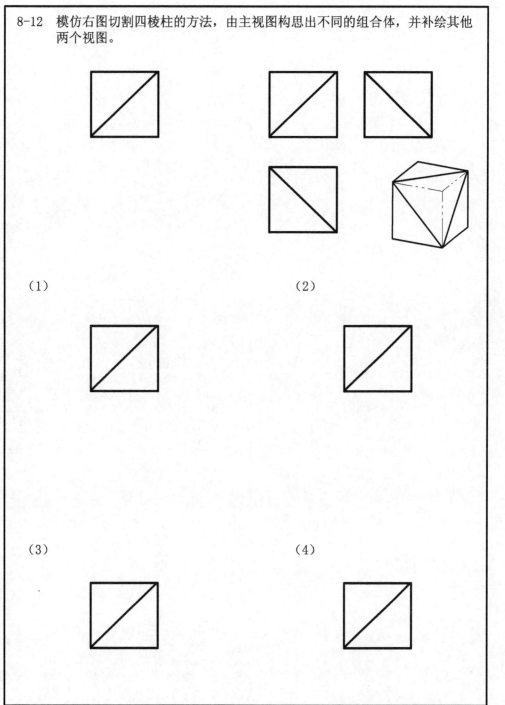

(1)

(2)

(3)

(4)

班级

姓名

8-13 由主视图构思出不同的组合体，并补绘其他两个视图。

(1)

(2)

(3)

(4)

班级

姓名

8-14 由俯视图构思出不同的组合体，并补绘其他两个视图。

(1)

(2)

(3)

(4)

8-15 由俯视图构思出不同的组合体，并补绘其他两个视图。

(1)

(2)

(3)

(4)

班级

姓名

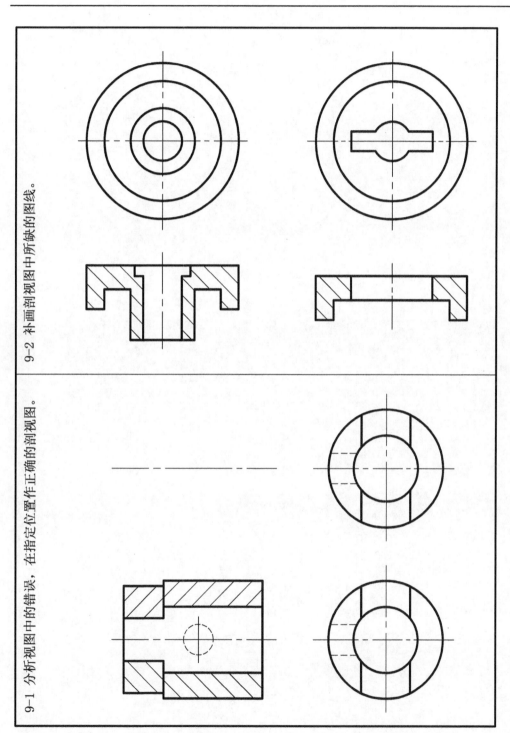

9-2 补画剖视图中所缺的图线。

9-1 分析视图中的错误，在指定位置作正确的剖视图。

9　复杂组合体的表达方法

班级

姓名

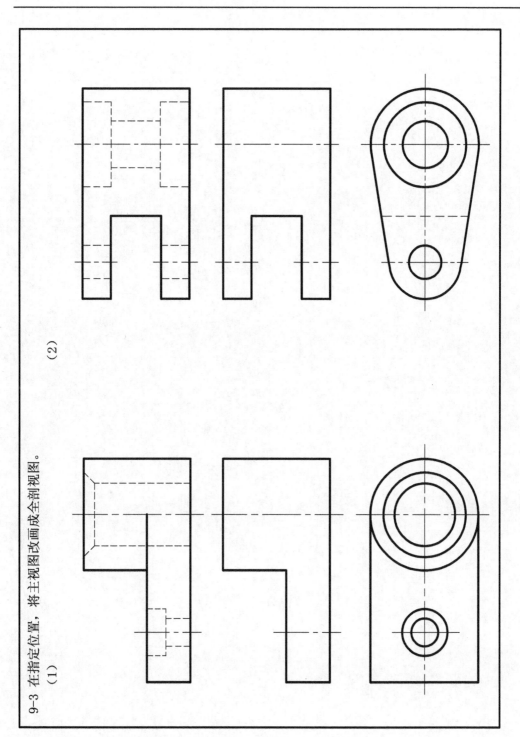

9-3　在指定位置，将主视图改画成全剖视图。
（1）

（2）

姓名

班级

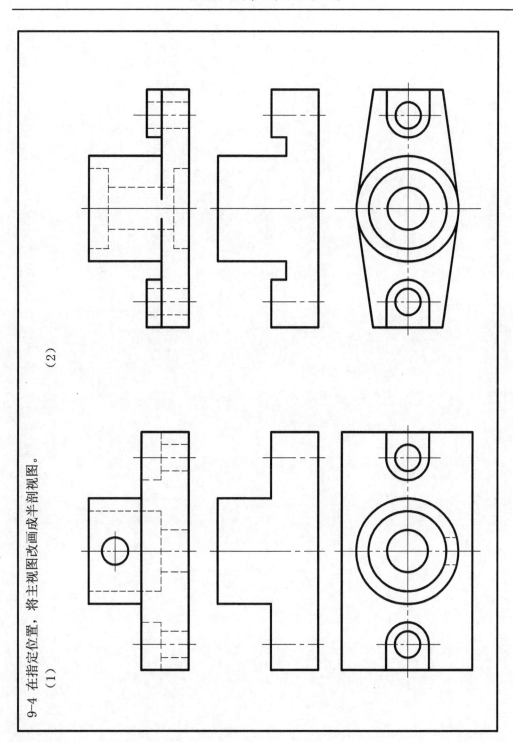

9-4 在指定位置，将主视图改画成半剖视图。
(1)

(2)

9-5 读懂所给视图后，在指定位置，将主视图改画成半剖视图，并画出全剖的左视图。

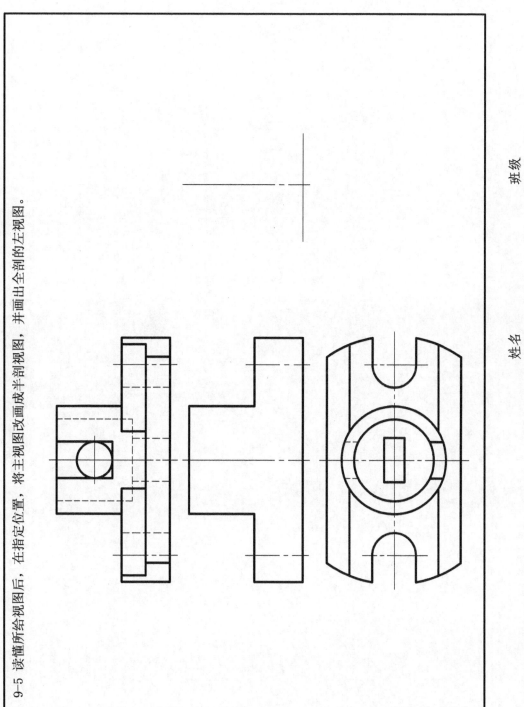

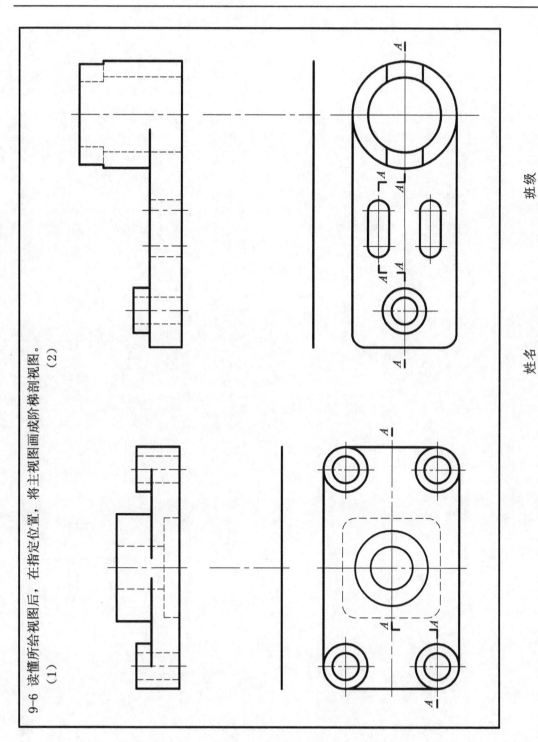

9-6 读懂所给视图后，在指定位置，将主视图画成阶梯剖视图。

(1)

(2)

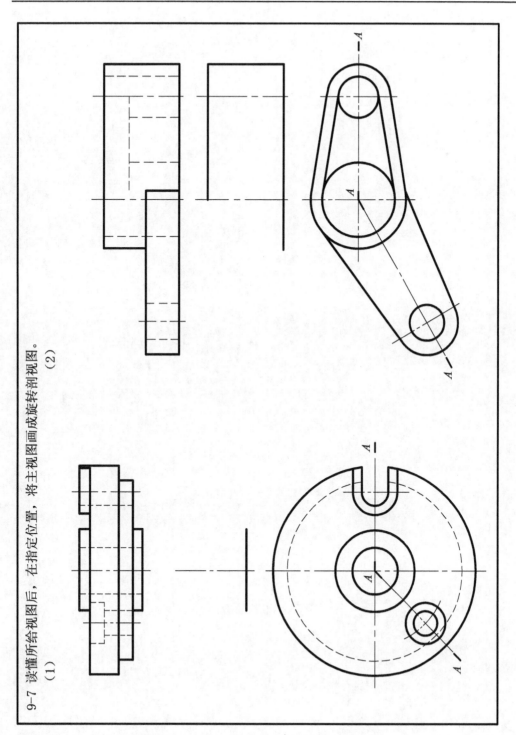

9-7 读懂所给视图后，在指定位置，将主视图画成旋转剖视图。

(1)

(2)

班级

姓名

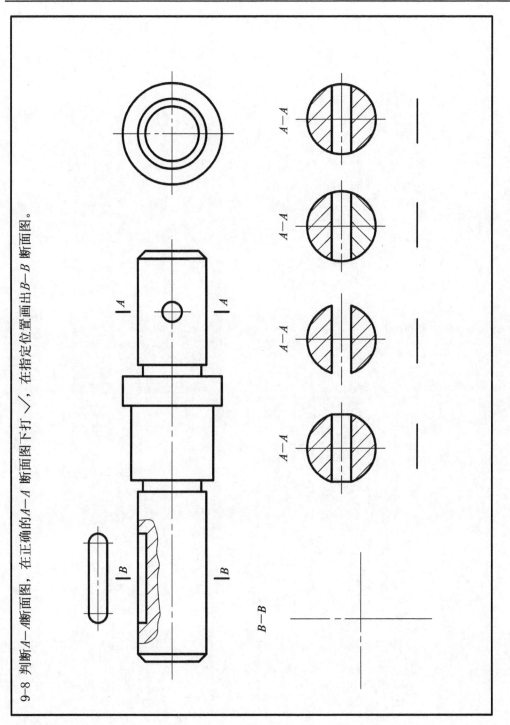

9-8 判断 $A-A$ 断面图，在正确的 $A-A$ 断面图下打√，在指定位置画出 $B-B$ 断面图。

班级

姓名

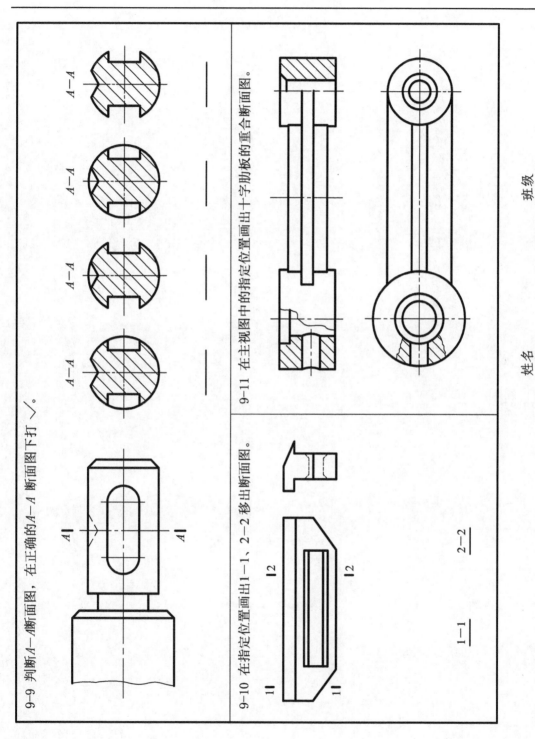

9-9 判断A—A断面图，在正确的A—A断面图下打 √。

9-10 在指定位置画出1—1、2—2移出断面图。

9-11 在主视图中的指定位置画出十字肋板的重合断面图。

班级　　　　姓名

10-1 综合练习："我的家"

本作业目的
1. 激活思维，引发想象并检验思维能力和实践技能训练的效果。
2. 综合运用所学的制图基本知识和各种图样的绘图技巧，将想象中的对象正确地画出来。

本作业要求
1. "我的家"可描述过去的家——父母的家，抄绘改造现在的家——学生宿舍，或设计未来的家（室内或室外）。
2. 在A2或A3图纸上完成两部分作业：平、立、剖面图和立体效果图（轴测图或透视图）。
3. 在平、立、剖面图中标注主要尺寸，作图比例自选。

本作业建议
1. 本作业可自行组合团队共同协作完成，也可独立设计。
2. 本作业应在课程结束前一个月开始进行。

本作业完成阶段（仅供参考）
1. "设计"阶段
  （1）到图书馆查阅相关资料、欣赏建筑物图、参观建筑，完成形象思维过程的形象感受、形象储存环节。
  （2）"形象思维法思维提示"）。参看材3.1.1节。资料整理并构思考，画出各种形象构思图，完成形象思维过程的形象判断、形象创造环节。
  （3）初步设计，画出各种图样的草图，开始进行形象思维过程的形象描述环节。
2. 绘图阶段
  （1）画效果图。
  （2）画多面正投影图。
  （3）标注尺寸。
完成形象思维过程的形象描述环节。

10 工程图样简介

姓名　　　　班级

综合练习："我的家" 示范图

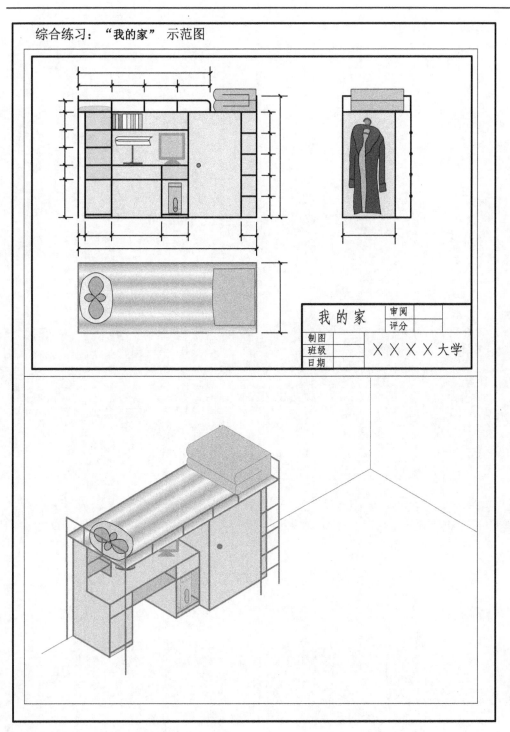

我 的 家	审阅	
	评分	
制图		××××大学
班级		
日期		

班级

姓名

"我的家" 学生作品欣赏1。　作者：华中科技大学土木工程 0702 班　韩飞、王川、万远收、程东亮、吴渐。

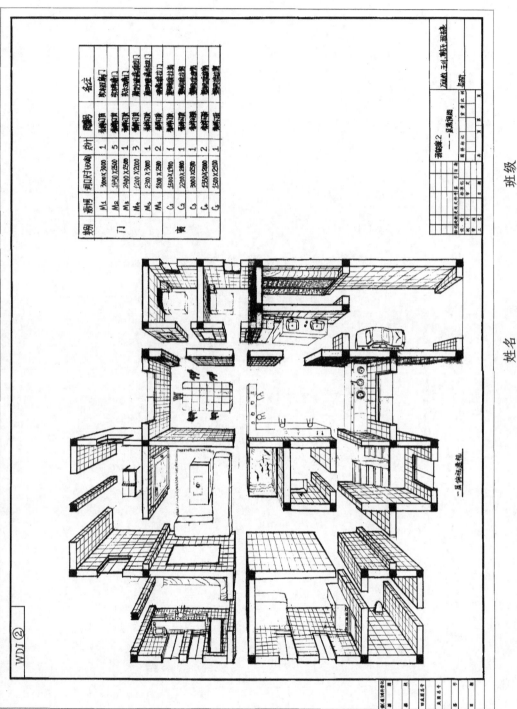

一层室内鸟瞰

课程练习2
——居室别墅

班级

姓名

WDJ②

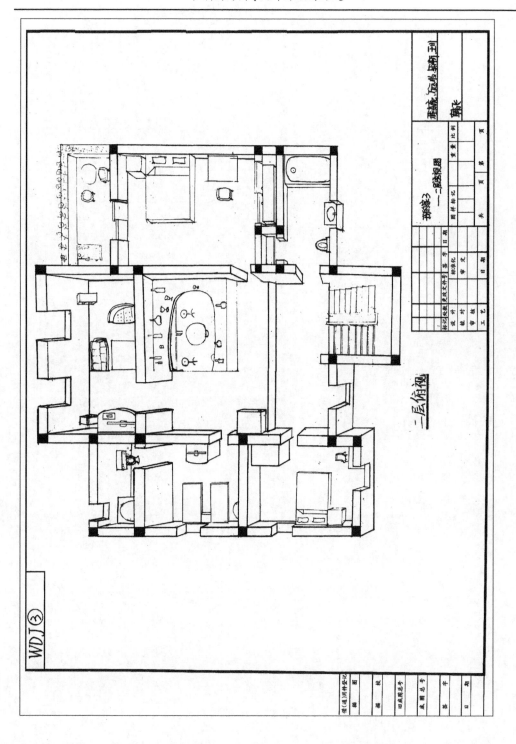

二层俯视

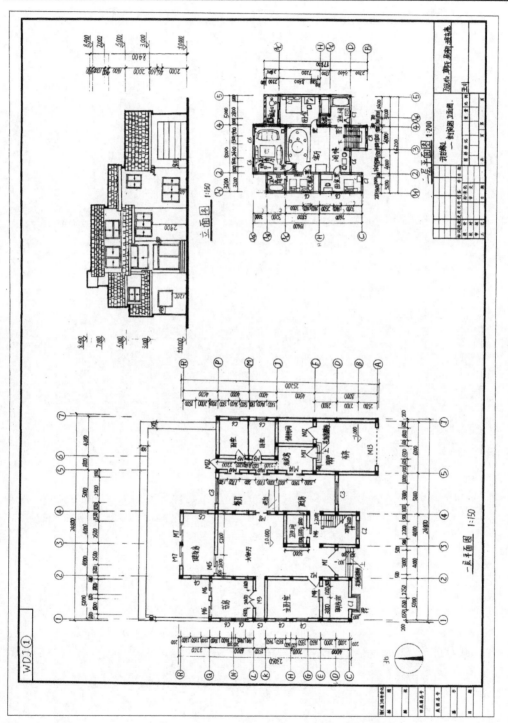

"我的家"学生作品欣赏 2。

作者：华中科技大学给排水 0703 班　朱先辰。

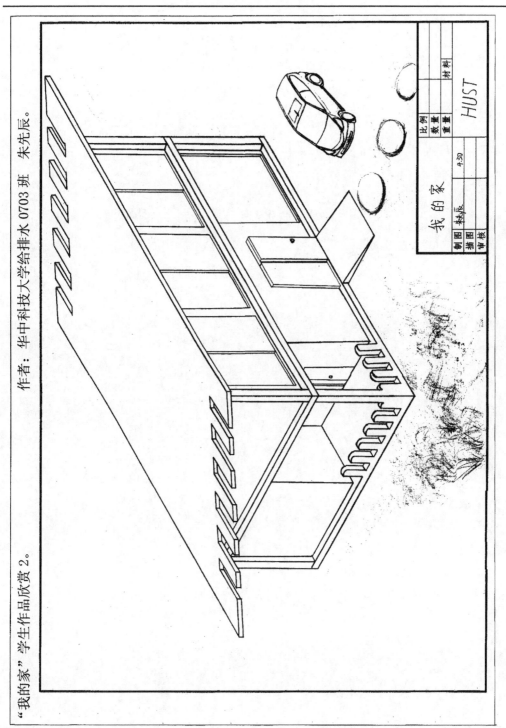

我 的 家		
比例		材料
数量		
重量		
制图	朱先辰	HUST
描图	4:30	
审核		

班级　　　　姓名

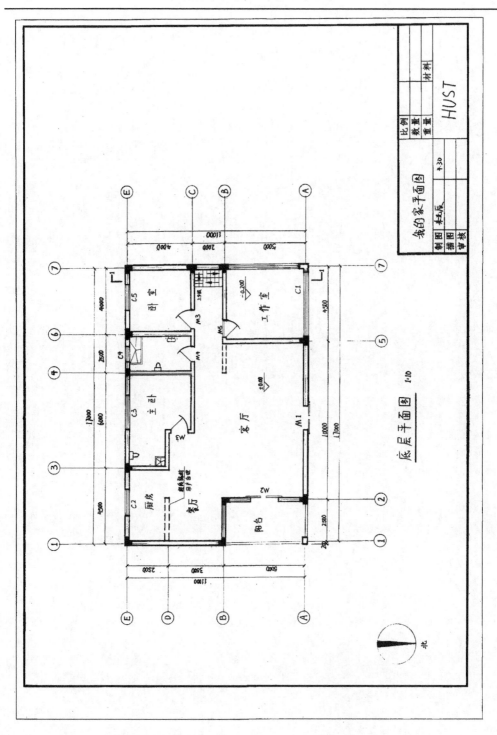

底层平面图 1:10

我的家平面图

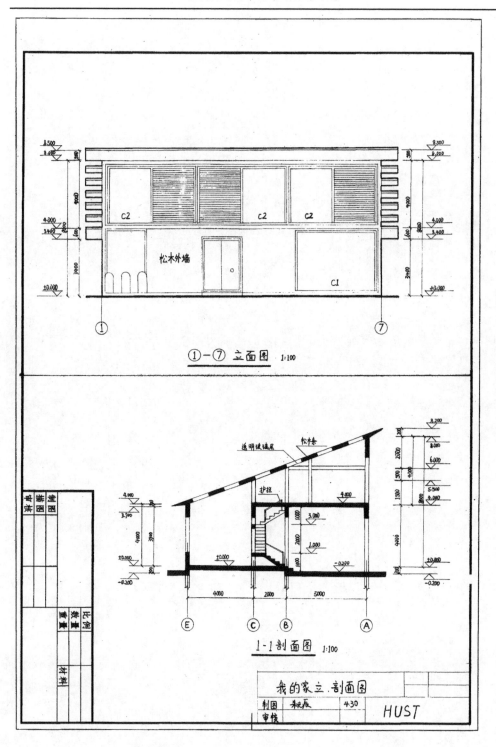

松木外墙

C2 C2 C2

C1

①—⑦ 立面图 1:100

透明玻璃屋
松木条
护栏

1-1 剖面图 1:100

我的家立.剖面图

制图 颖辰 430
审核

HUST

参 考 文 献

[1] 中国计划出版社. 建筑制图标准汇编[M]. 北京：中国计划出版社，2003.

[2] 中华人民共和国标准计量局发布.中华人民共和国国家标准：机械制图[S]. 北京：中国标准出版社，2004.

[3] 张永声. 思维方法大全[M]. 南京：江苏科技出版社，1991.

[4] 王其昌. 看图思维规律[M]. 北京：机械工业出版社，1989.

[5] 袁劲松. 全脑思维训练场[M]. 2版. 北京：中央编译出版社，2006.

[6] 苏富忠. 思维科学[M]. 哈尔滨：黑龙江人民出版社，2002.

[7] 杨名声. 创新与思维[M]. 北京：教育科学出版社，2000.

[8] 刘富钊. 理论思维学基础[M]. 重庆：西南师范大学出版社，1999.

[9] 张掌然. 思维训练[M]. 2版. 武汉：华中科技大学出版社，2005.

[10] 林钟敏. 思维能力与教学[M]. 福州：厦门大学出版社，1993.

[11] 张恩宏. 思维与思维方式[M]. 哈尔滨：黑龙江科学技术出版社，1987.

[12] 韩民青. 现代思维方法学[M]. 济南：山东人民出版社，1989 .

[13] 刘朝儒. 机械制图[M]. 4版. 北京：高等教育出版社，2001.

[14] 王兰美. 画法几何及工程制图[M]. 5版. 北京：机械工业出版社，2007.

[15] 王晓琴. 画法几何与土木工程制图[M]. 3版. 武汉：华中科技大学出版社，2009.

[16] 王成刚. 工程图学简明教程[M]. 2版. 武汉：武汉理工大学出版社，2004.

[17] 赵大兴. 现代工程图学教程[M]. 4版. 武汉：湖北科技出版社，2005.

[18] 谭建荣. 图学基础教程[M]. 2版. 北京：高等教育出版社，2006.

后　语

　　随着信息社会的高速发展，高等教育将从大众化向普及化过渡。人们将会发现，信息时代的智力竞争不再是简单的知识拥有量的较量，而是深化为内在智力的较量，比赛谁更有想象力，谁的创造性思维能力更强。告别了人才短缺的时代，教育走个性化的道路已是潮流所指，大势所趋。如果再按照传统的大工业生产式的教育模式培养学生，那种千人一面型的"人才"毕业之日，也就是他们失业之时。从未来发展的角度来看，社会竞争会更加激烈，但新的机遇、新的需求也会层出不穷，这就要求人们的头脑思维更加个性化，只有这样才能从特殊的思维视角发现这些新机遇、新需求，进而创造出一方属于自己的新天地。法国伟大的文学家雨果曾经意味深长地说："我们虽然不能超越那些天才，但却可以和他们并驾齐驱。怎样才能做到这一点呢？——那就是要和他们不一样。"

　　"工欲善其事，必先利其器"，我们要想在这个科技迅猛发展、充满竞争的时代生存，不掌握和充分运用先进的工具是不行的。学习并掌握各种思维方法，有助于根据不同的实践需要，选择行之有效的思维方法来指导自己的思维活动，减少思维的盲目性，提高思维的效率，走向成功。

编　　者
2008 年 7 月